Kubernetes 快速进阶与实战

艾 叔 编著

机械工业出版社

本书精选 Kubernetes 的硬核知识,帮助读者快速进阶和积累 Kubernetes 实战经验。本书共 8 章,主要包括认识 Kubernetes,快速构建 Kubernetes 集群,Kubernetes 核心对象使用,Kubernetes 容器编排实践,Kubernetes 系统运维与故障处理,构建 Kubernetes 高可用集群,Kubernetes 监控与告警(Prometheus+Grafana)和基于 Kubernetes 的 CI/CD 项目综合实践(GitLab+ Harbor+Jenkins)。

本书前三章可以帮助读者快速掌握 Kubernetes 核心知识和高频操作;第 4、第 5 章帮助读者快速掌握 Kubernetes 的进阶使用;第 6~8 章是 Kubernetes 及其外围系统的综合应用,帮助读者快速积累实战经验。

本书既可以作为云原生及相关行业从业者的技术参考书,也可以作为高等院校计算机、云计算和大数据相关专业的教材。

本书配有关键示例程序源代码、配置文件、数据文件,以及配套的《实践手册》免费电子书、系列高清课程视频,读者可通过扫描关注机械工业出版社官方微信订阅号——IT 有得聊,回复 71862 即可获取。

图书在版编目(CIP)数据

Kubernetes 快速进阶与实战 / 艾叔编著. —北京:机械工业出版社,2022.11
(2024.1 重印)
ISBN 978-7-111-71862-8

Ⅰ. ①K⋯ Ⅱ. ①艾⋯ Ⅲ. ①Linux 操作系统-程序设计 Ⅳ. ①TP316.85

中国版本图书馆 CIP 数据核字(2022)第 196004 号

机械工业出版社(北京市百万庄大街 22 号 邮政编码 100037)
策划编辑:王 斌   责任编辑:王 斌 孙 业
责任校对:张艳霞   责任印制:单爱军
北京虎彩文化传播有限公司印刷

2024 年 1 月第 1 版·第 3 次印刷
184mm×260mm·15.75 印张·431 千字
标准书号:ISBN 978-7-111-71862-8
定价:89.00 元

电话服务   网络服务
客服电话:010-88361066   机 工 官 网:www.cmpbook.com
        010-88379833   机 工 官 博:weibo.com/cmp1952
        010-68326294   金 书 网:www.golden-book.com
封底无防伪标均为盗版   机工教育服务网:www.cmpedu.com

前言

Kubernetes 是由 Google 开源的一个容器编排（Orchestration）系统，它实现了集群中容器管理、部署、迁移和扩展的自动化。自 2014 年开源以来，Kubernetes 经过多个版本的迭代和完善，已经广泛用于生产环境。Google、Microsoft、Amazon、阿里和腾讯等知名企业，都提供云上的 Kubernetes 服务，阿里自身的核心应用更是全部运行在 Kubernetes 之上。Linux 基金会报告显示，2021 年，云原生技术首次超过 Linux 自身，成为最热门的开源技术，而 Kubernetes 作为云原生技术的代表，则更是热门中的热门。

因此，对于 IT 从业人员而言，Kubernetes 是一个重要的加分项和加薪项，Kubernetes 学得越早，掌握得越好，就越会成为自身的一个优势。然而从学习的角度而言，Kubernetes 涉及的概念新、概念多，而且需要很多的前置知识，例如 Linux、网络、虚拟化、Docker 容器等；而且 Kubernetes 是面向整个集群的容器编排，在架构、运行机制和使用上更为复杂；再加上 Kubernetes 是一个底层基础设施，几乎所有的应用都需要进行迁移，这些都增加了 Kubernetes 的学习难度。

为此，笔者根据自身在 Kubernetes 上的研发和使用经验，编写了《Kubernetes 快速进阶与实战》这本书，本书共 8 章，主要包括认识 Kubernetes、快速构建 Kubernetes 集群、Kubernetes 核心对象使用、Kubernetes 容器编排实践、Kubernetes 系统运维与故障处理、构建 Kubernetes 高可用集群、Kubernetes 监控与告警（Prometheus+Grafana）和基于 Kubernetes 的 CI/CD 项目综合实践（GitLab+Harbor+Jenkins）。此外，本书还提供配套的《实践手册》免费电子书和"虚拟机使用"等免费高清视频资源供读者参考学习。

本书只讲解 Kubernetes 的硬核知识，旨在帮助读者快速入门和进阶 Kubernetes，快速积累 Kubernetes 实战经验，少走弯路、少踩坑。其中，前三章可以帮助读者快速掌握 Kubernetes 核心知识、上手 Kubernetes 高频操作；第 4、第 5 章帮助读者快速掌握 Kubernetes 的进阶使用；第 6～8 章是 Kubernetes 及其外围系统的综合应用，帮助读者快速积累实战经验。如果把学习 Kubernetes 比作穿越丛林，那么本书将给学习者最精简和有用的装备，提供有效的训练，快速积累实战经验；指出一条可行的路径，为学习者在有限的时间内穿越丛林提供保障；进而可以利用这些装备，自行去开发和探索新的路线。

本书既可以作为云原生及相关行业从业者的技术参考书，也可以作为高等院校计算机、云计算和大数据相关专业的教材。

感谢机械工业出版社的策划编辑王斌（IT 大公鸡），在长达数月的时间内，我们就本书的整体结构和内容细节进行了多次细致而又高效的交流，他从专业的角度给予了很多中肯的建议，在此特别表示感谢！

感谢一直以来，关心帮助我成长的家人、老师、领导、同学和朋友们！

时间紧、任务急，书中疏漏、错误之处在所难免，如果读者在阅读过程中有任何疑问，可以通过作者邮箱：spark_aishu@126.com 联系作者。

艾叔

2022.08

目录

第 1 章
认识 Kubernetes

本章带领大家初步认识 Kubernetes，目标有 3 个：首先是帮助大家理解 Kubernetes 的出现背景和核心概念，从宏观视角快速认识 Kubernetes；其次是帮助大家了解 Kubernetes 的系统组成，为后续深入学习和掌握 Kubernetes 打下基础；最后介绍 Kubernetes 学习路线图和配套资源，帮助大家在学习 Kubernetes 的道路上少走弯路。

1.1 Kubernetes 概述

在学习具体细节之前，需要先了解 Kubernetes 的技术基础，包括 Kubernetes 是什么，Kubernetes 出现的背景，Kubernetes 与 Docker、云原生的关系等，这些都将为后续进一步学习 Kubernetes 打下基础。

本书使用的 Kubernetes 版本是 v1.20.1，后续所有的内容都是基于该版本的。

1.1.1 Kubernetes 的定义和背景

Kubernetes 是一个开源的容器编排系统，所谓"容器编排"就是容器部署、迁移、管理、扩展和联网的自动化。

Kubernetes 又简称 k8s，8 表示 Kubernetes 中间所省略的 8 个字符。

下面以 LAMP（Linux/Apache/MySQL/PHP）Web 应用为例，说明 Kubernetes 出现的背景，以此加深对 Kubernetes 的理解。

1. 基于传统方式的 LAMP Web 应用的部署和运维

传统方式部署 LAMP Web 应用，需要先在服务器上安装 Linux 操作系统，然后安装 Apache Web 服务器、MySQL 数据库和 PHP 等组件并配置，最后运行这些组件，对外提供服务。由于这些组件是直接安装在 Linux 之上的，因此，组件的运行环境是同操作系统紧密耦合的，这样会导致部署工作量大且难以复用，具体说明如下。

- 如果 Linux 系统崩溃无法启动，需要重新安装 Linux 系统，重新安装 Apache Web 服务器等组件，所有的部署工作都要重做。
- 如果升级了 Linux 系统，由于兼容性问题，可能会导致 Apache Web 服务器等组件也需要升级到更高的版本，从而增加了部署的工作量。

1

- 如果更换新的硬件服务器，则需要在新服务器上重新安装 Linux、Apache Web 服务器等组件，所有部署的工作要重做一遍，无法复用之前所做的部署工作。

这种紧密耦合同样会导致运维出现一系列的问题：例如服务器崩溃时，如果没有做热备，用户将无法访问该 Web 应用；又比如服务器负载太大时，由于系统无法动态迁移，也将导致 Web 应用的服务质量下降。

2. 基于容器的 LAMP Web 应用的部署和运维

基于容器，可以将 Apache Web 服务器和 MySQL 数据库等组件（程序/应用）分别制作成容器镜像，然后启动这些容器来运行其中的组件。容器技术可以使得这些组件的运行环境同操作系统解除耦合，从而解决上述部署和运维的问题。以 Docker 容器技术为例，它对于减少重复的部署工作的具体说明如下。

容器（Container）是一个隔离的程序运行环境。Docker 则是一个基于容器技术的开放平台，它解决了容器的完善性和易用性的问题，重新定义了"软件交付方式"，也因此成为最主流的容器平台。

Docker 容器的相关知识是 Kubernetes 学习最重要的基础，有关 Docker 的核心概念和实操请参考艾叔编著的《**Linux 快速入门与实战 —— 基础知识、容器与容器编排、大数据系统运维**》一书。

- 如果 Linux 系统崩溃无法启动，则只需要将事先备份好的 Docker 镜像导入到其他安装了 Docker 引擎的主机上，就可以直接运行容器的组件了，完全不需要重复之前的部署工作。
- 如果升级了 Linux 系统，则只需要关注 Docker 引擎能否正常工作，如果 Docker 引擎因为兼容性不能正常工作，升级 Docker 引擎版本即可，已有的 Docker 镜像无须任何修改就可以正常启动，也就不需要重复之前的部署工作。
- 如果更换新的硬件服务器，则只需要在该服务器上安装好 Docker 引擎，然后导入之前备份的 Docker 镜像即可，从而复用之前的部署。

同样地，容器技术可以解决运维工作中的一系列问题：例如服务器崩溃时，可以立即在另一台服务器上启动这些组件对应的镜像，以保证其可用性；如果服务器负载太大时，可以将该 Web 应用对应的镜像迁移到性能更强的服务器上，然后运行容器组件即可，从而保证 Web 应用的服务质量。

迁移镜像和运行容器的这些操作，大多是通过命令或脚本来手动完成的。

3. 基于 Kubernetes 的 LAMP Web 应用的部署和运维

从技术上讲，容器技术解除了程序运行环境同 Host 操作系统之间的耦合，解决了程序运行环境的隔离和迁移问题，大幅简化了部署和运维工作。但由于这些容器通常都是在集群上运行的，共享整个集群资源，那么集群中容器如何自动部署、如何管理、如何联网，以及如何保证容器的可用性和扩展性等，都是容器技术出现之后带来的新问题。这些问题不解决，大量的容器在同一集群中运行就会出现各种各样的问题，集群资源也就无法高效利用，在大规模集群中运维这些容器就会非常困难。

上述问题的根源在于缺乏一个从集群的角度来整体规划，实现容器部署、迁移、管理、扩展和联网的自动化的系统，即"容器编排"系统。虽然集群的各个节点通过网络连接，但在逻辑上是孤立的，当一个节点不可用时，此节点上的服务就不可用了，集群并不能利用其他节点继续对外提供相同的服务。就如同计算机出现之初，没有操作系统的情况一样。这就是 Kubernetes 出现的背景。

Kubernetes 管理整个集群的资源，使之成为一个整体，并引入了一个新概念——Pod。Pod 是 Kubernetes 的最小运行单元，Pod 由一组（也可以是一个）关系密切的容器组成，它们互相协作，在同一个节点上运行，对外提供某种服务，即"微服务"。当 Pod 不可用时，Kubernetes 可以通过重启 Pod 中的容器，或者将 Pod 调度到其他节点，来保证服务的可用性。

以 LAMP Web 应用为例，可以使用 Kubernetes 将 LAMP Web 容器放置到同一个 Pod 中，不仅可以完全继承容器技术所带来的好处，还能带来以下好处。

- 只需要一个命令，就可以实现 LAMP 容器的自动部署，Kubernetes 会选择合适的节点来创建 Pod，还可以避免用户同时部署容器所带来的冲突。
- 当容器崩溃或 Pod 节点不可用导致服务不可用时，Kubernetes 会根据情况，自动重启 Pod 中的容器或将 Pod 自动迁移到其他节点上运行，确保服务的可用性。
- 如果节点负载太大时，Kubernetes 会根据配置，在其他的节点上运行该 Pod 的副本，实现服务的水平扩展。
- Kubernetes 对整个集群资源统一管理，可以实现集群中各种应用的和平相处，最大限度地提升集群资源的利用率。

总之：容器技术大幅降低了应用在单机上的部署和运维工作量，Kubernetes 则是大幅降低了应用在集群上的部署和运维工作量，而且还可以提升应用的可用性和服务能力，充分利用集群资源，适合更多的应用场景。

访问 https://kubernetes.io/获取更多有关 Kubernetes 的信息。

1.1.2　Kubernetes 与 Docker

Kubernetes 和 Docker 之间的关系是错综复杂的。为简单起见，本书从纯技术的角度对 Kubernetes 和 Docker 两者的关系做一说明。

如图 1-1 所示，Docker 在 Kubernetes 中主要是用作 Node 节点上的容器运行时，kubelet 在 Node 节点上运行容器，依赖于"容器运行时"，包括"高层容器运行时"和"低层容器运行时"，其中"高层容器运行时"主要有 3 种：Docker、containerd 和 CRI-O，直至 Kubernetes 1.20 版本，Docker 一直都是 Kubernetes 默认的"高层容器运行时"，其调用路线如图 1-1 所示，kubelet 通过 gRPC 调用 CRI 接口，由于 Docker 中的 dockerd 不直接支持该调用，所以 Kubernetes 专门写了一个 dockershim 来适配 kubelet 和 Docker，dockershim 是一个 gRPC Server，它接收 kubelet 的 gRPC 调用请求，然后将调用的 CRI 接口功能转换成对 dockerd 的调用，从而实现相应的功能。

有关 Kubernetes 架构相关信息参考 1.3 节。

2020 年 12 月 8 日，Kubernetes 发布 1.20 版本的同时，宣布后续的 Kubernetes 版本将会放弃 Docker 作为"高层容器运行时"，1.20 版本将会给出 Docker 的弃用警告，后续的版本（目前计划是 1.24）将会从 Kubernetes 中删除 Docker，并切换到其他的"高层容器运行时"之一，如 containerd 或 CRI-O。

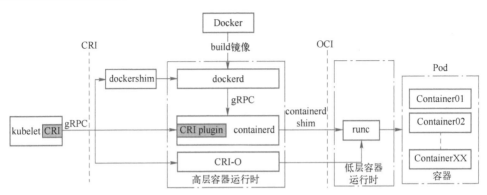

图 1-1　Kubernetes 调用过程图

如图 1-1 所示，这两种"高层容器运行时"和 Docker 相比，调用的路径更短，效率更高，而且在逻辑上更清晰，维护的成本也更低。并且由于 Docker 本身也是使用 containerd 作为"高层容器运行时"的，Kubernetes 弃用 Docker，只是弃用之前调用 dockerd 的路径，底层的实现用的还是 containerd。因此，对于 Kubernetes 的容器运行时来说，并没有本质的改变，稳定性也有保证。

对于今后新版本的 Kubernetes，在每个 Node 节点上将不再需要安装 Docker，这意味着 Node 节点更加简洁，维护成本更低，但这并不意味着 Kubernetes 和 Docker 彻底撇清了关系。因为 Kubernetes 底层的容器镜像规范（OCI Image spec）和运行时规范（OCI Runtime spec）都是以 Docker 作为主要参考对象制定的，而且 Docker 还捐赠了参考实现，因此，Docker 镜像天生就是符合 OCI 规范的。后续即使新版本的 Kubernetes 不再支持 Docker，但已有的 Docker 镜像和后续使用 Docker build 的镜像，依然是 Kubernetes 中的标准镜像，可以顺利使用。

总之，Kubernetes 弃用 Docker 作为容器运行时，对于用户来说，并不会有大的影响，用户依然可以用 Docker 来 build 镜像，用户已掌握的有关 Docker 的知识，包括容器镜像格式和容器运行时，对于 Kubernetes 依然适用。

后续即便 Docker 公司在同 Google 公司的竞争中日渐式微，甚至 Docker 公司不复存在，但 Docker 作为一种颠覆式的 IT 技术，它重新定义了"软件交付方式"，已经在 IT 技术史册上留下了浓墨重彩的一笔。

1.1.3　Kubernetes 与云原生

理解"云原生"，要从理解"云"开始，"云"是指：**构建在网络之上的一个可以动态伸缩的资源池**。典型的资源池有两种：计算和存储。例如，计算资源池可以看作一个由无数台虚拟机组成的资源池。当用户需要一台新的计算机去完成某个任务时，不需要像以前一样去购买一台真正的物理机器，而是可以从提供"计算资源池"的厂商那里租一台机器，这台机器位于云端（网络），用完就还给厂商了，只需要对自己所使用的部分付费，既方便又经济。这样，以前跑在本地的程序（计算任务）就运行在了"云"端，因此也把这种程序的运行方式（计算模式）称为**云计算**，把提供这种服务的厂商，称为**云计算厂商**，例如 Google、亚马逊、微软、阿里和腾讯都是典型的云计算厂商。根据云所在的位置不同：内网、公网、内外网，又分别称之为**私有云、公有云**和**混合云**。

资源池和自然界的云有诸多相似之处，例如：计算机网络的符号就是一朵云；资源池位于网络，云远在天边，都不在本地；资源池和云一样可大可小（弹性伸缩）。

　　云原生则是因云而生的技术，它用来帮助用户在云中构建和运行可伸缩的应用。典型的云原生技术包括：容器（Container）、服务网格（Service Mesh）、微服务（Micro Service）、不可变基础设施（Immutable Infrastructure）和声明式 API（Declarative API）等。

　　容器：隔离的程序运行环境，Docker 容器技术可以将整个程序的运行环境打包成一个镜像文件，在任意安装了 Docker 引擎的机器上运行，它解除了程序运行环境同 Host 操作系统之间的耦合，保证了程序运行环境的一致性，重新定义了软件交互方式。

　　服务网格：构建在服务之上的服务代理层，它用于实现服务请求的可靠传递、服务发现、认证授权、降级熔断等功能，使得应用可以专注自身的业务逻辑。

　　微服务：一种开发软件的架构和组织方法，将原来由一个进程提供所有（多个）服务的方式，修改为由一个进程提供一个服务（或少量几个）的方式，一个容器只运行一个进程（或少量几个进程），进程间通过服务进行通信，从而解决服务同进程间的耦合，减低部署工作量，提升灵活性、扩展性和代码的复用性等。

　　不可变基础设施：应用部署后其基础设施不再改变，如果要修改基础设施，则通过重新部署来实现。这种方式和传统的可变基础设施（可以随时修改）相比，从技术上保证了基础设施的修改可以追溯，基础设施的架构一致性和可靠性程度更高，部署过程更简单且更可预测。Docker 容器技术中容器和镜像分离，且容器中的修改无法直接传递到镜像的特性，可以很好地支持不可变基础设施。

　　声明式 API：在 API 中只描述期望对象所达到的状态，具体的实现则交由系统自身去实现，而不是像"命令式 API"那样，通过一步步调用 API 接口，去达到所期望的状态。"声明式 API"在降低接口使用难度、简化接口设计、提升服务并发度等方面优势明显。

　　为了构建云原生生态并推广云原生技术，Google 牵头成立了 CNCF（Cloud Native Computing Foundation，云原生基金会），Kubernetes 就是 CNCF 的首个项目。Kubernetes 作为一个平台，整合并支持这些云原生的核心技术，例如：采用容器作为底层引擎；采用不可变基础设施进行构建和运行应用；采用声明式 API 对外提供服务；支持构建微服务；支持 Service Mesh 并对其进行扩展，等等。因此，Kubernetes 是云原生的核心和基石。

　　Linux 基金会报告显示，2021 年，云原生技术首次超过 Linux，成为最热门的开源技术，云原生（Cloud Native）应用将是今后的重点，应用的设计和开发从一开始就要考虑上"云"，而 Kubernetes 作为云原生关键技术和核心基础设施，更是热门中的热门。因此，无论我们今后是从事运维还是研发，都需要学习 Kubernetes，学得越早，掌握得越好，就越会成为自身的一个优势。

1.2　Kubernetes 核心概念

　　本节介绍 Kubernetes 核心概念，包括 resource、object、Pod、deployment 和 service 等，它们将为读者后续深入学习 Kubernetes 打下基础。

1.2.1　resource——Kubernetes 的组成元素

　　resource 并不是 Kubernetes 新创的概念，它来源于 REST（Representational State Transfer，表现层状态转化）。REST 是网络应用程序架构的一种设计风格（或原则），凡是符合 REST 原则的架构，就称之为 RESTful 架构。Kubernetes 就是基于 REST 设计的，因此它是 RESTful 架构。

有关 REST 的详细信息，可以参考 REST 提出者 Fielding 的博士论文 http://www.ics.uci.edu/ ~fielding/pubs/dissertation/top.htm。

按照 REST 的观点，网络应用程序中一切需要被外部所访问的事物，都将被抽象成 resource，网络应用程序就是由各种 resource 组合而成的。resource 可以是文件、图片等实体，也可以是统计数据，如某个时间段内的访客人数，还可以是某种概念，例如多个容器的组合等。总之，一个网络应用程序就是一组 resource 的集合，用户同网络应用程序之间的交互，就是对各类 resource 的操作。Kubernetes 也是 RESTful 架构，因此，resource 也是 Kubernetes 的基本组成元素，它的地位就如同 Linux 中文件的地位一样，Kubernetes 中一切皆 resource。

Kubernetes 是 RESTful 架构，它的交互风格和 Web 网站类似：Kubernetes 中的 resource 就如同网站中的网页，每个 resource 在 Kubernetes 上的位置使用 REST 路径来表示，例如 Pod resource 的 REST 路径就是/api/v1/pods。使用 REST 路径，再加上 HTTP 的 POST、PUT、PATCH、DELETE 和 GET 操作，就可以完成指定 resource 的创建、更新、部分更新、删除和读取，就如同操作网页一样。

1. REST API

因为 Kubernetes 遵循 REST 原则，所以 Kubernetes 和外部以及内部组件之间的交互，都采用了统一方式的接口，称之为"**REST API**"，对这些接口的调用则称之为"**REST 调用**"或"**REST 操作**"。用户平时使用的 kubectl 等命令调用的就是"REST API"，可以按照 REST 操作规则直接访问这些 API，或者调用客户端函数库中的接口来访问 API。

"REST API"和传统网络应用程序的 API（简称传统 API）是不一样的。传统 API 是面向函数接口的，每增加一个功能，就会增加一个或若干个函数，这种方式的优点是灵活，可以通过函数的组合来实现各种复杂功能；缺点是对函数库开发者的要求极高，接口抽象的好坏直接关系到开发的难度和工作量，同时对使用者来说，需要熟悉大量的函数接口而且它们之间的调用顺序也是有难度的。

"REST API"则是面向 resource 的，Kubernetes 每增加一个功能，就会增加一个新的 resource。而每个 resource 所支持的操作很有限，就是创建、更新、删除和读取等几个操作，通过 HTTP 的 POST、PUT、DELETE 和 GET 操作来完成。这样对 Kubernetes 的使用者来说，只需要关注 Kubernetes 提供了哪些 resource，每个 resource 的作用是什么，至于 resource 上的操作，就是有限的几种通用操作，再加上 REST API 的调用是无状态的，它们之间没有顺序关系，因此，对于使用者来说大大降低了使用难度。

Kubernetes REST API 不是 HTTP 之上的封装，而是直接使用 HTTP，因此它是非常轻量级的。

2. API object

综上所述，Kubernetes 就是一组 resource 的集合，用户通过"REST API"去操作这些 resource。而"REST API"在调用过程中会使用"API object"来表示 resource，也就是说，"API object"是 resource 在"REST API"调用中的序列化数据。因此，从"REST API"的角度来看，所有的 resource 都是 API object，每个 resource 在 API 中都有对应的条目来描述。

3. Object

Object（首字母 O 大写）是 REST API 中描述 resource 结构的数据类型，Object 由多个 FIELD（成员或字段）组成，每个成员的类型可以是 string、boolean、integer 等基本类型，也可以是数组（用[]表示），甚至可以是 Object 类型自身。

每个成员都有名字和对应的值，名字和值是一一对应的，通常也用 KV（Key Value）键值对来描述每个成员，Key 就是成员的名字，Value 则是成员的值。Object 非常重要，我们创建 resource 时，要依据每个 resource 的 Object 结构，来填充各个成员的值。

图 1-2 就是一个典型的 Object，它描述了 Pod 这个 resource 的结构信息。

```
[user@master ~]$ kubectl explain Pod
KIND:     Pod
VERSION:  v1

DESCRIPTION:
     Pod is a collection of containers that can run on a host. This resource is
     created by clients and scheduled onto hosts.

FIELDS:
   apiVersion   <string>
     APIVersion defines the versioned schema of this representation of an
     object. Servers should convert recognized schemas to the latest internal
     value, and may reject unrecognized values. More info:
     https://git.k8s.io/community/contributors/devel/sig-architecture/api-conventions.md#resources

   kind <string>
     Kind is a string value representing the REST resource this object
     represents. Servers may infer this from the endpoint the client submits
     requests to. Cannot be updated. In CamelCase. More info:
     https://git.k8s.io/community/contributors/devel/sig-architecture/api-conventions.md#types-kinds

   metadata     <Object>
     Standard object's metadata. More info:
     https://git.k8s.io/community/contributors/devel/sig-architecture/api-conventions.md#metadata

   spec <Object>
     Specification of the desired behavior of the pod. More info:
     https://git.k8s.io/community/contributors/devel/sig-architecture/api-conventions.md#spec-and-status

   status       <Object>
     Most recently observed status of the pod. This data may not be up to date.
     Populated by the system. Read-only. More info:
     https://git.k8s.io/community/contributors/devel/sig-architecture/api-conventions.md#spec-and-status
```

图 1-2　Pod 结构图

图 1-2 中的成员说明如下。

- 第一个成员的 Key 是 apiVersion，Value 类型是 string。
- 第二个成员的 Key 是 kind，Value 类型是 string。
- 第三个成员的 Key 是 metadata，Value 类型是 Object。
- 第四个成员的 Key 是 spec，Value 类型是 Object。
- 第五个成员的 Key 是 status，Value 类型是 Object。

Kubernetes 中有 3 种类型的 object：API object、Object 和 Kubernetes object。其中前两种 object 已经介绍过了，第三种 object（Kubernetes object）后面会有说明。由于 Kubernetes 在描述这些 object 的时候并不严谨，因此一定要结合上下文来理解 object 的含义。

4. API group

由于 Kubernetes 不断迭代快速向前发展，resource 的种类、功能、特性和访问方式也是不断变化的，这就涉及 resource 的分类问题。但是，Kubernetes 并没有以 resource 为对象来划分版本；也没有以 resource 的某个成员（FIELD）为对象来划分版本，这样的划分粒度太细，管理难度大；也没有以 Kubernetes 软件本身为对象来划分版本，这样的划分粒度又太大，不够灵活。总之，这几种划分既不利于 Kubernetes 自身的开发，也不利于 Kubernetes 的使用。

由于所有的 resource 都是和 REST API 关联的，resource 的变化不光体现在自身，还体现在访问 resource 的接口、即 REST API 上。因此，Kubernetes 以 API 为对象来划分版本，即 API 分类不同，其支持的 resource 就可能不同。以 API 进行划分，可以使得 resource 及其行为保持一个完整、清晰而又一致的视图。用户通过 REST API 同 Kunernetes 打交道，基于 API 分类，对于用户而言是十分自然的事情，使用起来也非常方便。

Kubernetes 首先使用 API group 对 resource 分类，API group 是一个字符串，它会写入 resource 的 REST 路径。一个典型的 resource 的 REST 路径如下所示，其中，apis 是所有 API 的固有信息；extensions 则是 API group；v1beta1 是 API 版本；ingresses 是 resource 的名字。

```
/apis/extensions/v1beta1/ingresses
```

5．API version

API group 可以对 API 进行分类，但是光这样还不够，同一类的 API 还会有不同的版本，如果不进一步划分，会给开发、管理和使用带来很多问题。因此，Kubernetes 在 API group 的基础上，对 API version（API 版本）进一步分类。Kubernetes 将 API 版本划分为 Alpha、Beta、Stable 三个级别，具体说明如下。

- Alpha：该版本的名字会包含字符串 alpha，如 v1alpha1，它会写入 resource 的 REST 路径中。这是一个不稳定的版本，可能包含错误，而且功能和 API 接口随时会被删除或修改。因此，如果想尝试某项新特性，可以使用该版本做短期的测试，但不要将其应用到生产环境中。
- Beta：该版本的名字会包含字符串 beta，如 v1beta1，它会写入 resource 的 REST 路径中。这是一个相对稳定的版本，各项功能都经过了充分的测试。该版本所支持的功能特性会一直保留，但会做一些细节上的修改，这样可能会导致该版本的接口同后续版本的接口不一致。Beta 版本最大的意义在于，如果需要的某项新特性在 Beta 版本中，则可以充分使用和验证该特性，并积极反馈，这样就有可能使得开发者按照用户的意见进行修改，否则一旦 Beta 版本升级成稳定版本，就很难再修改该特性了。
- Stable：该版本的名字以 v 开头，后面跟数字，例如 v1，它会写入 resource 的 REST 路径中。这是一个稳定的版本，每项功能都经过很好的测试，并且接口也不会随意修改，以保证兼容性。因此在实际生产中最好使用该版本。

6．apiVersion

API group（GROUP）和 API version（VERSION）都是 resource 的 REST 路径的重要信息，它们两者的组合：GROUP/VERSION，称之为 apiVersion。可以使用以下命令来查看 Kubernetes 所支持的 apiVersion。

```
[user@master~]$kubectlapi-versions
```

上述命令执行结果如下，都是 GROUP/VERSION 形式的 apiVersion，例如第一行 admissionregistration.k8s.io/v1，其中 admissionregistration.k8s.io 就是 GROUP（API group），v1 则是 VERSION（API version）。

```
admissionregistration.k8s.io/v1
admissionregistration.k8s.io/v1beta1
apiextensions.k8s.io/v1
......
```

Kubernetes 使用 apiVersion 有很多好处，具体说明如下。

- 逻辑清晰：REST API 按照 GROUP 划分后，再分不同的 VERSION，例如 apiextensions.k8s.io VERSION 下就有 v1 和 v1beta1 两个 VERSION，既逻辑清晰又便于管理和协作开发。
- 解除了耦合：resource 的 apiVersion 和 Kubernetes 软件的 release 版本解除了耦合，resource 的 apiVersion 如图 1-3 所示，而本书 Kubernetes 的 release 版本则是 v1.20.1，这样 release 不需要等待 apiVersion 全部升级后才能发布新版本，既不影响开发又可以快速迭代发布版本。
- 非常灵活：同一个 GROUP 可以有不同开发状态的版本，例如 GROUP apiextensions.k8s.io 就有 v1 和 v1beta1 两个版本。开发者可以根据需要，来选择不同的 apiVersion 组合构成 Kubernetes release，非常灵活。

7. 查看 resource 信息

Kubernetes 有多种类型的 resource，可以使用下面的命令查看当前 Kubernetes 所支持的 resource。

```
[user@master~]$kubectl api-resources
```

上述命令的输出如图 1-3 所示。

NAME	SHORTNAMES	APIGROUP	NAMESPACED	KIND
bindings			true	Binding
componentstatuses	cs		false	ComponentStatus
configmaps	cm		true	ConfigMap
endpoints	ep		true	Endpoints
events	ev		true	Event
limitranges	limits		true	LimitRange
namespaces	ns		false	Namespace
nodes	no		false	Node
persistentvolumeclaims	pvc		true	PersistentVolumeClaim
persistentvolumes	pv		false	PersistentVolume
pods	po		true	Pod

图 1-3　resource 信息图

图 1-3 中共有 5 列内容，说明如下。

1）第一列是 resource 的名字。

2）第二列是 resource 的缩写，例如 pods 的缩写就是 po。

3）第三列是该 resource 所属的 API group。

4）第四列表示该 resource 是否位于 Namespace 之中，Namespace 用来划分 Kubernetes，不同的 Namespace 之间，resource 是互相隔离的，因此可以认为 Namespace 是一个虚拟 Kubernetes 集群。但并不是所有的 resource 都在 Namespace 内，只有 NAMESPACED 为 true 的 resource 才可以划分到一个 Namespace 中，NAMESPACED 为 false 的 resource 不属于任何 Namespace。

5）第五列表示 resource 类型，其取值可以是 resource 的名字或缩写。

命令 "kubectl api-resources -o wide" 可以查看 resource 的更多信息，例如 resource 支持的操作，例如 Pod 所支持的操作就包括 [create delete deletecollection get list patch update watch]。

图 1-3 所示的这些 resource 就是整个 Kubernetes 的 API，和 SDK 文档中一页又一页的 API 函数接口相比，实在是简洁太多，这就是 Kubernetes 基于 REST 风格来设计架构所带来的好处。

每个 resource 都可以查看它的结构信息，即它的 Object 定义，示例命令如下。

该命令会打印 Pod 的 Object 定义。其中 kubectl 是命令，explain 是选项，pod 是参数，pod 表示要查看的 resource 类型，可以用 resource 的 Name 或缩写来替代，而且不区分大小写。

```
[user@master~]$kubectl explain pod
```

可以使用 "kubectl explain pod --recursive=true" 来打印 Pod 各成员的详细信息，包括 metadata、spec 和 status 等嵌套 Object 的详细信息，以及在它们内部嵌套的 Object 的详细信息。

可以访问 https://git.k8s.io 获取 resource 各成员的详细信息，但是 https://git.k8s.io 的速度很慢，很多时候无法访问。https://k8s.mybatis.io/ 提供了镜像内容，因此可以访问该网站，获取 FILELDS 的详细信息。

可以使用 "kubectl describe deployment XXX" 来打印 deployment resource XXX 信息，其中 kubectl.kubernetes.io/last-applied-configuration 后面的内容就是该 XXX Object 的信息。

总之，上述方法可以获取 Kubernetes 所支持的各类 resource，以及每个 resource 的 Object 信息，这将为后续创建或操作 resource 打下良好基础。

1.2.2 Kubernetes object——定义 Kubernetes 运行状态

Kubernetes object 是一类特殊的 resource，它是 Kubernetes 集群状态的抽象。可以通过创建 Kubernetes object 来告诉 Kubernetes，用户希望它以什么样的状态运行。例如，在 Kubernetes object 中指定了某个 Pod 的副本个数为 2，那么 Kubernetes 首先会运行两个 Pod 副本，然后监控这些 Pod 副本的状态，如果有 Pod 副本不可用，在条件允许的情况下，Kubernetes 会运行新的 Pod 副本，使得当前运行的 Pod 副本数始终等于 2，从而努力使得 Kubernets 按照用户所描述的状态运行。此外，还可以查询 object 信息来获取 Kubernetes 的运行情况，例如当前运行的容器化应用有哪些，它们所在的节点是哪几个，当前可用的节点有哪些，当前容器化应用的行为策略是什么，诸如重启策略、更新和容错等。因此，Kubernetes 集群中所有的 object 的集合，就构成了该集群的运行状态。

"容器化应用" 指将应用程序制作成镜像，通过镜像运行容器来运行该应用程序。

1. Kubernetes object 的特征

Kubernetes object 最显著的特征是：Kubernetes object 是有生命周期的，分为创建、运行和删除这三个阶段，具体操作可以参考 https://kubernetes.io/docs/concepts/overview/working-with-objects/object-management/。

此外，Kubernetes object 是持久化存储的实体，一旦创建就会一直存在，即使集群重启后，Kubernetes 依然会创建该 Kubernetes object，并努力使得集群达到 Kubernetes object 配置所描述的状态。只有当 Kubernetes object 被删除后，集群重启才不会重新创建该 Kubernetes object。

2. Kubernetes object 同其他 Kubernetes 概念的区别

在理解 Kubernetes object 时，还要特别注意同 Kubernetes 中其他概念的区别，具体说明如下。

首先要特别注意区分 resource 和 object。在 Kubernetes 的官方文档和学习资料中，会经常遇到 resource 和 object 混用的情况，初学者往往会迷惑而分不清楚。根据前面的定义，resource 是 REST 中的概念，而 Kubernetes 是按照 REST 设计的，因此 Kubernetes 一切皆为 resource。而 Kubernetes object 则是 resource 的一种，它是集群状态的抽象，并且在 resource 中的比重很大。

resource 中除了 Kubernetes object，还有少部分是 virtual 类型，这部分 resource 通常用来表示操作，而不是 Kubernetes object。

其次还要特别注意区分 API object、Object 和 Kubernetes object。Kubernetes 的官方文档中对这 3 种 object 的描述并不严谨，不严格区分大小写，有的地方甚至直接统称为 object，因此一定要结合上下文去理解。

3．Kubernetes object 的结构

Kubernetes object 的公共成员（字段）如表 1-1 所示，这 5 个成员是每个 Kubernetes object 都具有的，其中前 4 个成员用于创建 Kubernetes object 时填写，第 5 个成员 status，Kubernetes object 创建后由 Kubernetes 填写和更新，供用户查询。

表 1-1　Kubernetes object 描述字段表

成员名	类型	说　　明
apiVersion	string	操作该 resource 的 API 版本，形式为 GROUP/VERSION，在创建 Kubernetes object 时要填写该字段
kind	string	resource 类型，在创建 Kubernetes object 时要填写该字段
metadata	Object	该 resource 的唯一标识，字符串类型，由 3 项组成，分别是：name（字符串）、UID（可选）和 namespace（可选），在创建 Kubernetes object 时要填写该字段
spec	Object	特征描述，在创建 Kubernetes objects 时填写该字段，描述我们希望该 Kubernetes object 所具备的特性
status	Object	状态描述字段，它由 Kubernetes 系统填写和更新，用于查询

可以使用前面描述的"kubectl explain"命令查看每个 Kubernetes object 的具体结构。

1.2.3　Pod——实现 Kubernetes 中容器的逻辑组合

Pod 是 Kubernetes 中最基础和最重要的 Kubernetes object，它是 Kubernetes 中最小的执行单位，也是用户能够在 Kuberntes 中创建和部署的最小 Kubernetes object。Pod 由一组容器组成，这组容器在集群中的同一个节点上运行，共享相同的内部网络和存储资源，互相协作对外提供某种特定的服务，即"微服务"。

要注意的是，Pod 中容器的运行和管理是由一个叫作"容器运行时"（container runtime）的组件实现的，"容器运行时"不是 Kubernetes 的内置模块，而是一个外部组件，Kubernetes 常用的"容器运行时"有 containerd、CRI-O 和 Docker。

Pod 中文翻译为豆荚，Pod 内部的容器则可以理解为豆荚中的豆子。

1．Pod 的生命周期

Pod 生命周期的各个阶段如表 1-2 所示。

表 1-2　Pod 状态表

阶段	说明
Pending	Kubernetes 已经接受该 Pod，Pod 中有若干容器的镜像还未准备好，需要下载 该阶段包括调度的时间，即 Pod 同集群的某个节点绑定的时间，同时还包括下载准备镜像的时间
Running	Pod 中所有容器都已创建。至少有一个容器正在运行，或是处在启动或重启过程中
Succeeded	Pod 中的所有容器都已成功终止，并且不会重新启动
Failed	Pod 中的所有容器都已终止，并且至少有一个容器因故障而终止 也就是说，容器要么以非零状态退出，要么被系统终止
Unknown	无法获取 Pod 的状态，通常是由于与 Pod 节点通信时出错

Pod 的 running 阶段，只是说明 Pod 中有 1 个容器正在运行，或者是处在启动或重启过程中，并不是说 Pod 所有的容器都处在运行的状态。

2．Pod 中容器的状态

一旦 Pod 同 Kubernetes 集群的某个节点绑定后，就会在该节点创建容器，因此容器也有状态，其说明如表 1-3 所示。

表 1-3　Pod 容器状态表

阶段	说　明
Waiting	容器的默认状态。如果容器未处于 Running 或 Terminated 状态，则它处于 Waiting 状态 处于 Waiting 状态的容器会执行其所需的操作，如提取图像、应用机密等
Running	容器正在正常执行
Terminated	容器在完成程序的执行后，已终止运行 程序执行的结果可能是成功，也可能是失败，总之执行已经完成

3．Pod 的网络

以 Pod 的常用网络 Calico 为例，Kubernetes 默认会为每个 Pod 分配一个 IP 地址，例如 192.168.2.140，所有 Pod 的 IP 会在同一个网段，这是由 kubeadm 初始化（kubeadm init）时，指定参数 "--pod-network-cidr=192.168.2.0/24" 所决定的。

Pod 中的所有容器会共享该 Pod 的 IP 地址，这是因为，这些容器共享的是同一块网卡，该网卡上的 IP 地址就是 192.168.2.140。因此，Pod 内的容器间通信，直接用 localhost+端口即可。此外，当 Pod 所在节点开启 IP 转发（iptables -P FORWARD ACCEPT）后，Kubernetes 的节点和该 IP 可以互相 ping 通；Kubernetes 其他 Pod 的容器，也可以和该 IP 互相 ping 通（Proxy iptables 情况下）。

1.2.4　RC/RS—— 控制 Pod 副本个数

RC/RS 是典型的 Kubernetes object，它们用来确保 Pod 副本按照用户指定的数量运行，具体说明如下。

1．RC（Replication Controller）

RC 是 Kubernetes object，它是 Pod 副本（Replication）数量的抽象，所谓 Pod 副本是指按照同一个 Pod 的 Object 定义所创建的 Pod，例如设置某个 Pod 副本数为 2，那么 Kubernetes 就会按照该 Pod 的 Object 的定义创建两个 Pod，这两个 Pod 内启动的容器来源于同一个镜像，容器运行参数也一样，只是 Pod 运行的节点不同。在 Kubernetes 生产环境中，为了确保应用的性能和可用性，通常会设置 Pod 的副本数大于 1。

RC 可以实现 Pod **数量的重新规划**（Rescheduling），例如在 RC 中指定某个 Pod 的副本数量为 2，那么该 RC 创建后，就会使得集群中该 Pod 的数量始终维持在 2。如果之前该 Pod 的副本数是 3，RC 会删除掉其中的一个 Pod；如果运行的 Pod 数量为 1，那么 RC 则会启动一个新的 Pod。至于如何监控 Pod 数量的变化，如何对 Pod 进行增加/删除操作，新增的 Pod 在哪个节点上运行，等等，这些都由 RC 自动完成；同时 RC 还可以很方便地实现**应用规模的缩放**（Scaling），应用的规模取决于 Pod 的副本数，通过修改 RC 定义中的副本数，重新创建该 RC，就可以很方便地改变 Pod 的副本数，从而实现应用规模的缩放。

2．RS（ReplicaSet）

RS 是 RC 的升级版，它和 RC 主要的区别在于 Selector（选择器）。Selector 用于 RC/RS 来选择 Pod 作为其管理对象，每个 Pod 创建时会设置（Label）标签（标签可以有多个），Selector 根据标签来选择符合条件的 Pod，然后维护这些 Pod 的副本数。

其中 RC 中的 Selector 是 equality-based（基于相等）的，即根据 Selector 中的表达式，对 Pod 的标签进行相等关系（等于/不等于）运算，以此决定该 Pod 是否为其管理对象；RS 中的 Selector 是 set-based（基于集合）的，根据 Selector 中的表达式，对 Pod 的标签进行集合运算，以此决定该 Pod 是否为其管理对象。RS 中的 Selector 相对 RC 的 Selector 更为灵活，功能更强大。

总之，RS 可以实现 RC 的所有功能，同时还有更为强大的 Selector，此外 RS 还可以用于 Pod 的水平自动伸缩（HPA，Horizontal Pod Autoscalers），实现 Pod 规模随负载而自动调整。

Kubernetes 的官方文档（https://www.kubernetes.org.cn/replicasets）中推荐使用 RS。

1.2.5　Deployment——在 Kubernetes 中部署应用

Deployment 是 Kubernetes object，它是用户部署 Pod 的行为的抽象。因此，在 Deployment 中可以创建 Pod，也可以创建 RS 来管理 Pod 副本和实现集群的伸缩，还可以很方便地对 Deployment 行为进行回滚、暂停和恢复等操作。

根据 Kubernetes 官方文档的建议，用户应尽量避免直接创建 Pod 和 RC/RS，而是使用 Deployment 来完成 Pod 和 RS 的创建和使用。

1.2.6　Service——以统一的方式对外提供服务

Service 是 Kubernetes object，它提供了一种固定的 Pod 服务访问方式（通过固定的 IP 或者字符串标识加上端口来访问 Pod 所提供的服务），而不用关心 Pod 副本具体在集群的哪个节点上运行。下面举例说明 Service 出现的背景以及它在 Kubernetes 的作用。

假设部署了一个提供 Web 服务（LAMP）的 Pod，并设置该 Pod 的副本数为 3，那么 Kubernetes 会在集群中启动 3 个 Pod 副本，每个 Pod 会有单独的 IP。在没有 Service 的情况下，用户需要通过这 3 个 Pod 中任意一个的 IP 和端口去访问 Web 服务，如果 Pod 所在节点不可用了，Kubernetes 会在其他的节点上启动一个新的 Pod，此时该 Pod 的 IP 就改变了。因此，用户需要关注 Pod IP 的变化，并用新的 IP 去访问 Web 服务，这样既不能很好地保证服务的可用性，也无法实现规模化应用。

Kubernetes 提供了 Service 来解决上述问题，Service 创建后会提供一个固定的 IP（以 ClusterIP 类型的 Service 为例），这个 IP 地址是不会变化的，它不会随 Pod 副本 IP 的改变而改变，因此，用户可以始终根据该 IP，加上对应的端口去访问 Web 服务，完全不用关心提供 Web 服务的 Pod 在哪个节点。

Kubernetes 提供了多种类型的 Service，供集群节点上的应用，或集群外的节点的应用来访问 Pod 服务。

一个 Service 对应一组 Pod 服务（Pod 副本 IP 不同、端口相同），其中每个 Pod 的服务，由该 Pod 的 IP+端口来标识，Kubernetes 把这个标识（Pod 的 IP 和端口）称为一个 Endpoint（端点），它是 Pod 服务的具体提供者。一个 Service 对应的所有 Endpoint 的集合称为 Endpoints，Endpoints 是 Kubernetes 中的一个 resource，用户访问 Service，最终会由该 Service 所对应的 Endpoints 中的某个 Endpoint 来提供，Kubernetes 创建 Service 时，会根据其配置文件中的 selector 描述来自动创建 Endpoints。

1.2.7 其他核心概念

本节介绍 Kubernetes 的其他核心概念，包括 Controller、StatefulSet、Configmap/Secret 和 Namespace，具体说明如下。

1. Controller——实现 Kubernetes 状态控制

Kubernetes 的 Controller 是一个控制回路，它用来监控集群的状态，然后在必要的时候，直接更改集群的状态或者发起请求，使得当前集群的状态向期望的状态靠拢。可以把 Controller 理解成是一个无限循环，它会持续不断地监控一种或多种 Kubernetes object，一旦发现该 Kubernetes object 的状态同 Kubernetes object 所配置的期望状态（由 spec 字段指定）不一致时，则会采取相应的措施来调整该 Kubernetes object，使得其状态同配置一致。Kubernetes 有很多内置的 Controller，典型的如 RS 和 Deployment 等，除了内置 Controller，Kubernetes 还支持用户编写的自定义 Controller。

有关 Controller 的更多详细信息，参考 https://kubernetes.io/zh/docs/concepts/architecture/ controller/

2. StatefulSet——管理 Kubernetes 上有状态的应用

StatefulSet 是一个 Kubernetes Workload object，用于管理 Kubernetes 上有状态的应用。它可以实现 Pod 的有序部署、删除和伸缩，并且为每个 Pod 赋予稳定且唯一的 ID，即便 Pod 被重新调度，新 Pod 仍旧会使用被替换 Pod 的名字、主机名和存储。

有关 StatefulSet 的更多详细信息，参考 https://kubernetes.io/zh/docs/tutorials/stateful-application/ basic-stateful-set/；

https://kubernetes.io/zh/docs/concepts/workloads/controllers/statefulset；

https://kubernetes.io/blog/2016/12/statefulset-run-scale-stateful-applications-in-kubernetes/。

3. Configmap / Secret——实现 Kubernetes 配置存储

Configmap 是一种 Kubernetes object，它以键值对（KV）的方式来存储明文数据，Pod 可以将它用作环境变量、命令行参数或存储卷的配置文件。这样就解除了容器镜像同配置文件之间的耦合，既实现了镜像的标准化，又方便配置的修改。Configmap 使用方便，但它不提供保密或加密功能，如果要存储机密数据，则可以使用 Secret，Secret 也是一种 Kubernetes object，它和 Configmap 在功能上类似，但是，Secret 支持以加密的方式来存储数据。

更多详细内容参考 https://kubernetes.io/zh/docs/concepts/configuration/secret/。

4. Namespace——实现 Kubernetes 中的虚拟集群

Namespace 实现了单个 Kubernetes 集群内 resource 的隔离，不同 Namespace 内的 resource 互不可见，同一个 Namespace 内的 resource 名字必须唯一。基于 Namespace，可以在单个物理 Kubernetes 集群上实现多个虚拟集群，每个虚拟集群有自己的 Namespace 名称，有自己的

Deployment 和 Pod 等 Kubernetes object，就好像是一个单独的 Kubernetes 集群一样。

更多详细信息参考 https://kubernetes.io/docs/concepts/overview/working-with-objects/namespaces/。

1.3　Kubernetes 系统架构

Kubernetes 是典型的主从式架构，如图 1-4 所示，其管理者称为 Control Plane（控制平面），被管理者称为 Node（节点）。Control Plane 在逻辑上只有 1 个，它负责管理所有的 Node 和 Kubernetes object；Node 可以有多个，它负责管理自身节点的资源和 Pod。

Control Plane 是新统一的术语，Kubernetes 之前使用的术语是 Master，直到 2020 年 1 月 26 日之后，Kubernetes 官方才将 Master 统称为 Control Plane。

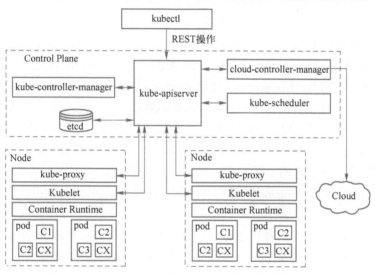

图 1-4　Kubernetes 架构图

1.3.1　Control Plane

Control Plane 是集群管理者，它的终极目标就是使得用户创建的各种 Kubernetes object 按照其配置所描述的状态运行。Control Plane 既要对节点进行统一管理，又要调度资源并操作 Pod，以满足 Kubernetes object 对象运行的需求。Control Plane 并不像 Linux 内核是一个单一的实体，它由多个组件组合而成，每个组件是一个独立运行的进程。Control Plane 组件可以在群集中的任何机器上运行。为了简单起见，启动脚本通常会在同一台计算机上启动所有 Control Plane 组件，按照之前的称呼习惯，本书把该计算机称之为 Master 节点或管理节点。Control Plane 各个组件的描述如下。

考虑到可用性，在生产环境中，Control Plane 中的每个组件通常以集群方式运行，可以参考第六章构建高可用的 Control Plane。

1．kube-apiserver

kube-apiserver 提供 Kubernetes 的 API 接口，它是 Kubernetes 的门户，客户端或者其他应用访问 Kubernetes，都必须通过 kube-apiserver。kube-apiserver 以 Web 服务的方式提供 API 接口，

而 Web 服务又有多种实现方案，kube-apiserver 采用的是 REST 方案。因此，我们都要使用 REST 操作来同 kube-apiserver 交互。

客户端和 kube-apiserver 之间的通信，以及 Kubernetes 内部组件同 kube-apiserver 之间的通信，使用的都是 REST 操作。

kube-apiserver 是一个进程，在管理节点上运行以下命令来查看该进程。

```
[user@master~]$ps -A | grep api
2408 ?        00:07:02 kube-apiserver
```

很多情况下，kube-apiserver 会封装在容器中运行，而且还会注册 Pod。

kube-apiserver 支持水平扩展，可以运行多个 kube-apiserver，而且 kube-apiserver 是无状态的，可以方便地实现负载均衡和高可用。

2．etcd

etcd 是一个开源的 KV 数据库，KV 是 "Key Value" 的缩写，中文翻译为键值对，它是一种数据的表示方式，其中，Key 是数据的身份标识，Value 是数据本身的内容。etcd 可以提供一致性和高可用的数据存储服务，**Kubernetes 使用 etcd 来存储集群数据**，也正是看中了这些特性。etcd 以集群方式运行，节点间通过一致性算法来确保数据的一致性，从而确保数据访问的性能、正确性和可用性。etcd 集群规模最小可以是 1 个节点，不建议在生产实践中这么用，etcd 集群节点数至少应为 3 或是更大的奇数，选取奇数是便于 etcd 集群节点一次投票就选出 leader。

etcd 运行时也是一个独立的进程，运行下面的命令查看该进程。

```
[user@master~]$ps -A | grep etcd
2411 ?        00:03:36 etcd
```

很多时候，etcd 会封装在容器中运行，使用以下命令查看容器中 etcd 的版本，其中 eb0bb8cd101c 是 etcd 容器的 ID，"etcd --version" 则是查看 etcd 版本的命令。

```
[user@master~]$ docker exec -it eb0bb8cd101c etcd --version
etcd Version: 3.4.3
```

可以访问 https://etcd.io/docs/v3.4.0/获取更多 etcd 的详细信息。

3．kube-scheduler

kube-scheduler 用于分配一个 Node（节点）来运行新创建的 Pod。kube-scheduler 在选择 Node 时，会综合考虑多种因素，例如：个人和集体的资源需求、硬件\软件\策略约束、数据局部性、内部负载干扰性等。

可以配置多个 kube-scheduler 同时运行，以确保其可用性。

kube-scheduler 运行时也是一个独立的进程，在管理节点上运行下面的命令查看该进程。

```
[user@master~]$ps -A | grep scheduler
2339 ?        00:01:05 kube-scheduler
```

很多情况下，kube-scheduler 会封装在容器中运行，而且还会注册 Pod。

4．controller-manager

1.2.7 节中介绍了 Controller 的概念，Controller 使得某一类指定的 Kubernetes object 按照配置

所描述的状态来运行。从逻辑上讲，每个 Controller 应以独立的进程来运行，但考虑到效率和管理等诸多因素，Kubernetes 将这些内置 Controller 合并到了一个进程之中，这个进程就是 controller-manager（该控制器又称为 kube-controller-manager）。controller-manager 内包含了 Node Controller、Replication Controller 和 Endpoints Controller 等，有关这些 Controller 的功能描述，可以参考官方文档链接 https://kubernetes.io/docs/concepts/overview/components/上的说明。

在管理节点上查看 controller-manager 进程，命令如下。

```
[user@masternginx]$ps -A | grep controller
7560 ?        00:00:06 kube-controller
```

查看 controller-manager 所在的容器，命令如下。

```
[user@masternginx]$ docker ps -a | grep controller
k8s_kube-controller-manager_kube-controller-manager-master_kube-
system_f4b566093eb571949d753f114ff285f5_14
```

查看 controller-manager 所在的 Pod 的命令如下。该 Pod 是 kubeadm init 时启动的静态（static）Pod，kubeadm 是 Kubernetes 官方推出的快速部署 Kubernetes 集群工具，其思路是将 Kubernetes 相关服务容器化以简化部署。controller-manager 注册成静态 Pod 后，该节点的 kubelet 进程会一直监控该静态 Pod，如果 controller-manager 不可用，kubelet 就会在该节点重启该 Pod。

```
[user@masternginx]$kubectl get pod --all-namespaces | grep controller
kube-system   kube-controller-manager-master   1/1      Running   14        16d
```

在运行 "kubeadm init" 时可以观察到 Control Plane 下的 apiserver、controller-manager 和 scheduler 都注册成了静态 Pod，以此实现服务的高可用。这也是为什么停止 Control Plane 容器要先 Kill 掉 kubelet 的原因。

5. cloud-controller-manager

cloud-controller-manager 是一个同底层云服务提供商交互的控制器。如果把 Kubernetes 部署在云上，Kubernetes 同云上节点打交道的方式，会和之前直接同服务器（虚拟机）打交道的方式有所不同，因此需要专门的云服务控制器与之交互，而且不同的云服务提供商其云服务控制器也不同。这些特定的云服务控制器最初内置在 kube-controller-manager，由于云服务提供商有很多，而且它们的接口也在不断迭代发展，这就会给版本一致性、兼容性、灵活性和更新等带来一系列问题。

为此，Kubernetes 尝试将云服务控制器的功能进行抽象，然后从 kube-controller-manager 中抽取出来，放置到外部由各个云服务提供商来维护，同时制定统一的接口约束，由云服务提供商来做适配。这个抽取出来的部分就是 cloud-controller-manager，cloud-controller-manager 可以和任何满足接口约束条件的云服务提供商的代码相结合，形成一个在外部独立运行的控制器。

访问下面的链接获取 cloud-controller-manager 更多详细信息：
https://kubernetes.io/docs/tasks/administer-cluster/running-cloud-controller/。

1.3.2　Node

Node（节点）接受 Control Plane 的管理，并负责本机 Pod 的启动和维护。Node 有四个重要的组件：kube-proxy、kubelet、容器运行环境和 Pod，具体说明如下。

1. kube-proxy

kube-proxy 是 Node 的网络代理，它用来维护 Node 的网络规则，这些规则可以使得集群内外的网络会话可以同本 Node 的 Pod 进行通信。

kube-proxy 是一个独立的进程，在每个 Node 上查看 kube-proxy，命令如下。

```
[user@node01 ~]$ps -A | grep kube-proxy
1873 ?          00:00:02 kube-proxy
```

kube-proxy 通常也会封装在容器中运行，并且以作为静态 Pod 注册到本机所在的 kubelet，这样，一旦 kubelet 监控到该 Pod 不可用，就会在本机再启动一个 Pod 来恢复 kube-proxy 的运行。

Node 节点的组件在 Master 节点上也会存在。

2. kubelet

kubelet 是节点代理（Node agent），kubelet 运行后会注册到 Kubernetes，在 Kubernetes 中所看到的各个 Node 就是各个 kubelet 注册的结果。kubelet 接受 Control Plane 发送的指令，如启动 Pod，然后负责具体执行指令。

3. Container Runtime

Container Runtime 是容器运行时，是负责运行容器的软件和库的集合。因为 Pod 是一组容器的集合，Pod 在 Node 上运行，因此 Node 上必须要部署容器运行时。Kubernetes 目前支持的容器运行时有：Docker、containerd 和 CRI-O 等，并且提供了一个统一的容器运行时接口（Kuernetes CRI）供其他容器运行环境接入。以 Docker 为例，如果选择 Docker 作为容器运行时，那么在每个 Node 节点上都要安装 Docker。

4. Pod

严格意义上 Pod 并不是 Node 组件，它只是 Node 管理的对象。但是因为它的地位特殊，Node（甚至整个 Kubernetes 集群）都是围绕着 Pod 服务的，因此，在此处再次强调：Pod 是一组相关容器的集合，这些容器共享 Pod 内部相同的网络和存储，容器间互相协作对外提供服务。kubelet 接收"Control Plane"的指令，来完成 Pod 的操作；而 Pod 中容器的操作，则是由 kubelet 发起，交由容器运行时环境具体完成的；此外，kube-proxy 还会设置相关的网络规则，以实现 Pod 同集群内外应用的网络通信；Pod 创建好后，kubelet 还会监控 Pod 状态，确保其正常运行。

1.3.3　Addons

Kubernetes 除了 Control Plane 和 Node 这两大组件之外，还有很多的 Addons（插件）用于 Kubernetes 功能的扩展。例如，DNS 插件可以为 Kubernetes 提供域名服务；Dashboard（用户界面）提供 Kubernetes 集群的 Web UI 界面，从而实现图形化的集群管理；容器资源监控和集群日志等插件，这些插件也是基于 Kubernetes object（Deployment 等）来实现的，它们以集群方式运行，为 Kubernetes 提供服务。

参考下面的链接获取插件的更多详细信息 https://kubernetes.io/docs/concepts/cluster-administration/addons/。

1.3.4　kubectl

kubectl 是一个命令，是用户同 Kubernetes 交互的工具。用户要对 Kubernetes 做任何操作，获取任何信息，都通过 kubectl 来完成。后续会介绍 kubectl 的典型使用，更多详细的信息，可以参考链接 https://kubernetes.io/docs/reference/kubectl/overview/。

1.4　高效学习 Kubernetes

Kubernetes 是一个复杂的系统，因此对学习者而言，学习方法非常重要。本节将介绍 Kubernetes 快速学习路线图，以及如何利用本书资源更高效地学习 Kubernetes，帮助读者又快又好地掌握 Kubernetes。

1.4.1　Kubernetes 快速学习路线图

Kubernetes 对学习者而言并不友好，这是因为 Kubernetes 建立在多种技术和平台之上，有很多前置知识需要学习；加上 Kubernetes 自身概念多、难于理解；而且 Kubernetes 面向整个集群进行容器编排，在架构、运行机制和使用上也更为复杂，这些都增加了 Kubernetes 的学习难度。加上 Kubernetes 处于快速更新迭代之中，笔者在学习过程中也走了很多的弯路，踩了很多坑。为此，本书总结了图 1-5 所示的 Kubernetes 快速学习路线图，帮助读者高效学习 Kubernetes。

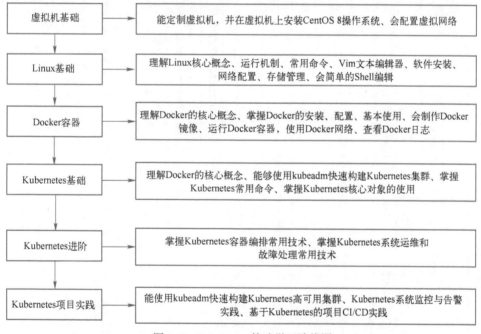

图 1-5　Kubernetes 快速学习路线图

快速学习路线图根据从易到难，从简单到复杂，从通用到专业的顺序分为 6 个阶段，如图 1-5 中的第一列（左侧起）所示，第一列中向下的箭头表示知识依赖的顺序，也表示学习的顺序；第二列则表示各个阶段所要达到的具体目标。读者可以根据自身的情况，选择合适的起点，然后自上而下开始学习，当达成该阶段的目标后，再进入到下一阶段。

1.4.2　利用本书资源高效学习 Kubernetes（重点必读）

本书提供了丰富的配套资源，这些资源按照 Kubernetes 的学习阶段分为 3 类，分别是 Kubernetes 学习**前置资源、随书资源和进阶资源**，如图 1-6 所示。

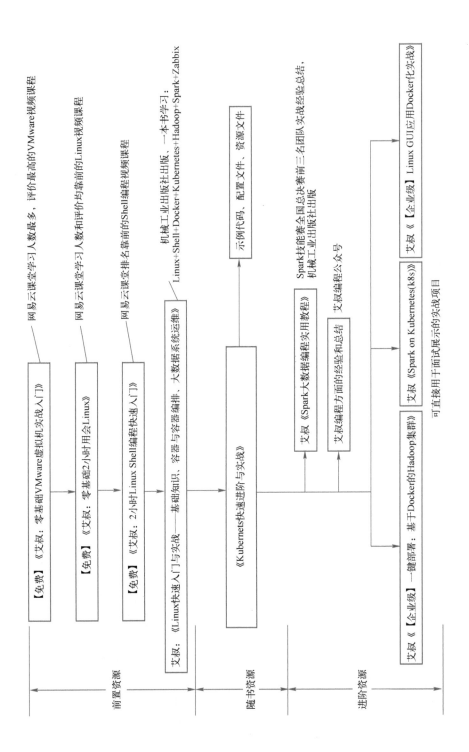

图 1-6 配套资源表

1．配套资源的说明

（1）前置资源

前置资源指 Kubernetes 前置知识的学习资源，主要包括艾叔主讲的一系列免费高清视频课程。特别是艾叔编著的《Linux **快速入门与实战——基础知识、容器与容器编排、大数据系统运维**》一书，如图 1-7 所示，该书面向零基础学习者，以 Linux 为主线，系统介绍了 Linux+Shell+Docker+Kubernetes+Hadoop+Spark 核心知识，特别是 Linux 和 Docker 容器的深度实践，可以为零基础学习者迅速打下 Kubernetes 学习的扎实基础，深受读者好评。

1、面向 Linux、大数据、云计算运维与研发工程师

2、基于 CentOS 8.2 讲解，同样适用于其他主流的 Linux 发行版

3、配套高清视频课程、资源文件、扩展阅读和实践操作电子书

4、零基础讲解 Linux 核心概念、系统组成、运行机制、高频命令和进阶使用，快速打下 Linux 坚实基础，少走弯路少踩坑

5、精选 Linux 在大数据、云原生以及系统监控等领域的实战案例，详解 Linux 下 Shell 编程、Docker、Kubernetes、Hadoop、Spark 和 Zabbix 相关技术，快速累积 Linux 实战经验

图 1-7　《Linux 快速入门与实战——基础知识、容器与容器编排、大数据系统运维》

（2）随书资源

随书资源是指本书学习中的配套资源，包括书中所涉及的关键示例代码、配置文件和资源文件，它们可以帮助读者更快、更全面地掌握本书内容。

（3）进阶资源

进阶资源包括艾叔主讲的三个 Docker+Kubernetes 相关的企业级实战项目高清视频课程，它们对读者快速提升 Kubernetes 实战能力和迅速累积项目经验非常有帮助。上述资源的获取方法参见后面的列表说明。

2．配套资源的获取

（1）随书资源的获取

随书资源是一个 rar 压缩包，文件名是"**Kubernetes 快速进阶与实战配套资料.rar**"，该压缩包中的资料如表 1-4 所示，包括本书的示例代码和其他相关资源。

表 1-4　本书配套资料包（Kubernetes 快速进阶与实战配套资料.zip）内容列表

资源名称	文件名	下载地址
示例代码	01-prog.tar.gz	关注本书公众号"艾叔编程"，在后台输入"k8s"即可获得该资料包的获取方式。
免费电子书	Kubernetes 快速进阶与实战——实践教程.pdf	

（2）前置资源、进阶资源以及其他资源的获取

作者微信号、本书公众号和前置资源的获取方法如表 1-5 的第 1、2、3、4 项所示；进阶资源的获取方法如表 1-5 的第 5、6、7、8 项所示。

表 1-5　本书其他资源列表

序号	资源名称	获取方式
1	作者微信	添加作者微信号 aishu_prog，和作者直接交流
2	本书公众号	关注公众号"艾叔编程"，在后台输入"k8s"获取 Kubernetes 快速进阶与实战配套资料.zip 下载地址
3	免费高清视频课程 1.《零基础 VMware 虚拟机实战入门》 2.《零基础 2 小时用会 Linux》 3.《2 小时 Linux Shell 编程快速入门》	关注公众号"艾叔编程"获取
4	《Linux 快速入门与实战——基础知识、容器与容器编排、大数据系统运维》（纸质书）	在京东或当当中搜索书名
5	企业级实战视频课程 《一键部署：基于 Docker 的 Hadoop 集群》	在 51CTO 学院搜索"文艾"
6	企业级实战视频课程 《Spark on Kubernetes(k8s)》	在 51CTO 学院搜索"文艾"
7	企业级实战视频课程 《Docker 实战：Linux GUI 应用 Docker 化实战》	在 51CTO 学院搜索"文艾"
8	《Spark 大数据编程实用教程》	在京东或当当中搜索书名

1.4.3　本书所使用的软件和版本

注意： 表 1-6 中列出了本书实验所使用的主要软件及版本，请大家务必和表 1-6 保持一致，这样可以避免很多不必要的麻烦。

表 1-6　本书软件及版本表

软件名	版本	说明和下载地址
Windows 10 64 位	10	Host 操作系统
VMware Workstation 15.5	15.5	虚拟机软件
CentOS 8	8.2	https://mirrors.aliyun.com/centos-vault/8.2.2004/isos/x86_64/CentOS-8.2.2004-x86_64-dvd1.iso
Docker	19.03.13	docker-ce-3:19.03.13-3.el8.x86_64
Kubernetes	1.20.1	kubeadm-1.20.1-0.x86_64

第 2 章
快速构建 Kubernetes 集群

第 1 章介绍了 Kubernetes 的核心概念和系统架构，本章将带领大家快速构建一个 Kubernetes 集群，通过实践操作加深对 Kubernetes 的理解，同时也为后续进一步深入学习 Kubernetes 打下基础。

构建 Kubernetes 的方法有多种：①使用二进制程序来构建 Kubernetes；②使用 Kubernetes 的容器镜像来构建 Kubernetes；③使用 Minikube 或 kubeadm 等工具来构建 Kubernetes。其中 kubeadm 是 Kubernetes 的官方工具，它可以大幅简化 Kubernetes 的构建工作，Kubernetes 中每个组件都被制作成了容器镜像，kubeadm 使用这些容器镜像实现 Kubernetes 的快速构建。因此，本章采用 kubeadm 来构建 Kubernetes。

2.1 Kubernetes 集群规划

本章构建一个最简的 Kubernetes 集群，包括 1 个 Master 节点和 1 个 Node 节点，具体集群规划如表 2-1 所示。

表 2-1 Kubernetes 集群配置表

节点名	硬件配置	IP 地址	安装软件及说明
master	2 核、2GB	192.168.0.226	管理节点，运行 "Control Plane"
node01	2 核、2GB	192.168.0.227	Worker 节点，运行 Pod，该节点由虚拟机 master 复制而来

2.2 准备 Kubernetes 集群节点

本节构建一个虚拟机节点 centos8，它将作为表 2-1 中 master 和 node01 的基础节点。本节将从零开始，依次介绍定制 VMware 虚拟机 centos8、在 centos8 节点上最小化安装 Linux 发行版 CentOS 8、实现 centos8 远程登录和文件传输、ssh 远程无密码登录和 Docker 的安装与使用，这些都将为下一步构建 Kubernetes 集群打下基础，具体说明如下。

2.2.1 定制 VMware 虚拟机（实践 1）

所谓定制虚拟机，就是利用虚拟机软件 "VMware Workstation" 来创建一台符合用户要求的虚拟机。这台虚拟机和真实的物理机一样，有 CPU、内存、硬盘和网卡等，其 CPU 的核数、内存的大小、硬盘的大小和网卡的个数可以根据用户的要求定制。

本节属于实践内容，因为后续章节都会用到此部分内容所构建的虚拟机，**所以本实践必须完成**。请参考本书配套免费电子书《Kubernetes 快速进阶与实战——实践教程》中的"**实践 1：定制虚拟机**"。

2.2.2 最小化安装 CentOS 8（实践 2）

上一节定制了 centos8 虚拟机，本小节将在该虚拟机上安装 CentOS 8。本节内容属于实践内容，因为后续章节都会用到此部分内容所安装的 CentOS 8，**所以本实践必须完成**。请参考本书配套免费电子书《Kubernetes 快速进阶与实战——实践教程》中的"**实践 2：最小化安装 CentOS 8**"。

2.2.3 远程登录与文件传输（实践 3）

本节介绍远程登录工具 ssh 和 PuTTY，以及文件传输工具 scp 和 WinSCP 的使用。其中 ssh 和 scp 运行在 Linux 下，PuTTY 和 WinSCP 运行在 Windows 下，它们都是 Linux 系统操作和运维的常用工具。

本节内容属于实践内容，因为后续章节会用到此部分内容，**所以本实践必须完成**。请参考本书配套免费电子书《Kubernetes 快速进阶与实战——实践教程》中的"**实践 3：远程登录和文件传输**"。

2.2.4 ssh 远程无密码登录

上节介绍了 ssh 远程登录工具的使用，每次登录都需要密码验证。这种方式在主机较少的情况下可行，但是如果主机很多的话，那么每次的验证就会成为一个很大的负担，而且还容易出错；特别是集群规模达到成百上千个节点时，这个验证工作就会成为一个瓶颈。因此，这些大规模分布式系统往往都会用到"远程无密码登录"技术，它可以实现 ssh 无密码远程登录其他主机，这样可以极大地简化验证工作，降低出错概率和提升效率。

下面以 Linux 主机 A（192.168.0.226）登录主机 B（192.168.0.226）为例，说明远程无密码登录的工作机制和步骤。

本示例中主机 A 和主机 B 是位于同一台物理主机，但逻辑上 A 是 ssh 客户端，B 是 ssh 服务端，它们之间是通过网络进行连接的。因此，其无密码登录的工作机制以及操作步骤和两台物理上分开的主机是完全一样的。

1. 主机 A 生成公钥和私钥文件

公钥和私钥都是密钥，其中公钥加密的数据，只能用私钥解开，私钥加密的数据只能由公钥解开，拿到公钥和私钥中的任何一个密钥，都没有办法推导出对方。这种加密和解密不是同一个密钥的加密体制称为**非对称加密体制**，与此相对的是**对称加密体制**，即加密和解密都是同一个密钥。

主机 A 生成公钥和私钥文件后，会将公钥文件分发到主机 B 存储，这就相当于在主机 B 上登记了身份信息。当主机 A 要登录主机 B 时，可以用私钥加密数据发送给主机 B，主机 B 如果能用公钥进行解密，那它就可以确定该请求一定是来自主机 A；因为该公钥只能解密主机 A 私钥

24

加密的数据，而只有主机 A 拥有私钥。再加上 A 已经在 B 上登记了身份信息，因此 B 会允许 A 验证通过。此机制可以实现主机 A 的身份验证，操作命令如下。

```
[user@localhost ~]$ ssh-keygen -t rsa -P '' -f ~/.ssh/id_rsa
```

上述命令及参数说明如下。

- ssh-keygen 是密钥生成命令，它将自动创建~/.ssh 目录，.ssh 以点 "." 开头，是一个隐藏目录。
- ssh-keygen 会在~/.ssh 下自动生成：id_rsa 和 id_rsa.pub 两个文件，其中，id_rsa 是私钥，由主机 A 保存，不能外泄，id_rsa.pub 是公钥，将来要分发到无密码登录的主机。
- "-t rsa" 用来指定加密算法为 rsa，因为非对称加密的算法也有很多种，rsa 就是其中一种加密算法。
- -P 用来指定私钥文件的加密密码。

注意：-P 后面的' '是两个单引号，不是双引号，单引号内没有任何内容，表示加密密码为空。

- "-f ~/.ssh/id_rsa" 用来指定密钥文件生成路径和文件名前缀，本例中密钥文件将生成在~/.ssh 目录下，公钥和私钥文件名都以 id_rsa 开头。

上述命令执行后，检查~/.ssh/，命令如下所示，id_rsa 是私钥文件，id_rsa.pub 是公钥文件，它们都以 id_rsa 为文件名前缀。

```
[user@localhost ~]$ ls -l .ssh/
total 8
-rw-------. 1 user user 2622 Feb  8 01:06 id_rsa
-rw-r--r--. 1 user user  580 Feb  8 01:06 id_rsa.pub
```

2. 分发密钥

在主机 A 的公钥文件 id_rsa.pub 内容写入主机 B 的 authorized_keys，命令如下。

```
[user@localhost ~]$ cd .ssh/
[user@localhost .ssh]$ cat id_rsa.pub >> authorized_keys
```

设置权限，命令如下。

```
[user@localhost .ssh]$ cd ..
[user@localhost ~]$ chmod 600 .ssh/authorized_keys
```

3. 验证

在主机 A 上使用 ssh 命令连接主机 B（192.168.0.226），如果不需要输入密码，可以直接登录，则说明无密码登录设置成功。

```
[user@localhost ~]$ ssh 192.168.0.226
Last login: Tue Feb  8 01:06:29 2022 from 192.168.0.125
[user@localhost ~]$
```

2.2.5　Docker 安装与使用

本节介绍 Docker 的安装和使用，包括：准备 Docker 的安装源、安装 Docker、运行

Docker、Docker 服务操作、给普通用户添加使用 Docker 的权限、Docker 容器操作和 Docker 镜像操作等，具体说明如下。

1. 准备 Docker 的安装源

Docker 有两种版本，一个是免费的社区版本，一个是收费的企业版本，本书安装的是社区版本，安装工具使用 yum，首先要安装 Docker 的安装源，具体步骤说明如下。

挂载 CentOS 8 的光盘，用于后续 yum 安装。

```
[root@localhost yum.repos.d]# mount /dev/sr0 /media/
```

安装 wget，用于后续下载文件，命令如下。

```
[root@localhost yum.repos.d]# yum -y install wget
```

使用 wget 下载 Docker 的安装源配置文件 docker-ce.repo，命令如下。

```
[root@localhost ~]# cd /etc/yum.repos.d/
[root@localhost yum.repos.d]# wget https://download.docker.com/linux/centos/docker-
ce.repo
```

docker-ce.repo 必须保存在/etc/yum.repos.d 目录下。

2. 安装 Docker

查看可安装的 Docker 版本，命令如下。

```
[root@localhost yum.repos.d]# yum list docker-ce --showduplicates
```

上述命令的输出如下。

```
docker-ce.x86_64                          3:19.03.13-3.el8
docker-ce.x86_64                          3:19.03.14-3.el8
docker-ce.x86_64                          3:19.03.15-3.el8
......
```

安装指定的版本：docker-ce-3:19.03.13-3.el8，命令如下。

```
[root@localhost yum.repos.d]# mount /dev/sr0 /media/
[root@localhost yum.repos.d]# yum -y install docker-ce-3:19.03.13-3.el8
```

正常安装后，会有如下的输出。可以看到，安装的 Docker 版本是 docker-ce-3:19.03.13-3.el8.x86_64，其余安装的 Package 则是 Docker 的依赖。

```
Installed:
checkpolicy-2.9-1.el8.x86_64
container-selinux-2:2.167.0-1.module_el8.4.0+942+d25aada8.noarch
containerd.io-1.4.10-3.1.el8.x86_64
docker-ce-3:19.03.13-3.el8.x86_64          docker-ce-cli-1:20.10.8-3.el8.x86_64
docker-scan-plugin-0.8.0-3.el8.x86_64
Complete!
```

3. 运行 Docker

安装结束后，如果可以运行 docker 命令，则说明安装成功。

```
[root@localhost yum.repos.d]# docker
```

Docker 安装后，除了 docker 命令，还包括 dockerd、containerd、containerd-shim 和 runc 等命令，它们分别对应 Docker 实现层面的架构的各个组成部分，详细内容参考艾叔编著的《Linux 快速入门与实战——基础知识、容器与容器编排、大数据系统运维》。

查看 Docker 版本的命令如下，安装的 Docker 版本为 19.03.13。

```
[root@localhost docker]# dockerd -v
Docker version 19.03.13, build 4484c46d9d
```

注意：以上命令查看的是 Docker 服务端的版本，此处 Docker 客户端的版本查看命令如下。

```
[root@localhost docker]# docker -v
Docker version 20.10.8, build 3967b7d
```

4．Docker 服务操作

（1）设置 Docker 服务自启动

Docker 会在 CentOS 8 安装一个名字为 docker 的服务（Service）来启动 Docker 守护进程 dockerd，该 Service 默认没有加入到 CentOS 8 的自启动进程中，因此需要运行下面的命令，使得 Docker 服务加入自启动。这样，CentOS 8 启动时就会自动启动 Docker 服务。

```
[root@localhost yum.repos.d]# systemctl enable docker
```

（2）手动启动/关闭 Docker 服务

1）有的情况需要手动启动/关闭 Docker 服务，启动 Docker 服务的命令如下。

```
[root@localhost yum.repos.d]# systemctl start docker
```

Docker 服务是一个 Systemd 的 unit 文件，该文件路径为/usr/lib/systemd/system/docker.service。

2）查看 Docker 服务的状态，命令如下。

```
[root@localhost yum.repos.d]# systemctl status docker
```

如果能看到 running（如下所示），则说明 Docker 服务启动成功。

```
● docker.service - Docker Application Container Engine
  Loaded: loaded (/usr/lib/systemd/system/docker.service; enabled; vendor preset:
disabled)
  Active: active (running) since Tue 2022-02-08 02:16:53 EST; 13s ago
```

3）关闭 Docker 服务的命令如下。服务关闭后同样可以使用 status 来查看 Docker 的状态。

```
[root@localhost yum.repos.d]# systemctl stop docker
```

启动和关闭 Docker 服务需要 root 权限，也可以配置 sudo，使得普通用户能够操作。

5．给普通用户添加使用 Docker 的权限

在 Linux 下，除非万不得已，不要在 root 用户下操作，对于 Docker 同样也是如此。而 Docker 操作默认需要 root 权限，可以将普通用户加入到 Docker 的 Group，即可实现普通用户操作 Docker，具体命令如下，其中 Docker 的 Group 名字为 docker。

```
[root@localhost user]# usermod -a -G docker user
```

在普通用户 user 下执行以下 Docker 命令，如果能够执行，则说明配置成功。

```
[user@localhost ~]$ docker info
```

后续的 Docker 操作都将在普通用户下进行，一定要注意后续命令中的登录提示符中的#和$。

6. Docker 容器操作

在进行容器操作前，要先准备好镜像。Docker 安装好后默认是没有镜像的，可以从公有 Registry 中拉取一个镜像到本地，命令如下。

```
[user@localhost ~]$ docker pull centos:centos8.2.2004
```

上述命令会将名字为 centos，TAG 为 centos8.2.2004 的镜像从公有 Registry 拉取到本地。该命令执行后，可以使用下面的命令来查看本地镜像，如果能看到下面 centos 镜像的信息，则说明拉取成功。

```
[user@localhost ~]$ docker images
REPOSITORY       TAG            IMAGE         ID     CREATED         SIZE
centos           centos8.2.2004 831691599b88         15 months ago   215MB
```

由于上述镜像的 TAG 比较长，为方便起见，重新给该镜像打一个 TAG，命令如下。

```
[user@localhost ~]$ docker tag centos:centos8.2.2004 centos
[user@localhost ~]$ docker images
REPOSITORY       TAG            IMAGE ID       CREATED         SIZE
centos           centos8.2.2004 831691599b88   15 months ago   215MB
centos           latest         831691599b88   15 months ago   215MB
```

接下来在 centos 镜像的基础上介绍 Docker 的常用容器操作示例，具体如下。

（1）运行容器

运行容器的命令如下，它将通过 centos 镜像启动一个容器，在容器中运行/bin/bash 程序。

```
[user@localhost ~]$ docker run -i -t centos /bin/bash
```

上述命令的参数说明如下。

- run 是 docker 命令的 command，表示运行容器，docker 是一个总的命令，它通过 command 来区分不同的操作，目前 docker 命令支持超过 30 种的 command。
- -t 表示为容器分配一个伪终端，并将其绑定在容器的 stdin 上。
- -i 表示打开容器的 stdin，从而接受输入。

"-i -t" 是运行交互式容器的标准配置。

如果只使用 "-t"，会发现容器可以正常显示登录提示符，但无法接受用户的输入，这是因为没有使用 "-i"，容器的 stdin 并没有打开。

如果只使用 "-i"，可以接受用户的输入，并返回结果，但返回结果的显示并不正常，而且也没有登录提示符，这是因为没有使用 "-t"，容器没有分配伪终端，从而无法按终端格式解析返回结果。

因此，如果要和容器进行交互，则要使用 "-i -t" 或者 "-it" 选项；如果容器需要在后台运行，则可以使用 "-d" 选项。

- centos 是镜像名字，如果本地存在该镜像，则使用本地镜像，否则 Docker 会自动从 Registry 中查找并拉取该镜像。

此处标准的写法是 Repository:Tag，Tag 默认值是 latest，因此上例中 centos 其实是 centos:latest。此外，Repository:Tag 也可以用镜像 ID 代替，它们都是镜像的标识。

- /bin/bash 是在容器中运行的程序路径，容器启动后，将创建一个隔离的程序运行环境，在该环境中运行/bin/bash 程序。因此，这个路径是容器的 root 文件系统中的路径，不是 Host 系统上的路径。也可以不指定/bin/bash，那么容器启动后会运行默认程序，这个默认程序的路径是在构建镜像的 Dockerfile 中指定的。

使用 "man docker run" 可以查看更多的容器启动的说明。

（2）查看容器

查看容器的命令如下。

```
[user@localhost ~]$ docker ps -a
```

上述命令可以获得容器的重要信息，显示如下。

```
CONTAINERID   IMAGE    COMMAND        CREATED       STATUS         PORTS NAMES
307fee1bc0ea  centos   "/bin/bash"    56minutesago Up 56 minutes   strange_mendeleev
```

上述输出自左向右分别是："CONTAINERID" 是容器 ID，它是容器的唯一标识，后续可以使用 307fee1bc0ea 来标识该容器；IMAGE 是运行容器的镜像名称，此处的值为 centos；COMMAND 是容器启动所运行的程序，此处的值是/bin/bash；CREATED 为容器创建的时间，此处的值为 "56minutesago"，表示容器是在 56min 以前创建的；STATUS 是容器的当前状态，"Up 56 minutes" 表明容器已经运行 56min 了，当前状态是 running；PORTS 为端口转发设置，该设置会将访问 Host 主机某个端口的请求转发到该容器的另一个端口上，从而实现从外部访问内部容器的服务，此处 PORTS 没有值，说明没有设置端口转发；NAMES 是容器的名字，可以在 "docker run" 时指定容器的名字，特别是在同一个镜像启动多个容器的时候，或者一次启动多个容器，需要明确每个容器的含义做区分的时候，指定容器的名字非常有必要，如果不指定，Docker 会自动给容器分配一个名字。

（3）执行指定容器中的程序

很多情况需要在容器启动后，对容器内部进行相关操作，例如：查看容器的文件；进入到容器内部和容器交互；停止容器中的某个进程，等等。所有这些场景都需要用到一项操作——执行指定容器中的程序，示例如下。

假设容器（d5cd1c226772）中运行的是一个后台进程，那么该容器是无法同用户交互的。那我们要同该容器交互，在容器内部操作，该怎么办呢？我们可以执行该容器内 bash 程序，这样就可以同容器直接交互了。具体示例如下，它实现了在 d5cd1c226772 容器内部执行/bin/bash。

```
[user@localhost ~]$ docker exec -i -t d5cd1c226772 /bin/bash
```

上述命令参数说明如下。

- exec 是 docker 命令的 command，表示在指定容器内执行程序。
- -i 和-t 用于打开容器的 stdin 和分配伪终端。
- d5cd1c226772 用来指定执行程序的容器 ID。
- /bin/bash 用来指定容器内执行的程序路径。

上述 docker 命令执行后结果如下，登录提示符 "[root@d5cd1c226772 /]#" 就是容器中运行

/bin/bash 的结果，此时已经进入到容器内部，可以进行相关操作了。

```
[root@d5cd1c226772 /]#
```

容器内可以有多个进程，除了第一个进程是由容器启动时执行 COMMAND 得到的外，其他进程都可以用"执行指定容器中的程序"这种方式来得到。

重要：关闭当前虚拟机，复制 E:\vm\02\centos8 为 E:\vm\02\centos8_docker，centos8_docker 将作为一个 Docker 环境的基础版本，后续章节的实验环境可以从该版本直接复制。而本章的后续实验将继续在虚拟机 centos8 上完成。

2.3 kubeadm 安装与系统配置

本节完成 kubeadm 的安装与系统配置，为下一节构建 Kubernetes 打下基础，具体步骤说明如下。

1. 准备 master 节点

本节在 2.2 节所构建的 centos8 节点基础上，进一步配置成 master 节点，具体步骤如下。

（1）复制虚拟机

关闭虚拟机 centos8，命令如下。

```
[root@localhost user]# shutdown -h now
```

复制"E:\vm\02\centos8"到"E:\vm\02\master"，复制后的目录如图 2-1 所示。

图 2-1 master 虚拟机目录

（2）配置虚拟机

在"E:\vm\02\master"目录下打开虚拟机，将虚拟机名称命名为 master，确认 CPU 个数为 2（否则使用 kubeadm 初始化 Kubernetes 时，会报错"[ERROR NumCPU]: the number of available CPUs 1 is less than the required 2"），内存配置成 4GB，如图 2-2 所示。

图 2-2 master 虚拟机硬件配置

（3）配置操作系统

启动虚拟机 master，启动时会弹出下面的对话框，如图 2-3 所示，请一定要选择"我已复制该虚拟机",这样 VMware 会为 master 的网卡生成新的 MAC 地址,否则 master 的 MAC 会和"D:\vm\02\centos8" 的虚拟机 MAC 一样,从而造成冲突。

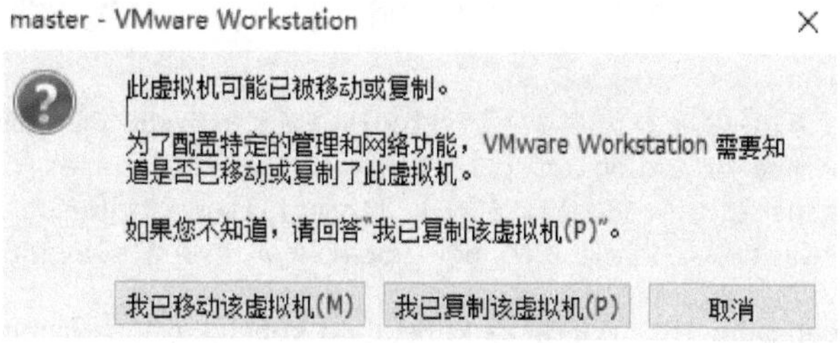

图 2-3 虚拟机复制对话框

(4) 修改主机名

虚拟机 master 启动后,进入操作系统,修改主机名为 master,命令如下。

```
[root@localhost ~]# echo "master"> /etc/hostname
```

重启系统后,可以看到主机名已经修改成了 master。具体命令如下所示。

```
[root@master ~]#
```

2. 准备 yum 安装源

采用 kubeadm 来构建 Kubernetes 集群时,需要先安装 kubeadm。kubeadm 可以通过 yum 来安装,因此,需要先配置 yum,具体步骤如下。

(1) 编辑 yum 安装源文件

使用 vi 打开 yum 文件 CentOS-Kubernetes.repo,命令如下。

```
[root@master~]# vi /etc/yum.repos.d/CentOS-Kubernetes.repo
```

在 CentOS-Kubernetes.repo 中输入以下内容,用于增加 Kubernetes 安装源,保存退出。

```
[kubernetes]
name=CentOS-$releasever - Kubernetes - Ali
baseurl=https://mirrors.aliyun.com/kubernetes/yum/repos/kubernetes-el7-x86_64/
enabled=1
gpgcheck=0
```

(2) 重建 yum cache

重建 yum cache 的命令如下。

```
[root@master user]# mount /dev/sr0 /media/
[root@master yum.repos.d]# yum clean all
[root@master yum.repos.d]# yum makecache
```

(3) 检查 kubeadm

运行下面的命令,如果能看到 kubeadm.x86_64,则说明前面配置的安装源中包含 kubeadm。

```
[root@master user]# yum list --showduplicates | grep 1.20.1-0
kubeadm.x86_64        1.20.1-0                              kubernetes
```

3. 安装 kubeadm

使用 yum 安装 kubeadm 的命令如下所示。

```
[root@master yum.repos.d]#
yum -y install kubelet-1.20.1-0 kubectl-1.20.1-0 kubeadm-1.20.1-0
```

运行上述命令后，如果能看到下面的输出，则说明 kubeadm 安装成功。

```
Installed:
conntrack-tools-1.4.4-10.el8.x86_64  cri-tools-1.13.0-0.x86_64  kubeadm-1.20.1-0.x86_64
kubectl-1.20.1-0.x86_64  kubelet-1.20.1-0.x86_64  kubernetes-cni-0.8.7-0.x86_64
libnetfilter_cthelper-1.0.0-15.el8.x86_64  libnetfilter_cttimeout-1.0.0-11.el8.x86_64
libnetfilter_queue-1.0.4-3.el8.x86_64  socat-1.7.3.3-2.el8.x86_64
```

可以看到，除了 kubeadm 外，它的依赖 kubectl 和 kubelet（也是 Kubernetes 组件）被一同安装了。其中 kubeadm、kubectl 和 kubelet 的版本号都为 1.20.1。

Kubernetes 对其组件 kubectl、apiserver 和 kubelet 等都有统一的版本编号，编号形式为 x.y.z，其中 x 是主版本，y 是次要版本，z 是补丁版本。

4．Kubernetes 集群的准备工作

（1）添加 Kubernetes 的主机名映射

使用 vi 打开 hosts 文件，命令如下。

```
[root@master ~]# vi /etc/hosts
```

添加的映射信息如下所示。

```
192.168.0.226   master
192.168.0.227   node01
```

如果不添加上述映射信息的话，后续启动 kubeadm 时会有如下的警告。

```
[WARNING Hostname]: hostname "node01" could not be reached
[WARNING Hostname]: hostname "node01": lookup node01 on 192.168.0.1:53: no such
host
```

（2）关闭防火墙 firewalld

因为 Kubernetes 运行时，需要防火墙开放 6443 和 10250 端口，否则后续启动 kubeadm 时，会有如下的警告。

```
[WARNING Firewalld]: firewalld is active, please ensure ports [6443 10250] are
open or your cluster may not function correctly
```

为了简单起见，在此直接关闭防火墙，并且禁止防火墙自启动，命令如下。

```
[root@master yum.repos.d]# systemctl stop firewalld
[root@master yum.repos.d]# systemctl disable firewalld
```

参考艾叔编著的《Linux 快速入门与实战——基础知识、容器与容器编排、大数据系统运维》中 5.3.6 节的 firewall-cmd 来开放必要的端口，而不是整体关闭防火墙，这样安全性会更好。

（3）设置 iptables 转发规则

Kubernetes 运行时，需要配置 iptables 的转发（FORWARD）规则为 ACCEPT，否则，跨节点访问 Kubernetes 的 Pod 或服务时就不会成功。通常情况下，使用命令设置 iptables 转发规则的操作不会持久存储，一旦节点重启，就需要重新运行命令来设置。因此需要把这个设置命令，写入自启动服务中，具体步骤如下。

1）首先编辑自启动服务文件 k8s-init.service，命令如下。

```
[root@master user]# vi /usr/lib/systemd/system/k8s-init.service
```

2）然后输入以下内容，其中第 5 行为 k8s-init.service 服务启动时所执行的脚本，名字为 k8s-init.sh。

```
1 [Unit]
2 Description=Kubernetes Init Task
3 After=multi-user.target
4
5 [Service]
6 ExecStart=/usr/bin/k8s-init.sh
7
8 [Install]
9 WantedBy=multi-user.target
```

3）编辑 k8s-init.sh，命令如下。

```
[root@master user]# vi /usr/bin/k8s-init.sh
```

输入以下内容，其中第 3 行为 iptables 转发规则的设置命令。

```
1 #!/bin/bash
2
3 iptables -P FORWARD ACCEPT
```

4）给 k8s-init.sh 加上可执行权限，命令如下。

```
[root@master user]#chmod +x  /usr/bin/k8s-init.sh
```

5）将 k8s-init.service 设置为自启动，命令如下。

```
[root@master user]#systemctl enable k8s-init
```

6）启动 k8s-init.service，命令如下。

```
[root@master user]#systemctl start k8s-init
```

7）查看 k8s-init.service 的状态，命令如下。

```
[root@master user]#systemctl status k8s-init
```

系统显示以下信息，则说明 k8s-init.service 成功执行。

```
  Process: 11143 ExecStart=/usr/bin/k8s-init.sh (code=exited, status=0/SUCCESS)
 Main PID: 11143 (code=exited, status=0/SUCCESS)
```

8）重启 master，命令如下。

```
[root@master user]# reboot
```

9）查看 iptables 的转发规则，命令如下，若显示(policy ACCEPT)，则说明 iptables 的转发规则设置成功。

```
[root@master user]#iptables -L FORWARD
Chain FORWARD (policy ACCEPT)
```

（4）安装 tc

接下来还需要安装 tc，否则后续启动 kubeadm 时会有如下的警告。

```
[WARNING FileExisting-tc]: tc not found in system path
```

挂载光驱，然后安装 tc，命令如下所示。

```
[root@master user]# mount /dev/sr0 /media/
[root@master yum.repos.d]# yum -y install tc
```

（5）设置 Docker 的 cgroups 使用 systemd

Docker 默认采用 cgroupfs 作为 cgroup 驱动，但是，Kubernetes 建议使用 systemd 作为 cgroup 驱动，否则后续启动 kubeadm 时会有如下的警告。

```
[WARNING IsDockerSystemdCheck]: detected "cgroupfs" as the Docker cgroup driver.
The recommended driver is "systemd". Please follow the guide at https:
//kubernetes.io/docs/setup/cri/
```

在此将 Docker 的 cgroup 驱动修改成 systemd。

1）编辑/etc/docker/daemon.json，输入以下内容。

```
{
"exec-opts": ["native.cgroupdriver=systemd"],
"log-driver": "json-file",
"log-opts": {
"max-size": "100m"
  },
"storage-driver": "overlay2",
"storage-opts": [
"overlay2.override_kernel_check=true"
  ]
}
```

2）重新启动 Docker 服务，查看 Docker 信息，命令如下，如果能看到 Cgroup Driver 已经修改成了 systemd，则说明修改成功。

```
[root@master yum.repos.d]# systemctl restart docker
[root@master yum.repos.d]# docker info | grep systemd
Cgroup Driver: systemd
```

有关 Docker 的设置，还可以参考以下链接 "https://kubernetes.io/docs/setup/production-environment/container-runtimes/#docker"。

（6）设置 Docker 加速

设置 Docker 加速，防止 Kubernetes 拉取镜像时无法获取国外 Registry 上的镜像而报错。

```
[root@master k8s]# vi /etc/docker/daemon.json
```

在 daemon.json 的第 10 行的 "]" 后面增加逗号 "，"，并增加第 11 行的内容，即阿里云的镜像 Registry，具体如下。

```
    10    ],
    11    "registry-mirrors": ["https://b9pcda2g.mirror.aliyuncs.com"]
12 }
```

重启 Docker 服务，命令如下。Docker 服务重启后，将重新加载 daemon.json 中的配置。

```
[root@master k8s]#systemctl restart docker
```

（7）禁止 master 上的 swap 分区

需要禁止 master 上的 swap 分区，否则，后续启动 kubeadm 时会有如下报错。

```
[ERROR Swap]: running with swap on is not supported. Please disable swap
```

1）禁止 swap 分区的命令如下。

```
[root@master yum.repos.d]# swapoff -a
```

2）查看 swap 分区的命令如下，如果没有看到任何显示，则说明 swap 分区禁止成功。

```
[root@master yum.repos.d]# swapon
```

3）由于上述命令并不会永久禁止 swap 分区，master 重启后，swap 分区又会开启，因此需要编辑/etc/fstab 文件，来永久禁止 swap 分区。

```
[root@master yum.repos.d]# vi /etc/fstab
```

4）在/etc/fstab 中使用#号，将下面的内容变为注释，禁止系统启动时自动加载 swap 分区。

```
#/dev/mapper/cl-swap     swap              swap    defaults       0 0
```

（8）设置 kubelet 自启动

设置 kubelet 自启动，否则后续启动 kubeadm 时会有如下的警告。

```
[WARNING Service-Kubelet]: kubelet service is not enabled, please run 'systemctl
enable kubelet.service'
```

设置 kubelet 自启动的命令如下。

```
[root@master yum.repos.d]# systemctl enable kubelet
```

2.4　快速构建 Control Plane

本节使用 kubeadm 快速构建 Control Plane，具体步骤说明如下。

1. 使用 kubeadm 初始化 Kubernetes 集群

初始化 Kubernetes 集群，命令如下。

```
[root@master ~]#
kubeadminit --kubernetes-version=1.20.1 --image-repository registry.aliyuncs.com/
google_containers
    --pod-network-cidr=192.168.2.0/24 --service-cidr=10.96.0.0/12
```

上述命令参数说明如下。

1）--kubernetes-version=1.20.1 用来指定 Kubernetes 的版本，如果不指定，则运行上面的 init 命令时，会有下面的告警。

```
  W0126 22:42:27.987984      7690 version.go:101] could not fetch a Kubernetes
version from the internet: unable to get URL "https://dl.k8s.io/release/stable-1.txt":
Get https://dl.k8s.io/release/stable-1.txt: net/http: request canceled while waiting
for connection (Client.Timeout exceeded while awaiting headers)
```

```
   W0126 22:42:27.988448        7690 version.go:102] falling back to the local client
version: v1.20.1
```

2）--image-repository registry.aliyuncs.com/google_containers 用来指定国内的 Registry，默认的国外 Registry 连接慢，有的时候连接不上。

3）--pod-network-cidr=192.168.2.0/24 用来指定 Pod 所在的子网，Kubernetes 中新建的 Pod 的 IP 地址都会在此网段。

4）--service-cidr=10.96.0.0/12 用来指定 Service 虚拟 IP 的子网，Kubernetes 中新建的 Service 的虚拟 IP 地址都会在此网段。如果我们不指定--service-cidr，则 proxy 起来的时候，会报找不到配置的 WARN。

上述命令执行后，如果系统输出以下内容，则说明"Control Plane"初始化成功。

```
Your Kubernetes control-plane has initialized successfully!
```

同时还会输出以下信息（每个人的 token 会不同），用于 Node 节点加入 Kubernetes。

```
kubeadm join 192.168.0.226:6443 --token xmbrk9.2cbk9suzjvoia5ho \
    --discovery-token-ca-cert-hash sha256:bb41d1caccd8abf506d17ee3693d83b2db7cfb8
b342fe29d0ecdb97dac192a2a
```

kubeadm 会启动若干 Pod，如图 2-4 所示。其中 coredns 开头的 Pod 有两个，它们目前为 Pending 状态，待后续为 Kubernetes 创建 Pod 网络后，它们的状态就会变成 Running；etcd-master、kube-apiserver-master、kube-controller-manager-master 和 kube-scheduler-master 这四个 Pod 是 Control Plane 的四个组件的 Pod；kube-proxy-ntvj5 是 kube-proxy 的 Pod，它用于外部对本节点的 Kubernetes 组件的访问。

```
NAME                               READY   STATUS    RESTARTS   AGE
coredns-9d85f5447-rxhb9            0/1     Pending   0          2d17h
coredns-9d85f5447-s7k4n            0/1     Pending   0          2d17h
etcd-master                        1/1     Running   9          2d17h
kube-apiserver-master              1/1     Running   9          2d17h
kube-controller-manager-master     1/1     Running   9          2d17h
kube-proxy-ntvj5                   1/1     Running   0          2m24s
kube-scheduler-master              1/1     Running   9          2d17h
```

图 2-4 Pod 信息图

图 2-4 中每个状态为 Running 的 Pod 包含两个容器，可以使用下面的命令来查看这些容器的名称和程序。

```
[user@master ~]$ docker ps --format "table {{.Names}}\t{{.Command}}"
```

上述命令执行后，显示的容器名称和程序如图 2-5 所示。

```
k8s_kube-proxy_kube-proxy-ntvj5_kube-system_f4b9b18b-93cd-40ce-8d10-5c1fcbaadb8a_0              "/usr/local/bin/kube…"
k8s_POD_kube-proxy-ntvj5_kube-system_f4b9b18b-93cd-40ce-8d10-5c1fcbaadb8a_0                    "/pause"
k8s_kube-scheduler_kube-scheduler-master_kube-system_5fd6ddfbc568223e0845f80bd6fd6a1a_9       "kube-scheduler --au…"
k8s_kube-controller-manager_kube-controller-manager-master_kube-system_f4b566093eb571949d753f114ff285f5_9   "kube-controller-man…"
k8s_kube-apiserver_kube-apiserver-master_kube-system_2d0117ec509a562bf53729f4f84cc8eb_9       "kube-apiserver --ad…"
k8s_etcd_etcd-master_kube-system_19dc2b3b4d65ee4c5fbe20131d3a0ad6_9                           "etcd --advertise-cl…"
k8s_POD_kube-scheduler-master_kube-system_5fd6ddfbc568223e0845f80bd6fd6a1a_9                  "/pause"
k8s_POD_kube-controller-manager-master_kube-system_f4b566093eb571949d753f114ff285f5_9        "/pause"
k8s_POD_kube-apiserver-master_kube-system_2d0117ec509a562bf53729f4f84cc8eb_9                 "/pause"
k8s_POD_etcd-master_kube-system_19dc2b3b4d65ee4c5fbe20131d3a0ad6_9                            "/pause"
```

图 2-5 容器信息图

以 kube-scheduler-master 为例，该 Pod 的容器说明如下。

● k8s_kube-scheduler_kube-scheduler-master_kube-system_5fd6ddfbc568223e0845f80bd6fd6a1a_

9（简称 k8s_kube-scheduler），k8s_kube-scheduler 容器运行 kube-scheduler 二进制程序。

- k8s_POD_kube-scheduler-master_kube-system_5fd6ddfbc568223e0845f80bd6fd6a1a_9（简 称 k8s_POD_kube-scheduler-master），k8s_POD_kube-scheduler-master 容器运行 pause 程序，称之为 pause 容器，pause 容器是该 Pod 中所有容器的"父容器"，它有两大功能：首先，它是该 Pod 中 Linux namespace 共享的基础；其次，在启用了 PID（进程 ID）namespace 共享的情况下，它充当每个 Pod 的第一个进程（PID=1），并用于捕获僵尸进程。

kubeadm 从 Registry 拉取的容器镜像，如图 2-6 所示。

```
REPOSITORY                                                    TAG        IMAGE ID
registry.aliyuncs.com/google_containers/kube-proxy            v1.20.1    e3f6fcd87756
registry.aliyuncs.com/google_containers/kube-apiserver        v1.20.1    75c7f7112080
registry.aliyuncs.com/google_containers/kube-controller-manager v1.20.1  2893d78e47dc
registry.aliyuncs.com/google_containers/kube-scheduler        v1.20.1    4aa0b4397bbb
registry.aliyuncs.com/google_containers/etcd                  3.4.13-0   0369cf4303ff
registry.aliyuncs.com/google_containers/coredns              1.7.0      bfe3a36ebd25
registry.aliyuncs.com/google_containers/pause                 3.2        80d28bedfe5d
```

图 2-6　镜像信息图

2．Kubernetes 连接准备

Kubernetes 初始化后，可以使用 kubectl 命令连接到 Kubernetes，在连接之前需要按照 kubeadm 初始化成功后的提示，执行以下操作，否则，kubectl 无法找到正确的配置，也就不能连接到 Kubernetes。

```
[user@master~]$mkdir .kube
[root@masteruser]# cp /etc/kubernetes/admin.conf /home/user/.kube/config
[root@masteruser]#chownuser:user /home/user/.kube/config
```

3．创建 Kubernetes 的 Pod 网络

按照 kubeadm 初始化成功后的提示（如下所示），还要为 Kubernetes 部署 Pod 所使用的网络。

```
You should now deploy a pod network to the cluster.
Run "kubectl apply -f [podnetwork].yaml" with one of the options listed at:
  https://kubernetes.io/docs/concepts/cluster-administration/addons/
```

在 https://kubernetes.io/docs/concepts/cluster-administration/addons/的"Networking and Network Policy"选项下，有各类 Kubernetes 网络及网络策略，如图 2-7 所示。

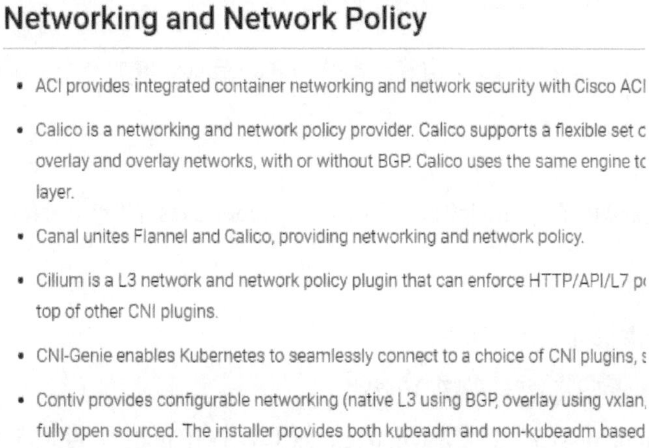

Networking and Network Policy

- ACI provides integrated container networking and network security with Cisco ACI

- Calico is a networking and network policy provider. Calico supports a flexible set c overlay and overlay networks, with or without BGP. Calico uses the same engine to layer.

- Canal unites Flannel and Calico, providing networking and network policy.

- Cilium is a L3 network and network policy plugin that can enforce HTTP/API/L7 p top of other CNI plugins.

- CNI-Genie enables Kubernetes to seamlessly connect to a choice of CNI plugins, s

- Contiv provides configurable networking (native L3 using BGP, overlay using vxlan fully open sourced. The installer provides both kubeadm and non-kubeadm based

图 2-7　Kubernetes 网络及其策略列表

本书选择 Calico，Calico 既提供 Pod 网络，又提供网络策略，功能强大且配置简单灵活，是 Kubernetes 实际应用中的经典网络之一，具体部署步骤如下。

1）下载 calico 的 YAML 文件，命令如下。

```
[user@master ~]$mkdir k8s
[user@master ~]$ cd k8s
[user@master k8s]$ ls
[user@master k8s]$ mkdir calico
[user@master k8s]$ cd calico/
[user@master calico]$ wget https://docs.projectcalico.org/v3.11/manifests/calico.yaml
```

2）改 calico.yaml 中的 CIDR，修改成 192.168.2.0/24，命令如下。

```
[user@master calico]$ sed -i -e "s?192.168.0.0/16?192.168.2.0/24?g" calico.yaml
```

3）创建 calico 网络，命令如下。

```
[user@master calico]$ kubectl apply -f calico.yaml
```

后续如果要修改网络配置，可以使用下面的命令先删除 calico 网络，再重新创建。

```
[user@master calico]$ kubectl delete -f calico.yaml
```

4）查看 calico 的 Pod 信息，命令如下。

```
[user@master calico]$ kubectl get pod -A -o wide
```

如图 2-8 所示，Pod calico-kube-controllers 分配的 IP 是 192.168.2.3，正是 calico.yaml 文件中所配置的子网内的 IP，此外之前状态为 Pending 的两个 coredns Pod，现在的状态也变成了 Running。

```
NAMESPACE     NAME                                          READY   STATUS    RESTARTS   AGE     IP
kube-system   calico-kube-controllers-5b644bc49c-ds8kh      0/1     Running   0          114s    192.168.2.3
kube-system   calico-node-pqclt                             1/1     Running   0          114s    192.168.0.226
kube-system   coredns-9d85f5447-rxhb9                       1/1     Running   0          2d22h   192.168.2.1
kube-system   coredns-9d85f5447-s7k4n                       1/1     Running   0          2d22h   192.168.2.2
```

图 2-8　calico 网络 Pod 列表

2.5　为 Kubernetes 增加 Node 节点

上节已经完成了 Control Plane 的构建，本节为 Kubernetes 增加一个 Node 节点，具体步骤说明如下。

1. 准备 node01

本节准备新的虚拟机节点 node01，以此作为 Kubernetes 的一个 Node，具体操作步骤说明如下。

（1）准备虚拟机

1）关闭 master 虚拟机，命令如下。

```
[root@master calico]# shutdown -h now
```

2）复制 "E:\vm\02\master" 到 "E:\vm\02\node01"，打开 node01 目录下的虚拟机，将虚拟机名字修改为 node01，如图 2-9 所示。

图 2-9　node01 虚拟机

复制 master 虚拟机时，一定要确保 master 虚拟机是关闭的。

3）虚拟机上电，在弹出的对话框中选择"我已复制该虚拟机"，如图 2-10 所示。

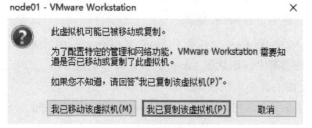

图 2-10　node01 虚拟机复制对话框

（2）修改操作系统配置

1）登录 node01，修改主机名，命令如下。

```
[root@master ~]# echo "node01"> /etc/hostname
```

2）编辑 ifcfg-ens160 文件，命令如下。

```
[root@master ~]# vi /etc/sysconfig/network-scripts/ifcfg-ens160
```

3）修改 IP 地址如下。

```
IPADDR=192.168.0.227
```

4）运行下面的命令，使得网络配置生效。

```
[root@master ~]# nmcli c reload
[root@master ~]# nmcli c up ens160
```

（3）重启操作系统

在 master 上重启操作系统的命令如下。

```
[root@master ~]# reboot
```

如果系统显示节点 hostname 为 node01，则说明上述修改成功。

```
[user@node01 ~]$
```

2．启动 master

由于 master 节点前面用于复制虚拟机，是断电关闭的，现在给虚拟机 master 上电，来运行 Kubernetes 集群的 Control Plane。master 启动后，Kubelet 服务会自动启动，并启动相应的 Pod 和

容器，之前的 Pod 网络也会自动初始化，如图 2-11 所示。因此，master 重启是不需要再次运行
"kubeadm init"初始化的。

获取 Pod 信息，命令如下。

```
[user@master ~]$ kubectl get pod -n kube-system
```

直到上述命令输出图 2-11 所示信息，才进入下一步操作。

```
NAMESPACE     NAME                                        READY  STATUS   RESTARTS  AGE    IP              NODE
kube-system   calico-kube-controllers-5b644bc49c-ds8kh    0/1    Error    0         138m   <none>          master
kube-system   calico-node-pqclt                           0/1    Running  1         138m   192.168.0.226   master
kube-system   coredns-9d85f5447-rxhb9                      0/1    Error    0         3d1h   <none>          master
kube-system   coredns-9d85f5447-s7k4n                      0/1    Error    0         3d1h   <none>          master
kube-system   etcd-master                                 1/1    Running  10        3d1h   192.168.0.226   master
kube-system   kube-apiserver-master                       1/1    Running  11        3d1h   192.168.0.226   master
kube-system   kube-controller-manager-master              1/1    Running  10        3d1h   192.168.0.226   master
kube-system   kube-proxy-ntvj5                            1/1    Running  1         7h28m  192.168.0.226   master
kube-system   kube-scheduler-master                       0/1    Error    9         3d1h   192.168.0.226   master
```

图 2-11　master 节点 Pod 信息图

3. 将 node01 加入到 Kubernetes 集群

要将 node01 加入 Kubernetes，必须获得该 Kubernetes 的 token（令牌），该 token 在
kubeadminit 时会打印在屏幕上，而且该 token 的默认有效期是 24h，如果当时没有记下来，或者
已经超时，可以使用下面的命令来获取 token。

```
[user@master ~]$ kubeadm token create --print-join-command
```

上面命令运行后，会输出 token 信息以及 node 加入 Kubernetes 的命令如下。

```
kubeadm join 192.168.0.226:6443 --token 147zdv.cg3u7ge53g56vd9u        --discovery-
token-ca-cert-hash sha256:bb41d1caccd8abf506d17ee3693d83b2db7cfb8b342fe29d0ecdb97dac192a2a
```

接下来将 node01 加入到 Kubernetes，步骤如下。

（1）reset node01

运行上面的加入命令之前，先要对 node01 进行 reset，这是因为 node01 是从 master 复制过
来的，已经有 Kubernetes 的相关配置，但那些配置是用作 Control Plane 的，而现在 node01 的角
色是 Node，因此，要先重置这些设置，命令如下。注意，运行此命令时，master 必须已经启
动，Kubernetes 已经运行。

```
[root@node01 user]#kubeadm reset
```

reset 命令必须在 root 用户下执行，根据提示选择 y 即可。

（2）将 node01 加入到 Kubernetes

1）根据 token 时的提示信息，运行下面的命令。

```
[root@node01 user]#
kubeadm join 192.168.0.226:6443 --token 147zdv.cg3u7ge53g56vd9u        --discovery-
token-ca-cert-hash sha256:bb41d1caccd8abf506d17ee3693d83b2db7cfb8b342fe29d0ecdb97dac192a2a
```

2）如果系统输出以下信息，则说明 node01 已经加入到 Kubernetes 了。

```
This node has joined the cluster:
```

3）也可以在 master 上运行下面的命令，查看 Kubernetes 中 Node 情况。

```
[user@master ~]$kubectl get node
```

4）如果系统输出如下 node01 的相关信息，如图 2-12 所示，则说明 node01 已经成功加入 Kubernetes 集群。

```
NAME     STATUS   ROLES                AGE   VERSION
master   Ready    control-plane,master 61m   v1.20.1
node01   Ready    <none>               15s   v1.20.1
```

图 2-12　Kubernetes node 信息图

至此已经成功构建了 1 个 Node 的 Kubernetes 集群。

4．查看 node01 上运行的 Pod 和 Service

node01 运行后，查看在该 Node 上运行的 Pod，命令如下。

```
[user@master ~]$kubectl get pod --all-namespaces -o wide | grep node01
```

在 node01 上运行 Pod 如图 2-13 所示，即两个 Calico 网络相关的 Pod，和一个 kube-proxy 的 Pod。

```
kube-system  calico-kube-controllers-6b8f6f78dc-rrn8d  1/1  Running  0  14m   192.168.2.128  node01
kube-system  calico-node-xfncj                         0/1  Running  0  90s   192.168.0.227  node01
kube-system  kube-proxy-g5zdv                          1/1  Running  0  53m   192.168.0.227  node01
```

图 2-13　node01 Pod 信息图

此外，在 node01 上还运行着 kubelet 服务，如下所示。

```
[user@node01 ~]$systemctl status kubelet
kubelet.service - kubelet: The Kubernetes Node Agent
   Loaded:  loaded  (/usr/lib/systemd/system/kubelet.service;  enabled;  vendor
preset: disabled)
   Drop-In: /usr/lib/systemd/system/kubelet.service.d
           └─10-kubeadm.conf
   Active: active (running) since Tue 2020-03-10 12:10:35 EDT; 13min ago
```

5．修改 kube-proxy 的 proxy mode

Kubernetes 的 kube-proxy 支持 iptables 和 ipvs 两种模式，来实现 Pod 同集群内外的应用进行网络通信。其中 ipvs mode 的通信效率更高，又由于特定版本的 Kubernetes（如 v 1.17）中 iptables mode 所设置的 iptables 规则造成 Pod 无法同 Kubernetes Service（10.96.0.1:443）进行网络通信，从而导致 calico 的 calico-kube-controllers 不能在 Node 上运行，其容器日志报错如下。

```
2020-02-22  08:52:01.751  [ERROR][1]  client.go  255:  Error  getting  cluster
information config ClusterInformation="default" error=Get https://10.96.0.1:443/apis/
crd.projectcalico.org/v1/clusterinformations/default: context deadline exceeded
2020-02-22 08:52:01.751 [FATAL][1] main.go 114: Failed to initialize Calico datastore
error=Get https://10.96.0.1:443/apis/crd.projectcalico.org/v1/clusterinformations/default:
context deadline exceeded
```

基于上述原因，本书此处将 kube-proxy 默认的 proxy mode 修改成 ipvs proxy mode，具体步骤如下。

（1）编辑 kube-proxy 的配置

编辑 kube-proxy 的配置的命令如下，其中 "kubectl edit" 是编辑命令；cm 是 configmaps 的缩写，它表示 Kubernetes 中的配置 Resource，"cm kube-proxy" 则表示 kube-proxy 的配置 Resource；"-n kube-system" 指定操作 "kube-system namespace" 中的 Resource。

```
[user@master ~]$ kubectl edit cm kube-proxy -n kube-system
```

上述命令执行后，系统会打印 kube-proxy 的配置，在配置中搜索 mode，如下所示。

```
39      mode: ""
```

然后修改 mode 的值为 ipvs，如下所示，保存退出。

```
39      #mode: ""
40      mode: "ipvs"
```

（2）删除 Kubernetes 中已有的 kube-proxy Pod，命令如下。

```
[user@master ~]$ kubectl delete pod kube-proxy-8srgh -n kube-system
[user@master ~]$ kubectl delete pod kube-proxy-1pbxq -n kube-system
```

（3）查看新启动的 kube-proxy Pod 信息

master 和 node01 上的 kubelet 发现 kube-proxy 被删除后，会启动新的 kube-proxy Pod，并加载新的配置。以 master 节点为例，可以使用下面的命令来查看 kube-proxy Pod 信息，其中，kube-proxy-47dzt 是新启动的 kube-proxy 的 Pod 名字。

```
[user@master ~]$kubectl logs kube-proxy-47dzt
```

上述命令执行后，如果系统输出如下信息，则说明 ipvs mode 设置成功。

```
I1221 05:35:29.988729        1 server_others.go:258] Using ipvsProxier
```

6．创建 Pod

接下来创建一个简单的 Pod 来测试 Kubernetes 的基本功能。该 Pod 包含一个 nginx 容器，具体创建命令如下，其中"kubectl create deployment"表示创建一个 Deployment，通过 Deployment 来创建 Pod；nginx 是 Deploy 的名字；--image=nginx 指定 Pod 中容器镜像的名字为 nginx。

```
[user@master ~]$kubectl create deployment nginx --image=nginx
```

上述命令会创建一个名字为 nginx 的 Deployment，如下所示。

```
[user@master ~]$kubectl get deploy
NAME    READY   UP-TO-DATE   AVAILABLE   AGE
nginx0/1   1        0           31s
```

上述命令还会创建以 nginx 开头的 Pod，如图 2-14 所示，该 Pod 位于 node01 之上，其 Pod IP 为 192.168.2.129。

```
[user@master ~]$ kubectl get pod -o wide
NAME                     READY   STATUS    RESTARTS   AGE    IP              NODE
nginx-86c57db685-9xskp   1/1     Running   0          114s   192.168.2.129   node01
```

图 2-14　nginx Pod 信息图

在 master 上用 curl 命令来模拟访问 Pod，命令如下。

```
[user@master ~]$ curl 192.168.2.129
```

如果系统输出"Welcome to nginx!"，如下所示，则说明 Pod nginx 运行成功。

```
<h1>Welcome to nginx!</h1>
```

7．总结

至此 Kubernetes 集群构建完成，它由一个 Control Plane 节点（master）和一个 Node 节点（node01）组成。在构建顺序上，先在 master 节点上安装 kubeadm；然后由 kubeadm 来初始化 Kubernetes 集群；然后再复制 master 节点为 node01 节点，对 node01 节点配置后，使用 kubeadm 将 node01 加入到 Kubernetes 集群；最后创建一个包含 nginx 服务器的 Deployment 来验证 Kubernetes 是否正常工作。上述构建步骤涉及诸多 Linux 操作，容易出错，其中即时验证是降低出错概率的好方法。

第 3 章
Kubernetes 核心对象使用

本章介绍 Kubernetes 核心对象的使用，包括使用 YAML 创建 Kubernetes resource、Pod 基本操作、RC/RS 基本操作、Deployment 典型使用和 Service 典型使用。这些都是 Kubernetes 最基础的知识和技能，将为后续进一步学习 Kubernetes 打下基础。

3.1 使用 YAML 创建 Kubernetes resource

YAML 在 Kubernetes 中十分重要，因为 Kubernetes 中一切皆 resource，而创建 resource 最常用的方式就是将 resource 的定义（配置）写入 YAML 文件，然后通过该文件来创建 resource。因此，不管是自己创建 resource 还是看别人的 YAML 文件，都需要掌握 YAML 文件的用法。本节将介绍 Kubernetes 中 YAML 文件的基础用法，具体说明如下。

YAML 是"YAML Ain't a Markup Language"（YAML 不是一种标记语言）的缩写。YAML 是一种数据序列化标准，它可以用于所有的编程语言，其特点是人性化，易读好懂。

序列化是指将内存中的对象（这里的对象，指面向对象编程中的对象，是广义的）数据，按照一定的标准（YAML 就是其中的一种标准，JSON 也是其中的一种标准），转换成可以传输或存储的数据。

反序列化：程序根据序列化标准，解析序列化数据，在内存中恢复出该对象的过程。

1. YAML 使用步骤

使用 YAML 文件创建 resource 的步骤如下。

1）使用"kubectl explain XXX"获得指定 resource 的 Object 信息。

2）将 Object 信息按照 YAML 的标准写入 YAML 文件。

3）运行 kubectl 命令读取 YAML 文件来创建 resource。

4）kubectl 将 YAML 文件中的数据转换 JSON 格式的数据，并组成 HTTP 请求，发送给 Kubernetes。

5）Kubernetes 响应请求创建 resource，并返回创建结果。

对于用户来说，最重要的就是将 resource 的 Object 信息，按照 YAML 的标准写入文件。

2. YAML 描述示例

假设一个顾客（resource）Object 的数据，包括两个成员：第一个成员是 string 类型，Key 为

name，Value 值是张三；第二个成员是 Object，Key 是 contact，Value 有 3 个成员，其中第一个成员的 Key 是 address，Value 值是"江苏省南京市"，第二个成员的 Key 是 telephone，Value 是数组，包含一个值 025-xxxxx，第三个成员的 Key 是 mobilephone，Value 是数组，包含两个值，分别是 138xxxxxx 和 159xxxxxx。将上述 Object 写入 YMAL 文件，内容如图 3-1 所示。

```
1  name: 张三
2  contact:
3    address: 江苏省南京市
4    telephone:
5    - 025-xxxxx
6    mobilephone:
7    - 138xxxxxx
8    - 159xxxxxx
```

图 3-1　顾客 Object 的 YAML 描述图

上述 Object 也可以转换成 JSON 格式，内容如图 3-2 所示。

```
{ name: '张三',
  contact:
  { address: '江苏省南京市',
    telephone: [ '025-xxxxx' ],
    mobilephone: [ '138xxxxxx', '159xxxxxx' ] } }
```

图 3-2　顾客 Object 的 JSON 描述图

同一个 resource 的 Object 数据，既可以用 YAML 描述，也可以用 JSON 描述，YAML 和 JSON 可以互相转换。这就如同一篇文章，既可以用中文，又可以用英文，不管使用哪种，它们表达的意思是一样的。

3．YAML 基本语法

下面介绍使用 YAML 描述 Object 的基本语法。

（1）基本数据类型成员的表示

如图 3-1 第 1 行所示，name 是 Key 在左边，中间使用冒号":"分隔，张三是 Value，在右边。要特别注意":"的右边一定要有空格，但个数不限。

（2）Object 成员的描述

如图 3-1 第 2~8 行所示，contact 是 Key 在左边，中间使用冒号":"分隔，":"的右侧不能有数据，必须换行列出 Value 的各项成员，包括：address、telephone 和 mobilephone。要特别注意以下几点。

- address 的首字母 a，必须和 Key（contact）有缩进，而且必须用空格来缩进，不能用〈Tab〉键，通常是缩进两个空格，但具体的空格数没有限制，如果不缩进的话，address 就会被解析成和 contact 平级的成员。
- telephone 的首字母 t 必须和 address 的 a 对齐，以此表示它们是同级的成员。

（3）数组成员的描述

如图 3-1 的 4~5 或 6~8 行所示，mobilephone 是数组名，也是 Key，位置在左边，后面跟":"做分隔，":"的右侧不能有数据，必须换行列出 Value 中各个元素，要特别注意以下几点。

- 数组元素以"-"作为开头，"-"不能超出 Key（mobilephone）的位置，可以和 Key

（mobilephone）对齐，也可以缩进，建议缩进两个空格。

- "-"后面要有空格，否则 Value 就是对象类型，而不是数组类型了。
- 数组内的元素的"-"一定要对齐，就如"- 138xxxxxx"和"- 159xxxxxx"的"-"一定要对齐，否则会报错。

（4）对象成员的命名

同一级的对象成员不能同名，例如图 3-3 的写法就会报错。

```
1 name: 张三
2 name: 李四
```

图 3-3　同组对象成员同名示例

（5）YAML 使用"#"作为注释符号

（6）YAML 文件通常以 yml 作为文件扩展名

小窍门：http://nodeca.github.io/js-yaml/是一个在线将 YAML 转 JSON 的网站，可以输入 YAML 格式的描述，如果能够顺利转换成 JSON，且逻辑正确的话，则说明编写的 YAML 文件正确。

4．YAML 描述 resource

如下所示就是使用 YAML 描述的一个 Pod Object。

```
apiVersion: v1
kind: Pod
metadata:
  name: mypod

spec:
  containers:
    - name: myfrontend
      image: nginx
```

上述 Pod Object 的 YAML 文件说明如下。

1）第 1 个成员的 Key 是 apiVersion，Value 值是 v1。v1 是 API version，是稳定版，core 是 API Group，core 默认不写入，因此最终的 apiVersion 就是 v1。

2）第 2 个成员 Key 是 kind，值是 Pod。

3）第 3 个成员类型是 Object，它的 Key 是 metadata，Value 有 1 个成员，成员的 Key 是 name，值 mypod，它将作为 Pod 的标识。

4）第 4 个成员也是一个对象，Key 是 spec，有 1 个成员 containers，containers 是一个 Object 数组，数组中有 1 个元素，该元素有两个成员，第一个成员的 Key 是 name，Value 值是 myfrontend，第二个成员的 Key 是 image，Value 值是 nginx。表明该 Pod 只有 1 个容器，容器的名字为 myfrontend，镜像的名字为 nginx。

如果要我们自己来填写 YAML 文件，那么上述 YAML 中各个成员的值是从哪里获取的呢？说明如下。

1）apiVersion 和 kind 值，是通过运行"kubectl explain Pod"查询得到的。

2）metadata 和 spec 的详细结构，可以运行"kubectl explain Pod　--recursive=true"来查询，但是每个成员的值，是需要用户填入的，因为这个属于配置信息，没有固定的值供选择。

3）访问 https://kubernetes.io/docs/reference/generated/kubernetes-api/v1.20 可以获得 resource 中

各个成员值的描述和说明。

4）使用命令"kubectl api-resources"查询当前 Kubernetes 所支持的 resource。

5）使用命令"kubectl api-versions"查询当前 Kubernetes 所支持的 API 版本，其版本的具体形式是 GROUP/VERSION。

3.2　Pod 典型使用

本节以示例的形式来介绍 Pod 的典型使用。

1. 创建 Pod

Pod 有 3 种创建方式：命令、YAML 文件和 JSON 文件，具体示例如下。

（1）使用命令创建 Pod

1）使用"kubectl run"创建指定的 Pod，命令如下。

```
[user@master ~]$kubectl run --generator=run-pod/v1mynginx  --image=nginx
```

上述命令参数说明如下。

- --generator=run-pod/v1 用来指定 API generator 的名字为 run-pod/v1。
- mynginx 为 Pod 标识。
- --image=nginx 用来指定 Pod 中容器的镜像名字为 nginx。

2）查看 Pod 信息，命令如下。

```
[user@master ~]$kubectl get pod
```

系统会打印新创建的 Pod，内容如下。

```
NAME            READY       STATUS      RESTARTS    AGE
mynginx1/1      Running     0           7s
```

因为 Pod 是 Kubernetes object，因此，一旦 Pod 创建后，即使 Kubernetes 崩溃，当其重新恢复运行后，Kubernetes 依然会根据之前 Pod 的配置信息，创建 Pod。

3）使用下面的命令来删除 Pod。

```
[user@master ~]$kubectl delete pod mynginx
```

上述命令的参数说明如下。

- delete 是选项，表示删除动作。
- pod 表示删除的 resource 类型。
- mynginx 是要删除的 resource 标识。

（2）使用 YAML 创建 Pod

首先将 Pod Object 信息写入 YAML，步骤如下。

1）编辑 pod.yml 文件，命令如下。

```
[user@master k8s]$mkdir pod
[user@master k8s]$ cd pod
[user@master pod]$ vi pod.yml
```

2）在 pod.yml 中输入以下内容。

```
apiVersion: v1
```

```
kind: Pod
metadata:
  name: mynginx
spec:
  containers:
    - name: nginx-container
image: nginx
```

上述 Pod Object 的 YAML 文件说明如下。

- 第一个成员是 apiVersion，值是 v1。
- 第二个成员是 kind，值是 Pod。
- 第三个成员 metadata 是一个 Object，用来指定 Pod 的标识，它有一个成员 name，其值是 mynginx。
- 第四个成员 spec 是一个 Object，用来指定 Pod 中的容器信息，它有一个成员 containers，因为 Pod 可以运行多个容器，所以 containers 是一个数组，数组中的每个元素就是一个容器的信息，目前 container 数组中只有 1 个元素，说明该 Pod 只运行一个容器，该元素有两个成员，name 用来指定容器的名字，image 用来指定容器的镜像名。特别注意：image 的首字母一定要和 name 的首字母上下对齐。

上述 YAML 内容是创建一个 Pod 的最简模板，每一项都是必填项，缺少任何一项，创建 Pod 就会失败。如果要指定 Pod 更多的特性，可以使用 "kubectl explain pod --recursive=true" 获取 Pod Object 的完整信息。

3）创建 Pod。

创建 Pod 的命令如下，其中 apply 是选项，指定使用配置文件来创建 resource；-f 后面跟配置文件名；pod.yml 是 Pod 的 YAML 配置文件名。

```
[user@master pod]$kubectl apply -f pod.yml
```

如果系统打印如下信息，则说明 Pod 创建成功。

```
pod/mynginxcreated
```

（3）使用 JSON 创建 Pod

将 Pod Object 信息写入 JSON 文件，步骤如下。

1）编辑 pod.json 文件，命令如下。

```
[user@master pod]$ vi pod.json
```

2）在 pod.json 中输入以下内容。

```
{ "apiVersion": "v1",
"kind": "Pod",
"metadata": { "name": "mynginx" },
"spec": { "containers": [ { "name": "myfrontend", "image": "nginx" } ] } }
```

上述内容由我们在 http://nodeca.github.io/js-yaml/中输入 pod.yml 内容转换而来，转换后的内容如下所示。注意要给以下内容的每个 Key 和 Value 加上双引号"，才能转换成 kubectl 所能解析的 JSON 格式。

```
{ apiVersion: 'v1',
```

```
kind: 'Pod',
metadata: { name: 'mynginx' },
spec: { containers: [ { name: 'myfrontend', image: 'nginx' } ] } }
```

3）创建 Pod。因为 Pod 不能重名，因此需要先删除前面创建的 Pod，命令如下。

```
[user@master pod]$kubectl delete pod mynginx
```

创建 Pod 的命令如下，其中 apply 是选项，指定使用配置文件来创建 resource；-f 后面跟配置文件名；pod.json 是 Pod 的 JSON 配置文件名。

```
[user@master pod]$kubectl apply -f pod.json
```

如果系统输出以下信息，则说明 Pod 创建成功。

```
pod/mynginxcreated
```

2．查看 Pod 信息

（1）查看指定 Pod 的信息

使用下面的命令来查看指定 Pod 信息。

```
[user@master pod]$kubectl describe pod mynginx
```

上述命令的部分输出信息如图 3-4 所示，除了创建 Pod 时设置的 Pod Name 为 mynginx，容器名字为 nginx-container，容器 Image 为 nginx 等配置信息外，系统还输出了 Pod 的状态（Status）是 Running，容器的状态（State）是 Running 等，这些信息都是 Pod 创建后，由 Kubernetes 所填入和更新的。

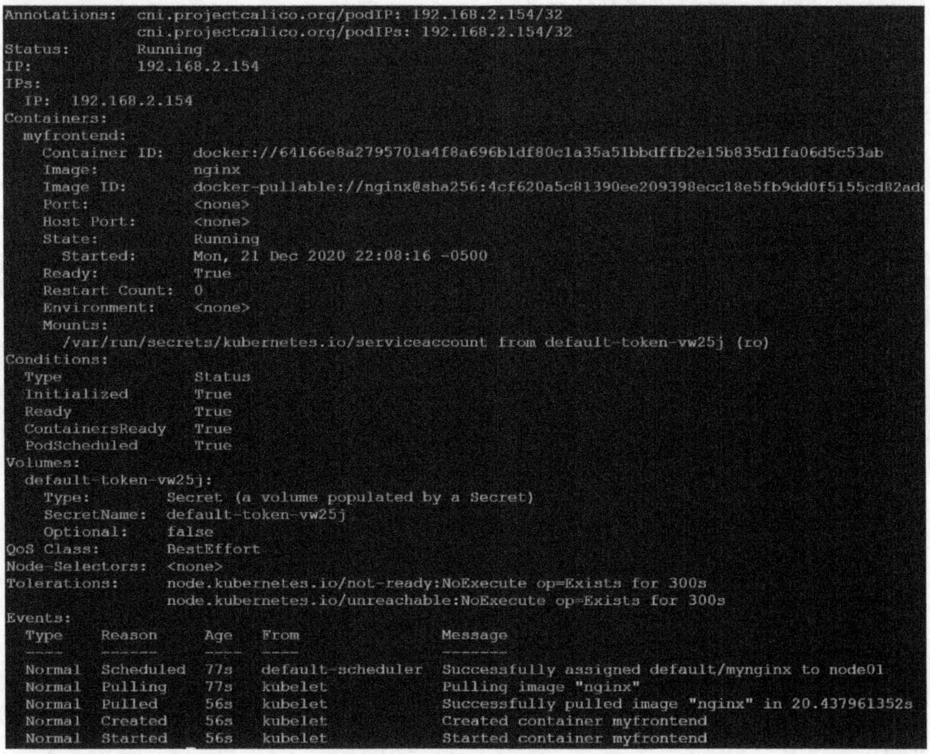

```
Annotations:  cni.projectcalico.org/podIP: 192.168.2.154/32
              cni.projectcalico.org/podIPs: 192.168.2.154/32
Status:       Running
IP:           192.168.2.154
IPs:
  IP:  192.168.2.154
Containers:
  myfrontend:
    Container ID:   docker://64166e8a2795701a4f8a696b1df80c1a35a51bbdffb2e15b835d1fa06d5c53ab
    Image:          nginx
    Image ID:       docker-pullable://nginx@sha256:4cf620a5c81390ee209398ecc18e5fb9dd0f5155cd82ad
    Port:           <none>
    Host Port:      <none>
    State:          Running
      Started:      Mon, 21 Dec 2020 22:08:16 -0500
    Ready:          True
    Restart Count:  0
    Environment:    <none>
    Mounts:
      /var/run/secrets/kubernetes.io/serviceaccount from default-token-vw25j (ro)
Conditions:
  Type              Status
  Initialized       True
  Ready             True
  ContainersReady   True
  PodScheduled      True
Volumes:
  default-token-vw25j:
    Type:        Secret (a volume populated by a Secret)
    SecretName:  default-token-vw25j
    Optional:    false
QoS Class:       BestEffort
Node-Selectors:  <none>
Tolerations:     node.kubernetes.io/not-ready:NoExecute op=Exists for 300s
                 node.kubernetes.io/unreachable:NoExecute op=Exists for 300s
Events:
  Type    Reason     Age   From               Message
  ----    ------     ----  ----               -------
  Normal  Scheduled  77s   default-scheduler  Successfully assigned default/mynginx to node01
  Normal  Pulling    77s   kubelet            Pulling image "nginx"
  Normal  Pulled     56s   kubelet            Successfully pulled image "nginx" in 20.437961352s
  Normal  Created    56s   kubelet            Created container myfrontend
  Normal  Started    56s   kubelet            Started container myfrontend
```

图 3-4　mynginx Pod 信息图

（2）查看所有 Pod 的情况

可以使用下面的命令来获取 Kubernetes 中 Pod 的所有信息。

```
[user@master pod]$kubectl get pod -o wide
```

上述命令的输出如图 3-5 所示，总共有 9 列，说明如下。

```
NAME          READY    STATUS            RESTARTS    AGE      IP               NODE     NOMINATED NODE    READINESS GATES
mycentos01    2/2      Running           0           6h46m    192.168.2.193    node03   <none>            <none>
mycentos02    2/2      Running           2           23h      192.168.2.131    node01   <none>            <none>
mynginx       0/1      ImagePullBackOff  1           4h10m    192.168.2.200    node03   <none>            <none>
```

图 3-5　Pod 全部信息图

1）第 1 列 NAME，表示 Pod 的名字。

2）第 2 列 READY，表示 Pod 的状态，它由两个数字组成，例如 0/1，其中第一个数字 0 表示运行的 Pod 个数为 0，它表示 Pod 的运行状态，数字 1 表示用户期望运行的 Pod 个数是 1，它是由用户在创建 Pod 时，或者更新 Pod 时所写入配置文件的值。

3）第 3 列 STATUS 表示当前 Pod 的状态（阶段），Running 表示 Pod 正在运行，如果不是正常运行，则会给出原因，如 ImagePullBackOff 表示拉取镜像失败，ContainerCreating。

4）第 4 列 RESTARTS，表示重启 Pod 的次数。

5）第 5 列 AGE，表示该 Pod 的年龄。

6）第 6 列 IP 是 Pod 的 IP 地址。

7）第 7 列 NODE 表示 Pod 所在的节点。

8）第 8 列 NOMINATED NODE，表示该节点上发生了抢占，为该 Pod 的运行预留了所需资源，并期望 Kubernetes 调度器将该 Pod 调度到该节点上运行。

9）第 9 列 READINESS GATES 用于评估 Pod 准备状态的附加条件，包括两个数字，例如 2/3，其中第一个数字 2 表示满足附加条件的个数，第二个数字 3 表示所有附加条件的个数。

如果要列出所有 Namespace 的 Pod，可以加上以下参数。

```
[user@master pod]$kubectl get pod --all-namespaces -o wide
```

上述命令的输出如图 3-6 所示。

```
NAMESPACE     NAME                                        READY    STATUS            RESTARTS    AGE      IP               NODE     NOMINATED NODE    READINESS GATES
default       mycentos01                                  2/2      Running           0           6h48m    192.168.2.193    node03   <none>            <none>
default       mycentos02                                  2/2      Running           2           23h      192.168.2.131    node01   <none>            <none>
default       mynginx                                     0/1      ImagePullBackOff  1           4h12m    192.168.2.200    node03   <none>            <none>
kube-system   calico-kube-controllers-5b644bc49c-dd2nx    1/1      Running           67          23h      192.168.2.132    node03   <none>            <none>
kube-system   calico-node-ktnr4                           1/1      Running           1           23h      192.168.0.226    master   <none>            <none>
kube-system   calico-node-n75gm                           1/1      Running           0           23h      192.168.0.227    node01   <none>            <none>
kube-system   calico-node-nk9rj                           1/1      Running           0           23h      192.168.0.229    node03   <none>            <none>
kube-system   coredns-9d85f5447-52c41                     1/1      Running           2           28h      192.168.2.1      master   <none>            <none>
kube-system   coredns-9d85f5447-jqp5r                     1/1      Running           2           28h      192.168.2.2      master   <none>            <none>
kube-system   etcd-master                                 1/1      Running           2           28h      192.168.0.226    master   <none>            <none>
kube-system   kube-apiserver-master                       1/1      Running           2           28h      192.168.0.226    master   <none>            <none>
kube-system   kube-controller-manager-master              1/1      Running           2           28h      192.168.0.226    master   <none>            <none>
kube-system   kube-proxy-59xns                            1/1      Running           2           25h      192.168.0.229    node03   <none>            <none>
kube-system   kube-proxy-h9z8j                            1/1      Running           1           23h      192.168.0.227    node01   <none>            <none>
kube-system   kube-proxy-qvfhk                            1/1      Running           2           23h      192.168.0.226    master   <none>            <none>
kube-system   kube-scheduler-master                       1/1      Running           2           28h      192.168.0.226    master   <none>            <none>
```

图 3-6　所有 Namespace 的 Pod 全部信息图

3. 编辑和导出 Pod 配置信息

可以使用下面的命令来查看 Pod 信息，默认是 YAML 格式。

```
[user@master pod]$kubectl edit pods mynginx
```

上述命令输出内容如下，这部分内容是在 vi 中打开的，因此既可以查看，又可以编辑，还可以将其导出成文件。

```
......
apiVersion: v1
kind: Pod
metadata:
......
```

修改 Pod 中 Container 的 Image 为 nginx01，然后保存退出。

```
containers:
- image: nginx01
```

Kubernetes 会检测到 Pod 定义发送修改，并按照新的 Pod 定义重新启动 Pod 并运行容器，拉取新的 Image nginx01，如下所示。

```
Normal   Killing  48s kubelet           Container myfrontend definition changed,
will be restarted
```

由于 nginx01 是一个不存在的镜像，因此，最终拉取的结果是失败。

```
Warning Failed    35s            kubelet          Error: ErrImagePull
```

上述配置文件中，很多选项是不能在线修改的，诸如 apiVersion、kind、name 等，这些选项在修改后保存的时候，会提示修改失败。

也可以查看 JSON 格式的 Pod 信息，命令如下。

```
[user@master pod]$kubectl edit pods mynginx -o json
```

3.3　RC/RS 基本操作（实践 4）

RC/RS 可以使得一个 Pod 或者一组 Pod 按照用户所配置的副本数来运行。例如在 RC/RS 中配置 Pod 的副本数为 3，当集群中该 Pod 的副本数小于 3 时，RC/RS 会启动新的 Pod，使得该 Pod 的副本数等于 3；而当集群中该 Pod 的副本数大于 3 时，RC/RS 会删除掉多余的 Pod，使得 Pod 的副本数等于 3。

本节按照先 RC 再 RS 的顺序介绍它们的使用。本节属于实践内容，因为后续章节会用到本节所学知识，**所以本实践必须完成**。请参考本书配套免费电子书《Kubernetes 快速进阶与实战——实践教程》中的"**实践 4：RC/RS 基本操作**"部分。

3.4　Deployment 典型使用（实践 5）

Deployment 是比 RC/RS 更高级的抽象，它可以很方便地创建 RS 和 Pod，实现集群规模的动态伸缩，同时还有 rollout（回滚）和 pause（暂停）等新功能。本节将介绍 Deployment 的典型使用。

本节属于实践内容，因为后续章节会用到本节所学知识，**所以本实践必须完成**。请参考本书配套免费电子书《Kubernetes 快速进阶与实战——实践教程》中的"**实践 5：Deployment 典型使用**"部分。

3.5 Service 典型使用（实践 6）

Service 解决了用户访问 Pod 服务的两个问题：首先 Service 为用户提供了一种固定的方式（通过固定的 IP 或者字符串标识加上端口）来访问 Pod 服务，用户只需要访问该虚拟 IP，就可以访问到对应 Pod 所提供的服务，而不需要关心服务到底是由 Pod 的哪个副本提供的，这个 Pod 副本的 IP 是多少，即使 Pod 副本的 IP 发生了变化，用户通过 Service 的虚拟 IP，也总能访问到 Pod 所提供的服务；其次 Service 可以使得 Kubernetes 以外的节点能够访问 Pod 服务。因此，本节将介绍 Service 解决上述 Pod 服务的两个问题的典型示例，如下所示。

1）示例一：基于 Service 的虚拟 IP 来访问 Pod 服务。

2）示例二：基于 Service 实现从 Kubernetes 外部访问 Pod 服务。

本节属于实践内容，因为后续章节会用到本节所学知识，**所以本实践必须完成**。请参考本书配套免费电子书《Kubernetes 快速进阶与实战——实践教程》中的"**实践 6：Service 典型使用**"部分。

第4章
Kubernetes 容器编排实践

本章介绍 Kubernetes 典型的容器编排实践，包括：Pod 容器调度、Pod 多容器运行、Pod 容器数据持久化存储、使用 ingress 对外提供统一服务访问和 Pod 容器自动伸缩（HPA）。这些知识点将为加深 Kubernetes 的理解，快速积累 Kubernetes 使用经验打下基础。

4.1　Pod 容器调度

Pod 容器调度是指 Pod 在哪个节点上运行，默认情况下，Kubernetes 会依据节点资源的情况和调度策略等因素，将 Pod 分配到合适的节点上运行。因此 Pod 在哪个节点上运行是随机的。但在调试和验证的时候，为了便于现象的复现，往往需要在指定的节点上运行 Pod。本节介绍在指定的节点上运行 Pod 的具体示例，它会将 Pod 依次指定到 node02 和 node01 上运行，具体说明如下。

注意：此时 Kubernetes 集群有两个 Node 节点：node01 和 node02，其中 node02 源于实践 6 添加的节点。

1. 给节点打标签（label）

要指定 Pod，首先就要在 Kubernetes 中给各个节点打上标签，然后在 Deployment 中使用 selector 去匹配这些标签，Pod 将会在条件匹配的节点上运行，具体步骤说明如下。

1）给每个节点打上 nodename=nodeXX 的标签，其中 nodename 是标签名，nodeXX 是标签值，XX 表示节点的序号，分别是 01、02 等，具体命令如下。

```
[user@master ~]$kubectl label nodes node01 nodename=node01
[user@master ~]$kubectl label nodes node02 nodename=node02
```

上述命令和参数说明如下。
- "kubectl label" 是打标签的命令。
- nodes 表示打标签的对象类型是节点。
- node01 是对象的具体名字。
- nodename=node01 是标签名字和标签内容。

一个节点可以打上多个标签，例如：nodename=node01 appver=XXX，每个标签使用空格隔开即可。

如果标签已经存在，kubectl 默认是不更新标签值的，我们可以加上--overwrite=true 来覆盖原有标签的值。

如果要删除某个标签，可以在标签名之后加上一个减号 "-"，例如 kubectl label node node01 nodename-" 将删除 nodename 标签。

2）查看标签 nodename=node01 所对应的节点，命令如下。

```
[user@master ~]$kubectl get node -l nodename=node01
```

如下所示，如果只能看到 node01，则说明设置成功。

```
NAME      STATUS    ROLES     AGE       VERSION
node01    Ready     <none>    2d20h     v1.20.1
```

3）使用另一种方法查看 node02 的标签，命令如下，--list 用来列出 node02 的所有标签。

```
[user@master ~]$kubectl label node node02 --list
```

上述命令输出如下所示，如果有 nodename=node02，说明设置成功。

```
kubernetes.io/arch=amd64
kubernetes.io/hostname=node02
kubernetes.io/os=linux
nodename=node02
......
```

2. 编写 Deployment 的 selector

节点的标签设置好后，就可以在 Deployment 的 YAML 文件中编写 selector 了，具体步骤说明如下。

1）使用 vi 打开 YAML 文件 pod-sel-node.yml，命令如下。

```
[user@master ~]$ cd ~/k8s/pod/
[user@master pod]$ vi pod-sel-node.yml
```

2）在 pod-sel-node.yml 中输入以下内容。

```
 1 apiVersion: apps/v1
 2 kind: Deployment
 3 metadata:
 4   name: dep-nginx-sel-node
 5
 6 spec:
 7   replicas: 1
 8   selector:
 9     matchLabels:
10       app: nginx
11
12   template:
13     metadata:
14       labels:
15         app: nginx
16         ver: beta
17     spec:
18       containers:
```

```
19        - name: nginx
20          image: nginx:latest
21          imagePullPolicy: IfNotPresent
22      nodeSelector:
23        nodename: node02
```

其中第 22～23 行是 Pod 的 selector，该 selector 是 equality-based（基于相等）的，本例设置了 1 个匹配条件，用来匹配标签为 nodename=node02 的节点。

3．创建 Deployment

1）使用下面的命令来创建 Deployment。

```
[user@master pod]$kubectl apply -f pod-sel-node.yml
```

2）查看 Pod 所在的节点，命令如下。

```
[user@master pod]$kubectl get pod -o wide | grep sel
```

如果系统输出 Pod 所在的节点为 node02，如图 4-1 方框处所示，则说明节点指定成功。

```
dep-nginx-sel-node-58d7c9b8fb-fcjkb    1/1    Running    0    5m54s    192.168.2.94    node02
```

图 4-1　Pod 节点信息图

3）修改 pod-sel-node.yml 中 selector 的匹配条件，将 Pod 运行节点指定为 node01，具体内容如下。

```
22nodeSelector:
23nodename: node01
```

4）重新应用 pod-sel-node.yml，命令如下。

```
[user@master pod]$kubectl apply -f pod-sel-node.yml
```

Kubernetes 会先在 node01 上启动一个新的 Pod，待其状态为 Running 之后，再关闭 node02 上的 Pod，并在如图 4-2 所示。这样即使我们指定的节点并不存在或者不可用，Kubernetes 也不会先删除原来节点上的 Pod，这样就不会导致 Pod 不可用。

```
dep-nginx-sel-node-599c7cb967-55c97    1/1    Running      0    3s     192.168.2.147    node01
dep-nginx-sel-node-6764cd9cd-ddmhs     1/1    Terminating  0    25s    192.168.2.95     node02
```

图 4-2　Pod 状态切换界面

4.2　Pod 多容器运行（实践 7）

Pod 是 Kubernetes 中的最小运行单元，也是微服务的载体，很多时候，一个服务需要多个容器相互协作。因此，在 Pod 中运行多个容器是很常见的应用场景。本节介绍在 Pod 中运行多个容器的具体示例，它将在 Pod 中启动两个容器，分别是 nginx 和 busybox，把它们放在一个 Pod 中。

本节属于实践内容，因为后续章节会用到本节所学知识，**所以本实践必须完成**。请参考本书配套免费电子书《**Kubernetes 快速进阶与实战——实践教程**》中的"**实践 7：Pod 多容器运行**"部分。

4.3 Pod 容器数据持久化存储（PersistentVolume）

Pod 是容器的集合，因此，Pod 中的数据是不能持久化存储的，为此 Kubernetes 提供 PersistentVolume（简称 pv）和 PersistentVolumeClaim（简称 pvc）实现数据的持久化存储。其中 pv 用来表示具体的存储，它可以是一个 NFS 网络存储，也可以是一个本地存储路径，还可以是 ceph 和 gluster 分布式文件系统等。pvc 则表示用户的存储需求，例如：存储空间的最小（最大）值，访问方式，以及 selector 对 pv 的匹配条件等。在创建 pvc 的时候，Kubernetes 会根据 pvc 中的条件，去匹配合适的 pv 与之绑定。在 Pod 中并不直接使用 pv，而是使用 pvc，通过 pvc 实现 Pod 和具体存储之间的对接。pvc 解除了 Pod 同具体存储之间的耦合，因此使得 Pod 使用存储变得非常灵活。

访问官方文档 https://kubernetes.io/docs/concepts/storage/persistent-volumes/获取 pv 和 pvc 更多详细信息。

本节以 NFS 持久化存储这个示例来说明在 Kubernetes 中如何基于 pv、pvc 和 Pod 来实现持久化存储。

4.3.1 安装 NFS

在 master 节点上安装 NFS 服务器，并创建共享目录，具体步骤说明如下。

1．安装 NFS

（1）安装 NFS，命令如下。

```
[root@master ~]# mount /dev/sr0 /media/
[root@master ~]# yum -y install nfs-utils-1:2.3.3-31.el8.x86_6
```

注意版本，例如 nfs-utils-1:2.3.3-47.el8.x86_64 就有问题，nfs-mountd 服务无法启动，报错：nfs-mountd.service: Failed with result 'exit-code'.

（2）设置服务自启动，命令如下。

```
[root@master ~]#systemctl enable nfs-server
```

2．配置 NFS 共享目录

1）编辑 exports 文件，命令如下，exports 是 NFS 服务器对外共享目录的配置文件。

```
[root@master ~]# vi /etc/exports
```

2）在 exports 中输入以下内容。

```
/home/user/nfs/data     192.168.0.226/24(rw,no_root_squash)
```

no_root_squash 将使得 NFS 客户端的 root 用户在访问 NFS 服务端文件时，也被当作 NFS 服务端的 root 对待，该选项常用于无盘客户端。

运行如下命令，了解 exports 文件中更多可用选项的信息。

```
[user@master deploy]$ man exports
```

3. 实现 NFS 目录共享

1）创建共享目录，命令如下。

```
[root@master user]#mkdir -p /home/user/nfs/data
[root@master user]#mkdir -p /home/user/nfs/tmp
[root@master user]#chown -R user:usernfs
```

2）启动 NFS 服务，命令如下。

```
[root@master user]#systemctl start nfs-server
```

3）挂载 NFS 共享目录，命令如下。

```
[root@master nfs]# mount -t nfs master:/home/user/nfs/data/ tmp/
```

4）查看挂载信息，命令如下。

```
[root@master nfs]# df -h
master:/home/user/nfs/data   17G  4.3G   13G  26% /home/user/nfs/tmp
```

5）切换到普通用户，在共享目录下创建文件，命令如下。

```
[root@master nfs]#su - user
[user@master ~]$ cd nfs
[user@master nfs]$ touch tmp/a
```

6）查看 source 目录，命令如下。

```
[user@masternfs]$ ls data/
a
```

7）跨节点挂载，在 node01 上安装 nfs-utils，命令如下。

```
[root@node01 user]# mount /dev/sr0 /media/
[root@node01 user]# yum -y install nfs-utils-1:2.3.3-31.el8.x86_6
```

在 node02 节点上使用同样的步骤安装 nfs-utils。

8）创建挂载目录，命令如下。

```
[user@node01 ~]$mkdirnfs
[user@node01 ~]$ ls
data docker k8s nfs share shell
[user@node01 ~]$ cd nfs
[user@node01 nfs]$mkdirtmp
[user@node01 nfs]$ ls
tmp
```

9）远程挂载，命令如下。

```
[root@node01 nfs]# mount -t nfs master:/home/user/nfs/data tmp
```

10）查看共享目录，命令如下，可以看到 tmp 下有一个文件 a，这正是 master 中 NFS 共享目录/home/user/nfs/data 下的内容。

```
[root@node01 nfs]# ls tmp/
a
```

以上是在 firewalld 关闭的情况下，如果没关闭，则要放开，命令如下。

```
sudo firewall-cmd --add-service=nfs --permanent
sudo firewall-cmd --add-service={nfs3,mountd,rpc-bind} --permanent
sudo firewall-cmd --reload
```

4.3.2 创建 pv 和 pvc

在 Kubernetes 中，pv 用来表示具体的存储，pvc 则表示用户的存储需求。本节将创建一个基于 NFS 的 pv，同时创建一个 pvc 来匹配该 pv，具体步骤说明如下。

1. 编辑 pv 文件

在 master 节点下编辑 pv 文件 pv-nfs01.yml（路径：/home/user/k8s/pv），内容如下。

```
 1 apiVersion: v1
 2 kind: PersistentVolume
 3 metadata:
 4   name: pv0001
 5   labels:
 6     pvname: pv0001
 7 spec:
 8   capacity:
 9     storage: 10Gi
10   accessModes:
11     - ReadWriteOnce
12   persistentVolumeReclaimPolicy: Recycle
13   nfs:
14     path: /home/user/nfs/data
15     server: 192.168.0.226
```

上述配置文件说明如下。

1）第 1 行是 pv 的 apiVersion，其值是 v1。

2）第 2 行是 pv 的 kind，其值是 PersistentVolume，第 1、2 行的值都可以通过运行"kubectl explain pv"获得。

3）第 3～6 行是 pv 的 metadata 数据，设置了 name 为 pv0001，以及一个 label，pvname: pv0001，用于后续 pvc 的 selector 匹配。

4）第 7～15 行设置 pv 的属性，其中第 8～9 行设置 pv 存储的容量为 10GB，第 10～11 行设置 pv 存储的访问模式为 ReadWriteOnce，ReadWriteOnce 表示该 pv 只能被一个 Pod 所使用，但该 Node 上的所有 Pod 都可以使用该 pv；第 12 行设置 pv 的 reclaim 策略为 Recycle，这样当 pvc 被删除时，pv 中的数据也会被自动删除，而且 pvc 可以和 pv 多次绑定，后面还会具体解释；第 13～15 行是 NFS 存储的设置，path 用来设置 NFS 对外 export 的路径，具体值为 /home/user/nfs/data，server 用来设置 NFS 服务器的 IP 地址，值为 192.168.0.226。

persistentVolumeReclaimPolicy 取值有：Retain、Delete 和 Recycle，默认是 Retain，每个值的含义说明如下。

1）Retain，pvc 删除后，再次创建的 pvc 不能和原 pv 绑定，只有等原 pv 也删除后，重新创建 pv，此时 pvc 才能和 pv 绑定，而且 NFS 共享目录中的数据，始终存在。

2）Delete，动作同上。

3）Recycle，pvc 一旦删除，NFS 共享目录中的数据也会被删除，再次创建的 pvc 可以再次和原 pv 绑定，不需要删除 pv。

2. 编辑 pvc 文件

在 master 节点的/home/user/k8s/pv 目录下，编辑 pvc-nfs01.yml 文件，具体内容如下。

```
 1 apiVersion: v1
 2 kind: PersistentVolumeClaim
 3 metadata:
 4   name: myclaim01
 5 spec:
 6   accessModes:
 7     - ReadWriteOnce
 8   resources:
 9    limits:
10      storage: 20Gi
11    requests:
12      storage: 8Gi
13   selector:
14    #matchLabels:
15     #pvname: pv0001
16    matchExpressions:
17     - {key: pvname, operator: In, values: [pv0001]}
```

上述配置文件说明如下。

1）第 1 行是 pvc 的 apiVersion，其值是 v1。

2）第 2 行是 pvc 的 kind，其值是 PersistentVolumeClaim，第 1~2 行的值我们都可以通过"kubectl explain pvc"来获得。

3）第 3~4 行是 pvc 的 metadata，设置了 pvc 的 name 位 myclaim01。

4）第 5~17 行是 pvc 的属性设置，其中第 6~7 行设置访问模式，用来匹配的访问模式相同的 pv，这个设置必须有，否则创建 pvc 会报错；第 8~12 行设置存储需求，例如第 9~10 行设置了存储的最大空间为 20GB，第 11~12 行设置了存储的最小空间为 8GB，pv 的存储空间必须满足此条件才能匹配；第 13~17 行设置 pv 的 selector 匹配条件，它同样支持 matchLabels 和 matchExpressions 两种匹配方式，其中第 15 行和第 17 行匹配的条件是一样的，如果 pv 的 label 中设置了 pvname: pv0001 则符合条件。

3. 创建 pv

本节使用前面编辑的 pv 文件来创建 pv，具体步骤说明如下。

1）创建 pv，命令如下。

```
[user@master nfs]$kubectl apply -f pv-nfs01.yml
```

2）查看 pv 信息，命令如下。

```
[user@master nfs]$kubectl get pv
```

如果系统输出以下信息，如图 4-3 所示，则说明 pv 创建成功。

```
NAME     CAPACITY   ACCESS MODES   RECLAIM POLICY   STATUS
pv0001   10Gi       RWO            Recycle          Available
```

图 4-3　pv 信息图

4．创建 pvc

本节使用前面编辑的 pvc 文件来创建 pvc，具体步骤说明如下。

1）创建 pvc，命令如下。

```
[user@master nfs]$kubectl apply -f pvc-nfs01.yml
```

2）查看 pvc 信息，命令如下。

```
[user@master nfs]$kubectl get pvc
```

如果系统输出以下信息，如图 4-4 所示，则说明 pvc 创建成功，并且和 pv0001 绑定
（binding）成功。

```
NAME         STATUS   VOLUME   CAPACITY   ACCESS
myclaim01    Bound    pv0001   10Gi       RWO
```

图 4-4　pvc 信息图

pvc 和 pv 的绑定是一对一的，一个 pvc 不可能和多个 pv 同时绑定，一个 pv 也不能和多个
pvc 同时绑定。

4.3.3　创建 Deployment 使用持久化存储

本节使用 Deployment 创建 Pod，并在 Pod 中使用 pvc 来访问 NFS 持久化存储，具体步骤说
明如下。

1．编辑 pv-deployment.yml

在 master 节点的/home/user/k8s/pv 目录下编辑 pv-deployment.yml，具体说明如下。

1）编辑 Deployment 文件 pv-deployment.yml，命令如下。

```
[user@master pv]$ vi pv-deployment.yml
```

2）在 pv-deployment.yml 中输入以下内容。

```
 1 apiVersion: apps/v1
 2 kind: Deployment
 3 metadata:
 4   name: pv-deploy
 5
 6 spec:
 7   replicas: 2
 8   selector:
 9     matchLabels:
10       app: nfs-pod
11
12   template:
13     metadata:
14       labels:
15         app: nfs-pod
16     spec:
17       containers:
18         - name: myfrontend
19           image: nginx:latest
```

```
20              imagePullPolicy: IfNotPresent
21              volumeMounts:
22              - mountPath: "/var/www/html"
23                name: mypd
24          volumes:
25            - name: mypd
26              persistentVolumeClaim:
27                claimName: myclaim01
```

上述配置文件的关键代码说明如下。

1）第 6～27 行是 Deployment 的配置信息，其中第 7 行配置 Pod 的副本数为 2；第 8～10 行为 Pod 的 selector 配置，使用了基于值的匹配方式，其中第 9～10 行为值匹配条件，即匹配 label 中有 app: nfs-pod 的 Pod。

2）第 12～27 行是 Pod 的具体配置信息，第 13～15 行为 Pod 的 label 配置，其中 app: nfs-pod 用来匹配上面的 selector 条件；第 16～26 行是容器的配置信息，其中第 17～22 行配置了容器名、镜像名等信息，还包括了存储的使用信息，具体见第 20～23 行，第 22 行配置了容器的挂载目录，第 23 行设置存储所使用的 volume 名称为 mypd；第 24～27 行配置了 volume mypd 使用名字为 myclaim01 的 pvc，这就和前面创建的 pvc 关联起来了。

2．创建 Deployment

1）创建 Deployment，命令如下。

```
[user@master pv]$kubectl apply -f pv-deployment.yml
```

2）查看 Pod 信息，命令如下。

```
[user@master pv]$kubectl get pod
```

如果系统输出两个以 pv-deploy 开头的 Pod，则说明创建成功。

```
NAME                          READY    STATUS    RESTARTS    AGE
pv-deploy-cb6fffcd4-29s2d     1/1      Running   0           4s
pv-deploy-cb6fffcd4-bqnfv     1/1      Running   0           4s
```

3．持久化存储测试

1）复制文件 profile 到 NFS 的共享目录，命令如下。

```
[user@master pv]$ cp /etc/profile /home/user/nfs/data/
```

2）查看 Pod 第一个副本 pv-deploy-cb6fffcd4-29s2d 的持久化存储目录，命令如下。

```
[user@master pv]$kubectl exec pv-deploy-cb6fffcd4-29s2d -- ls /var/www/html
```

如果能看到 profile 文件，则说明该 Pod 副本成功连接到了持久化存储。

```
profile
```

3）查看 Pod 第二个副本 pv-deploy-cb6fffcd4-bqnfv 的持久化目录，命令如下，如果能看到 profile 文件，则说明该副本也成功连接到了持久化存储。

```
[user@master pv]$kubectl exec pv-deploy-cb6fffcd4-bqnfv -- ls /var/www/html
profile
```

4）删除 Pod 第一个副本 pv-deploy-cb6fffcd4-29s2d，模拟 Pod 不可用，命令如下。

```
[user@master pv]$kubectl delete pod pv-deploy-cb6fffcd4-29s2d
```

5）查看 Pod 信息，Kubernetes 又新建了 Pod 副本 pv-deploy-cb6fffcd4-2rdms，如下所示。

```
[user@master pv]$kubectl get pod
NAME                              READY    STATUS      RESTARTS    AGE
pv-deploy-cb6fffcd4-2rdms                  1/1      Running     0                       67s
```

6）查看 pv-deploy-cb6fffcd4-2rdms 的持久化目录，命令如下。

```
[user@master pv]$kubectl exec pv-deploy-cb6fffcd4-2rdms -- ls /var/www/html
```

系统输出如下，仍然可以看到 profile 文件，说明该目录下的内容不随 Pod 的生命周期而变化，实现了真正的持久化存储。

```
a
profile
```

4.4 Ingress 实现统一访问 Pod 容器服务

NodePort 可以实现从 Kubernetes 外部访问 Pod 服务，其实现方式是端口映射，优点是简单方便。但是在大规模系统中，很多的 Pod 都会提供相同的服务，典型的如 Web 服务，它们都使用 80 端口，如果使用 NodePort 的话，则需要为每个 Pod 的 80 端口映射一个不同的端口，以供外部访问，这样既不符合用户的使用习惯，又容易出错。

为此，Kubernetes 提供 Ingress 机制，它实现了统一的 Web 服务访问方式即"域名+路径=>Service"的映射，也就是说，Ingress 会根据请求之中的域名和路径去做区分，将请求转发给不同的 Service，再由 Service 转给对应的 Pod，这样，用户就可以根据传统的"域名和路径"方式来统一访问不同的 Web 服务，而不是通过端口来访问不同的 Web 服务，既兼顾了用户的使用习惯，又不容易出错。

Ingress 是 Kubernetes Resource，它支持 HTTP 和 HTTPS 两种访问方式，可以在 Ingress 中定义路由规则，以此决定来自外部的访问请求（HTTP/HTTPS）和内部的哪个 Service 对接。

参考 https://kubernetes.io/docs/concepts/services-networking/ingress/获取更多 Ingress 信息。

本节介绍 Ingress 实现外部访问 Pod 容器服务的具体示例，该示例有两个 Pod，一个 Pod 模拟一个购物网站，另一个 Pod 模拟一个购书网站。如果使用 NodePort，那么需要使用 IP:30001 访问购物网站，使用 IP:30002 来访问购书网站，不符合用户习惯。而使用 Ingress，则可以使用 mynginx.com/shop 来访问购物网站，使用 mynginx.com/book 来访问购书网站，其中 mynginx.com 是用户设置的域名，和用户平时上网的方式完全一致，具体步骤描述如下。

4.4.1 创建购物网站的 Deployment

本节使用 Deployment 来创建购物网站应用，具体说明如下。

1. 编辑 dep-shop.yml

在 master 节点的/home/user/k8s/ingress 目录下编辑 Deployment 的 YAML 文件 dep-shop.yml，步骤如下。

1）编辑 dep-shop.yml，命令如下。

```
[user@master k8s]$mkdir ingress
[user@master k8s]$ cd ingress/
[user@master ingress]$ vi dep-shop.yml
```

2）在 dep-shop.yml 中输入以下内容。

```
 1 apiVersion: apps/v1
 2 kind: Deployment
 3 metadata:
 4   name: dep-shop
 5   labels:
 6     app: shop
 7
 8 spec:
 9   replicas: 1
10   selector:
11     matchLabels:
12       app: shop
13
14   template:
15     metadata:
16       labels:
17         app: shop
18     spec:
19       nodeSelector:
20         nodename: node02
21       containers:
22       - name: nginx
23         image: nginx:latest
24         imagePullPolicy: IfNotPresent
```

上述文件的关键配置说明如下。

① 第 4 行为 Deployment 添加了一个标签：app=shop，用来匹配后面 Service 中 selector 条件，以此和 Service 关联起来。

② 第 20 行配置该 Pod 运行节点为 node02，是为了和购书网站的 Pod 的运行节点分开。

2．创建 Deployment

1）创建 Deployment，命令如下。

```
[user@master ingress]$kubectl apply -f dep-shop.yml
```

2）查看 Pod 所在节点，命令如下。

```
[user@master ingress]$kubectl get pod -o wide
```

上述命令输出如下，可以看到 Pod 在 node02 上运行，如下所示。

```
NAME                           READY  STATUS   RESTARTS  AGE   IP             NODE
dep-shop-675576df75-227qg      1/1    Running  0         14s   192.168.2.100  node02
```

3．访问服务

访问该 Pod 提供的 Web 服务，命令如下，其中 192.168.2.100 是 Pod 的 IP。

```
[user@master ingress]$ curl 192.168.2.100
```

正常情况下，系统会输出以下信息，如果没有，需要检查 node02 上的 IP 转发是否打开。

```
<title>Welcome to nginx!</title>
```

4.4.2 创建购物网站的 Service

本节创建 Service，这样可以使用内部统一的虚拟 IP 来访问购物网站，具体说明如下。

1. 编辑 svc-shop.yml

编辑 Service 的 YAML 文件，步骤如下。

1）编辑购物网站的 Service YAML 文件 svc-shop.yml，命令如下。

```
[user@master ingress]$ vi svc-shop.yml
```

2）在 svc-shop.yml 输入以下内容。

```
 1 apiVersion: v1
 2 kind: Service
 3 metadata:
 4   name: svc-shop
 5 spec:
 6   type: ClusterIP
 7   ports:
 8   - name: http
 9     port: 80
10     targetPort: 80
11     protocol: TCP
12   selector:
13     app: shop
```

上述文件的关键配置说明如下。

① 第 4 行设置 Service 的 name 为 svc-shop，用于后续 ingress 同此 Service 建立关联。

② 第 6 行设置该 Service 的类型是 ClusterIP，即该 Service 提供一个 Kubernetes 的虚拟 IP，可以在 Kubernetes 的内部通过该虚拟 IP 来访问服务。

③ 第 12~13 行设置 Service 的 selector 匹配 Pod 的条件，其中第 13 行是具体的匹配条件，如果 Pod 的 label 中设置了 app=shop，就符合匹配条件，正好对应 dep-shop.yml 中第 12 行的设置。

2. 创建 Service

1）创建 Service，命令如下。

```
[user@master ingress]$kubectlapply -f svc-shop.yml
```

2）查看 Service 信息，命令如下，获取虚拟 IP 为 10.101.87.72。

```
[user@master ingress]$kubectl get svc
NAME            TYPE         CLUSTER-IP       EXTERNAL-IP   PORT(S)   AGE
svc-shop        ClusterIP10.101.87.72<none>   80/TCP    4s
```

3. 访问 Web 服务

使用虚拟 IP 来访问该 Pod 的 Web 服务，命令如下。

```
[user@master ingress]$curl 10.101.87.72
```

如果系统输出以下信息，则说明 Service 正常工作。

```
<title>Welcome to nginx!</title>
```

Service 创建后，Service 的虚拟 IP 就一直不变了，用户使用该虚拟 IP 来访问 Pod 服务，即使 Pod 的 IP 地址发生变化也没有关系。但是，Service 只支持 Kubernetes 内部访问该虚拟 IP，不支持外部访问。

4.4.3　创建购书网站的 Deployment

本节使用 Deployment 来创建购书网站应用，具体说明如下。

1. 编辑 dep-book.yml

1）编辑购书网站的 Deployment YAML 文件 dep-book.yml，命令如下。

```
[user@master ingress]$ vi dep-book.yml
```

2）在 dep-book.yml 中输入如下内容。

```
 1 apiVersion: apps/v1
 2 kind: Deployment
 3 metadata:
 4   name: dep-book
 5   labels:
 6     app: book
 7
 8 spec:
 9   replicas: 1
10   selector:
11     matchLabels:
12       app: book
13
14   template:
15     metadata:
16       labels:
17         app: book
18     spec:
19       nodeSelector:
20         nodename: node02
21       containers:
22       - name: nginx
23         image: nginx:latest
24         imagePullPolicy: IfNotPresent
```

上述配置中，注意第 4 行设置了 Deployment 的 name 为 dep-book，第 6 行设置了 label app=book，这个是用于后面 Service 进行条件匹配的。其余内容和前面 dep-shop.yml 类似，在此不再赘述。

2. 创建 Deployment

创建 Deployment，命令如下。

```
[user@master ingress]$kubectl apply -f dep-book.yml
```

后续的验证步骤和 dep-shop 中的步骤类似，在此不再赘述。

4.4.4 创建购书网站的 Service

本节创建 Service，这样可以使用内部统一的虚拟 IP 来访问购书网站，具体说明如下。

1．编辑 svc-book.yml

1）编辑购书网站的 Service YAML 文件 svc-book.yml，命令如下。

```
[user@master ingress]$ vi svc-book.yml
```

2）在 svc-book.yml 中输入以下内容。

```
 1 apiVersion: v1
 2 kind: Service
 3 metadata:
 4   name: svc-book
 5 spec:
 6   type: ClusterIP
 7   ports:
 8   - name: http
 9     port: 80
10     targetPort: 80
11     protocol: TCP
12   selector:
13     app: book
```

上述配置中，注意第 4 行配置了 Service 的 name 为 svc-book，第 12~13 行配置了 Pod 的 selector 条件，第 13 行为具体的配置条件，如果 Pod label 中配置了 app=book，则符合条件，正好对应 dep-book.yml 中第 6 行的内容。

2．编辑 Service

创建 Service，命令如下。

```
[user@master ingress]$kubectlapply -f svc-book.yml
```

后续的验证步骤和 svc-shop 中的步骤类似，在此不再赘述。

4.4.5 创建 ingress controller

前面创建的 Service svc-shop 和 svc-book 都只支持在 Kubernetes 内部访问 Pod 服务，要通过 Ingress 实现外部访问，则需要 ingress controller 的支持。由于 ingress controller 并没有内置在 Kubernetes 项目中，而且有多种实现版本，Kubernetes 项目目前支持和维护的是 AWS、GCE 和 nginx 这三个版本，因此本节以 nginx 为例，介绍如何通过 YAML 部署 Pod ingress controller，具体步骤说明如下。

访问 https://kubernetes.io/docs/concepts/services-networking/ingress-controllers/获取更多 ingress controller 信息。

1. 获取 ingress controller 的 YAML 文件

1）下载 ingress controller 项目文件，命令如下。

```
[user@master k8s]$mkdir -p nginx
[user@master k8s]$ cd nginx/
[user@master nginx]$wget https://github.com/kubernetes/ingress-nginx/archive/controller-
v0.40.0.zip
```

2）安装 unzip，用于解压 controller-v0.40.0.zip，命令如下。

```
[root@master nginx]# mount /dev/sr0 /media/
[root@master nginx]# yum -y install unzip
```

3）解压 controller-v0.40.0.zip 并复制 delopy 文件，命令如下。

```
[user@master nginx]$ unzip controller-v0.40.0.zip
[user@master nginx]$ cd ..
[user@master ingress]$
cp ../nginx/ingress-nginx-controller-v0.40.0/deploy/static/provider/baremetal/deploy.yaml .
```

cp 的目的路径是当前目录，用一个点"."表示。

2. 修改 deploy.yaml 中的镜像下载地址

在 deploy.yaml 中需要从 k8s.gcr.io 下载 ingress controller 的镜像，但是由于获取 k8s.gcr.io 上的镜像总是失败，因此直接通过 deploy.yaml 创建 Pod ingress controller 不会成功，可以先到 Docker Hub 上搜索"nginx-ingress-controller"，获取替代镜像，其中"siriuszg/nginx-ingress-controller:v0.40.0"就是搜索到的替代镜像之一，将其替换到 deploy.yaml 中，步骤如下。

1）打开 deploy.yaml，命令如下。

```
[user@master ingress]$ vi deploy.yaml
```

2）搜索"containers"或者跳转到第 331 行，如下所示。

```
331             image: k8s.gcr.io/ingress-nginx/controller:v0.40.0@sha256:b954d8
ff1466eb236162c644bd64e9027a212c82b484cbe47cc21da45fe8bc59
```

3）将第 331 行替换成如下内容。

```
331             image: siriuszg/nginx-ingress-controller:v0.40.0
```

有的时候，下载"siriuszg/nginx-ingress-controller:v0.40.0"并不顺利，有两种解决办法，说明如下。

方法一：直接用"docker pull siriuszg/nginx-ingress-controller:v0.40.0"先拉取镜像，如果中间因为网络的原因，导致程序阻塞，可以按下〈Ctrl＋C〉中止，然后重新运行拉取命令，以此恢复下载，由于 Docker 可以复用之前下载的数据，因此，这样不会重复下载之前的内容。

方法二：如果多次尝试方法一无效，可以尝试替换成"registry.aliyuncs.com/google_containers/nginx-ingress-controller"换成阿里云的镜像地址，后面的镜像名称不变，Docker 同样可以复用之前下载的数据。

3. 暴露 ingress controller 端口

在 deploy.yaml 中找到 serviceAccountName，新增"hostNetwork: true"，具体内容如下。

```
404serviceAccountName: ingress-nginx
405hostNetwork: true
```

"hostNetwork=true"用于暴露 Pod ingress controller 的端口（80）供其他节点访问。如果不设置这个，后续运行命令" curl mynginx.com/shop"访问 Pod ingress controller 的 80 端口就会报错"Connection refused"。

4．创建 ingress controller

1）通过 deploy.yaml 创建 Pod ingress controller，命令如下。

```
[user@master ingress]$kubectl apply -f deploy.yaml
```

2）查看创建的 Pod 信息，命令如下。

```
[user@master ingress]$kubectl get pod -n ingress-nginx
```

因为 ingress controller 位于 namespace ingress-nginx 内，为了便于查看，使用-n 指定了查看范围，"-n ingress-nginx"表示查看 namespace 为 ingress-nginx 的 Pod。

上述命令执行结果如下，" ingress-nginx-controller-7855f7c46b-7hrwz " 的 STATUS 为 Running，则说明 Pod ingress controller 创建成功。

```
NAME                                      READY   STATUS      RESTARTS   AGE
ingress-nginx-admission-create-49k6z      0/1     Completed   0          9s
ingress-nginx-admission-patch-qnjnn       0/1     Completed   1          9s
ingress-nginx-controller-7855f7c46b-7hrwz 1/1     Running     0          58s
```

deploy.yaml 中默认 controller 的副本为 1，可以修改 replicas 数值来运行多个副本，提升可用性。

4.4.6 创建 Ingress

本节编辑 YAML 文件创建 Ingress 类型的 resouce，具体步骤说明如下。

1．编辑 ingress-nginx.yml

在 master 节点，使用 vi 打开 ingress-nginx.yml，命令如下。

```
[user@master ingress]$ vi ingress-nginx.yml
```

2．创建一个类型为 Ingress 的 Resource

在 ingress-nginx.yml 中增加以下内容，创建类型为 Ingress 的 resource，创建域名+路径=>Service 的映射。

```
1 apiVersion: networking.k8s.io/v1
2 kind: Ingress
3
4 metadata:
5   name: nginx
6   annotations:
7     nginx.ingress.kubernetes.io/rewrite-target: /
8
9 spec:
10   defaultBackend:
```

```
11      service:
12        name: svc-shop
13        port:
14          number: 80
15
16  rules:
17  - host: mynginx.com
18    http:
19      paths:
20      - path: /shop
21        pathType: Prefix
22        backend:
23          service:
24            name: svc-shop
25            port:
26              number: 80
27      - path: /book
28        pathType: Prefix
29        backend:
30          service:
31            name: svc-book
32            port:
33              number: 80
```

上述配置文件的说明如下。

1）第 1 行设置创建 Ingress 的 apiVersion 为 extensions/v1beta1。

2）第 2 行设置 Resource 类型为 Ingress。

3）第 3～7 行设置 Ingress 的 metadata，包括：第 5 行设置 name 为 nginx，Ingress 使用 annotations（注释）配置一些和 ingress controller 相关的选项，例如第 6～7 行就是 rewrite-target annotation，其中 nginx.ingress.kubernetes.io/rewrite-target 定义了流量重定向后的目标 URI，如果不设置 nginx.ingress.kubernetes.io/rewrite-target，后续访问时会报"404 Not Found"的错误。

URI 的值可以设置为固定值，如本例的/，也可以加入变量，这些变量是由我们使用正则表达式（第 14、18 行中的 path）对原路径（即请求中的路径）解析后得来的，按序存储成$1、$2 等，URI 可以使用这些$编号的值，参考以下链接获取更多信息：https://github.com/kubernetes/ingress-nginx/blob/master/docs/examples/rewrite/README.md。

4）第 9～33 行设置"域名+路径=>Service"的映射，具体说明如下。

① 第 10～14 行设置默认后端，所有域名匹配，路径不匹配的请求会转发到此后端，此处设置的后端 Service 是 svc-shop，端口是 80。

② 第 17 行设置了域名，因为 rules 是一个数组，可以设置多个域名，本例只有 1 个域名，即 mynginx.com。

③ 第 20～26 是"路径=>Service"的第一个映射，其中第 20 行 path 用于设置路径的匹配条件，Ingress 会根据 path 对访问请求中的路径进行匹配，path 可以是固定值，也可以是正则表达式，如果是正则表达式，那么 Ingress 会根据此正则表达式对请求中的路径进行匹配和解析，并将结果按序存储成$1、$2 等，供上面 nginx.ingress.kubernetes.io/rewrite-target 的 URI 使用；如果是固定值，如本例中的 /shop，那么当访问路径为 mynginx.com/shop 时，Ingress 会首先解析出路

径为 /shop，然后拿它去和 Ingress 中的 path 相匹配，发现它和第 14 行的 path 是匹配的，因此，该请求会转发到 Service svc-shop。由第 7 行可知，重定向的目标 URI 为 /（因为本例重定向 URI 设置的也是固定值，如果 path 中使用了正则表达式，则它也可以利用解析出来$1、$2 等值组合成一个路径），因此最终的访问路径是 Service svc-shop 下的 /。

④ 第 21 行 pathType 用于设置路径类型，如果不设置，创建 Ingress 时会报错"* spec.rules[0].http.paths[0].pathType: Required value: pathType must be specified"。Prefix 表示用 path 对请求路径（以/进行分隔的 URL 路径）进行前缀匹配，匹配逐个进行，本例中的路径是"/shop"，那么诸如"mynginx.com/shop""mynginx.com/shop/""mynginx.com/shop/aa"和"mynginx.com/shopaa"等请求路径都是匹配的。

⑤ 27～33 行是"路径=>Service"的第二个映射，同样的原理，当访问 mynginx.com/book 时，该请求会被 Ingress 转发到 Service svc-book 下的 /。

3．创建 Ingress

1）创建 Ingress 的命令如下。

```
[user@master ingress]$kubectl apply -f ingress-nginx.yml
```

2）在 master 节点上添加 mynginx.com 和 IP 的映射关系，mynginx.com 对应的是 ingress controller 的 IP，在本例中是 node01，IP 是 192.168.0.227，所以在/etc/hosts 中写入以下内容。

```
192.168.0.227   mynginx.com
```

3）在 master 上尝试使用域名和路径，来访问 svc-shop 和 svc-book，命令如下。

```
[user@master ingress]$ curl mynginx.com/shop
[user@master ingress]$ curl mynginx.com/book
```

如果系统输出以下内容，则说明内部访问 Ingress 是成功的。

```
<title>Welcome to nginx!</title>
```

4.4.7　按路径统一访问 Pod 容器的服务

本节在 Windows 主机上使用"域名+路径"来访问 Kubernetes 内部的 Pod 服务，如果能够访问成功，则说明 Ingress 支持外部访问，具体步骤说明如下。

首先，编辑 Windows 下的 hosts 文件，路径是 C:\Windows\System32\drivers\etc\hosts，添加以下内容。

```
192.168.0.227 mynginx.com
```

接下来，在浏览器地址栏输入 mynginx.com/book，如图 4-5 所示。

图 4-5　地址栏界面

如果系统输出以下内容（如图 4-6 所示），则说明外部访问 Kubernetes Service 成功。

图 4-6　nginx Web 页面

同样的，如果输入 mynginx.com/shop，能够看到 nginx 的欢迎页面，则说明外部访问 Kubernetes Service 成功。

4.5　Pod 容器自动伸缩（HPA）

Kubernetes 基于 RC/RS 可以实现 Pod 规模的伸缩，但这是手动的操作。为此，Kubernetes 提供了 HPA（Horizontal Pod Autoscaler，Pod 自动水平伸缩）来实现 Pod 规模的自动伸缩，HPA 可以依据节点的性能情况，结合相应的策略和配置，自动实现 Pod 个数的增减，即水平伸缩。本节介绍 HPA 的使用方法，具体说明如下。

4.5.1　编写 HPA YAML 文件

HPA 需要获取各个节点的性能参数，Kubernetes 默认支持的性能参数采集工具是 metrics-server，因此，需要先安装 metrics-server，请参考 5.2 节先安装 metrics-server。

1. 编写 Deployment 的 YAML 文件

本节编写一个 nginx 的 Deployment 配置文件，具体步骤说明如下。

1）使用 vi 编辑 dep-nginx.yml，命令如下。

```
[user@master k8s]$mkdirhpa
[user@master k8s]$ cd hpa/
[user@master hpa]$ vi dep-nginx.yml
```

2）在 dep-nginx.yml 中添加以下内容，创建一个 Deployment，作为 HPA 伸缩的对象，具体内容如下。

```
 1 apiVersion: apps/v1
 2 kind: Deployment
 3 metadata:
 4   name: mydep
 5
 6 spec:
 7   replicas: 2
 8   selector:
 9     matchLabels:
10       app: nginx
11   template:
12     metadata:
```

```
13        labels:
14          app: nginx
15    spec:
16      containers:
17      - name: nginx
18        image: nginx:latest
19        imagePullPolicy: IfNotPresent
20        resources:
21          requests:
22            cpu: 50m
```

上述配置中最关键的是第 20～22 行，设置了 Pod 对节点的资源需求，其中第 22 行设置 CPU 需求值为 50m，这里的 50m 并不是 CPU 频率的绝对值，而是将一个 CPU 核的频率统一为 1000m 后，得到的相对值，因此，50m 就相当于 0.05 个 CPU。

3）创建 Deployment，命令如下。

```
[user@master hpa]$kubectl apply -f dep-nginx.yml
```

2．编写 HPA 的 YAML 文件

HPA 也是一个 Kuberntes Resource，因此也可以通过 YAML 文件来创建，具体步骤说明如下。

1）编辑 hpa-nginx.yml，命令如下。

```
[user@master hpa]$ vi hpa-nginx.yml
```

2）在 hpa-nginx.yml 中，输入以下内容。

```
1 apiVersion: autoscaling/v1
2 kind: HorizontalPodAutoscaler
3 metadata:
4   name: hpa-nginx
5 spec:
6   maxReplicas: 5
7   minReplicas: 1
8   scaleTargetRef:
9     apiVersion: apps/v1
10    kind: Deployment
11    name: mydep
12  targetCPUUtilizationPercentage: 10
```

上述配置文件的说明如下。

① 第 1 行是创建 HPA 的 apiVersion，值为 autoscaling/v1。

② 第 2 行是 HPA 的类型 kind，值为 HorizontalPodAutoscaler。第 1、2 行的值都可以通过 "kubectl explain hpa" 来获取。

③ 第 3～4 行设置 HPA 的元数据信息，其中第 4 行设置了 HPA 的 name 为 hpa-nginx。

④ 第 5～12 行设置 HPA 的参数信息，其中第 6 行设置 Pod 的最大副本数为 5；第 7 行设置 Pod 的最小副本数为 2。

⑤ 第 8～11 行设置 HPA 所监控的目标信息，该目标就是前面创建的 Deployment mydep，需要在此列出该 Deployment 的 apiVersion、kind 和 name。

⑥ 第 12 行设置监控目标的基准 CPU 利用率为 10%，这个百分比是 CPU 需求的百分比，不

是整个 CPU 的百分比。

除了使用 YAML 创建 HPA 外，也可以使用下面的命令来创建同样的 HPA，其中 autoscale 表示创建 HPA，deploy mydep 指定 HPA 的监控目标；--min=2 设置 Pod 的最小副本数为 2；--max=5 设置 Pod 的最大副本数为 5；--cpu-percent=10 设置 "基准 CPU 利用率" 为 10%。

```
[user@masterh pa]$kubectlautoscale deploy mydep --min=2 --max=5 --cpu-percent=10
```

4.5.2　创建监控对象和 HPA

HPA 将利用 metric-server 获取 Pod 的 CPU 利用率，由于 Kubernetes 和 metric-server 是各自独立的，不同的版本搭配时，存在兼容性的问题，导致 HPA 无法获取数据。本书中 Kubernetes 的版本是 v 1.20.1，metric-server 版本是 0.3.6，具体使用时发现，如果 HPA 和监控对象的 Deployment 同时创建，会导致 HPA 一直无法通过 metric-server 获得监控对象 Deployment 中 Pod 的 CPU 利用率，并报如下错误。

```
Warning  FailedComputeMetricsReplicas  22m (x4 over 23m)  horizontal-pod-
autoscaler  invalid metrics (1 invalid out of 1), first error is: failed to get cpu
utilization: did not receive metrics for any ready pods
```

上述问题的解决办法是：HPA 和监控对象的 Deployment 分开创建，在创建时，先检查对方是否已经创建好并正常运行，如果是，则开始自身的创建。本例中 Deployment mydep 是先创建的，因此，在创建 HPA 之前，先检查 mydep 的状态，具体步骤如下。

1．检查监控对象的状态

1）获取 Deployment 状态，命令如下。

```
[user@master hpa]$kubectl get deploy
NAME   READY   UP-TO-DATE   AVAILABLE   AGE
Mydep  2/2     2            2           65s
```

2）获取 Pod 状态，命令如下，等待直到 mydep 开头的两个 Pod 的状态都是 Running 时，才能进行下一步的操作。

```
[user@master hpa]$kubectl get pod
NAME                     READY   STATUS    RESTARTS   AGE
mydep-7f7947dd6b-4c4kq   1/1     Running   0          67s
mydep-7f7947dd6b-nvp2s   1/1     Running   0          67s
```

3）获取 Pod 的 CPU 信息，命令如下，等待直到 mydep 开头的两个 Pod 都有数据时，才能进行下一步的操作。

```
[user@master hpa]$kubectl top pod
NAME                     CPU(cores)   MEMORY(bytes)
mydep-7f7947dd6b-4c4kq   0m           2Mi
mydep-7f7947dd6b-nvp2s   0m           2Mi
```

2．创建 HPA

1）创建 HPA，命令如下。

```
[user@master hpa]$kubectl apply -f hpa-nginx.yml
```

2）获取 HPA 信息，命令如下，刚开始创建时，还未获取"Pod CPU 利用率"，因此 TARGETS 一列中显示 unknown。

```
[user@master hpa]$kubectl get hpa
NAME        REFERENCE         TARGETS       MINPODS  MAXPODS  REPLICAS  AGE
hpa-nginx Deployment/mydep   <unknown>/10%    1        5        0       4s
```

等待一段时间，再次运行上述命令 TARGETS 列会显示获取的 CPU 信息，如下所示。

```
NAME        REFERENCE         TARGETS    MINPODS  MAXPODS  REPLICAS  AGE
hpa-nginx   Deployment/mydep   0%/10%       1        5        2       92s
```

如果等待很长时间，TARGETS 依然显示 unknown，可以查看 HPA 的日志，命令如下。

```
[user@master hpa]$kubectl describe hpahpa-nginx
```

注意：如果 HPA 日志报错，可以尝试删除所有的 Deployment 和 Pod 以及 HPA，再重新开始。

4.5.3　HPA 伸缩算法

HPA 将以"基准 CPU 利用率"和上面的"CPU 需求值"来计算"Pod 新副本数"，如果"Pod 新副本数" <"Pod 当前副本数"，则会减少 Pod 副本，使得 Pod 最终副本数＝"Pod 新副本数"；如果"Pod 新副本数" >"Pod 当前副本数"，则会增加 Pod 副本，使得 Pod 最终副本数＝"Pod 新副本数"，但是，不管怎样，Pod 最终副本数不能超出 HPA 中 minReplicas 和 maxReplicas 的范围。

其中"Pod 新副本数"的计算公式如下。

Pod 新副本数 ＝Pod 当前副本数×(Pod CPU 利用率 / 基准 CPU 利用率)

Pod CPU 利用率 ＝Pod 当前副本的 CPU 使用值之和 / CPU 需求值 / Pod 当前副本数

4.5.4　HPA 自动伸缩测试

1. 确认当前 HPA 状态

在进行 HPA 伸缩测试前，先要确认当前的 HPA 状态，命令如下。

```
[user@master hpa]$kubectl get hpa
NAME        REFERENCE         TARGETS    MINPODS  MAXPODS  REPLICAS  AGE
hpa-nginx   Deployment/mydep   0%/10%       1        5        1       42m
```

上述命令输出说明如下。

1）第 3 列 TARGETS 中有两个数值，第一个 0%表示"Pod CPU 利用率"，它是 Pod 所有副本 CPU 利用率的平均值，第二个 10%是"基准 CPU 利用率"，TARGETS 的值就是根据它们的比值非 0 进 1 后，取整数得来的。

2）第 4 列 MINPODS 是 HPA 中设置 minReplicas，即最小 Pod 副本数，它是"Pod 新副本数"的下限。

3）第 5 列 MAXPODS 是 HPA 中设置的 maxReplicas，即最大 Pod 副本数，它是"Pod 新副本数"的上限。

4）第 6 列 REPLICAS 是"Pod 当前副本数"。

5）AGE 是当前 HPA 存在的时间。

根据上节中的计算公式"Pod 新副本数 = Pod 当前副本数×(Pod CPU 利用率 / 基准 CPU 利用率)"，套用 HPA 状态信息中的名称，可以得到 Pod 新副本数的计算公式如下。

Pod 新副本数 = TARGETS×REPLICAS

之前创建的 Deployment mydep 的 Pod 副本为 2，即 REPLICAS=2，但由于这两个 Pod 负载都为 0（没有访问），因此 TARGETS=0，根据上述公式对 Pod 的副本数进行调整时，计算得到"Pod 新副本数"为 0，它比 MINPODS 小，取值 MINPODS，即"Pod 新副本数"为 1，因此调整后的 Deployment mydep 的 Pod 副本为 1，这就是为何当前 HPA 状态中 REPLICAS 为 1 的原因。查看 HPA 的日志信息，可以看到调整记录如下。

```
[user@master hpa]$kubectl describe hpa
Normal  SuccessfulRescale  28m (x2 over 50m)  horizontal-pod-autoscaler  New size:
1; reason: All metrics below target
```

2．编写压力测试脚本

压力测试脚本用于模拟用户对 Pod 的访问，它可以增加 Pod 的 CPU 负载，从而使得 HPA 进行 Pod 规模的伸缩调整，具体步骤如下。

1）脚本需要访问 Pod，因此需要先获取 Pod mydep 的 IP，命令如下。

```
[user@master hpa]$kubectl get pod -o wide
NAME                     READY  STATUS    RESTARTS  AGE  IP             NODE
mydep-7f7947dd6b-4c4kq   1/1    Running   0         60m  192.168.2.135  node01
```

由上述信息可知 Pod mydep 位于 node01 上，IP 地址为 192.168.2.135。

2）编辑脚本文件 ts.sh，该脚本实现了一个无限循环，在循环中使用 curl 命令访问 Pod，模拟用户的访问操作，命令如下。

```
[user@master hpa]$ vi ts.sh
```

3）在 ts.sh 中增加以下内容。

```
1 #!/bin/bash
2
3 i=0
4 while [ true ]
5 do
6   let i++
7   curl 192.168.2.135
8   #curl 192.168.2.238
9   #sleep 1
10 done
```

第 7 行要替换成读者自己的 Pod IP。

3．加压测试

接下来运行脚本 ts.sh，循环访问 Pod mydep，模拟加压，步骤如下。

1）给 ts.sh 加上可执行权限，命令如下。

```
[user@master hpa]$chmod +x ts.sh
```

2）运行 ts.sh，命令如下。

```
[user@master hpa]$ ./ts.sh
```

如果系统持续打印以下内容，则说明访问 Pod mydep 的 nginx 服务成功。

```
<h1>Welcome to nginx!</h1>
<p>If you see this page, the nginx web server is successfully installed and
working. Further configuration is required.</p>
```

3）查看负载，命令如下。
在一个新的 Linux 终端上运行如下命令。

```
[user@master ~]$kubectl top pod
```

此时 Pod 的负载还是 0，如下所示，这是因为采集数据的更新有一定的时间间隔。

```
NAME                          CPU(cores)         MEMORY(bytes)
mydep-7f7947dd6b-4c4kq        0m                 2Mi
```

过一段时间后，再次查看 Pod 负载，此时 Pod 的 CPU 使用值为 35m，如下所示。

```
[user@master hpa]$kubectl top pod
NAME                          CPU(cores)     MEMORY(bytes)
mydep-7f7947dd6b-4c4kq        35m            2Mi
```

根据以下计算公式求 Pod CPU 利用率，其中，Pod 当前副本的 CPU 使用值之和=35m，CPU 需求值=50m，Pod 当前副本数=1。

Pod CPU 利用率 = Pod 当前副本的 CPU 使用值之和 / CPU 需求值 / Pod 当前副本数

Pod 新副本数 = Pod 当前副本数×(Pod CPU 利用率 / 基准 CPU 利用率)

得到 Pod CPU 利用率为 70%，具体计算过程如下。

Pod CPU 利用率 = 35m / 50m / 1 = 0.7

如果 Pod 副本有多个，要把 Pod 当前副本的 CPU 使用值都加起来，最后除以 Pod 当前副本个数。

4）查看 HPA 数据，其 TARGETS 列中"Pod CPU 利用率"正是 70%，如下所示。

```
[user@master hpa]$kubectl get hpa
NAME           REFERENCE          TARGETS      MINPODS    MAXPODS    REPLICAS    AGE
hpa-nginx      Deployment/mydep   70%/10%      1          5          1           109m
```

由此计算"Pod 新副本数"，得到值为 7，如下所示。

Pod 新副本数= 1×(70% / 10%) = 7

由于 7 大于 MAXPODS（5），因此，"Pod 新副本数"取值 MAXPODS，即"Pod 新副本数=5"，HPA 将据此进行扩容，使得 Pod 的新副本数达到 5。

5）等待一段时间后，查看 Pod 的情况，命令如下，如果系统输出 5 个 Pod 副本（如下所示），则说明 HPA 扩容成功。

```
[user@master hpa]$kubectl get pod
[user@master ~]$kubectl get pod
NAME                         READY    STATUS     RESTARTS    AGE
```

```
mydep-7f7947dd6b-2hhtm       1/1        Running       0           10m
mydep-7f7947dd6b-4c4kq       1/1        Running       0           80m
mydep-7f7947dd6b-hgdsl       1/1        Running       0           10m
mydep-7f7947dd6b-1rrfw       1/1        Running       0           13m
mydep-7f7947dd6b-v7s2k       1/1        Running       0           10m
```

6）再次获取 HPA 信息，如下所示，TARGES 变为 14%/10%，HPA 扩容之前是 70%/10%，扩容后当前副本数增大为 5，即 REPLICAS=5，因此，"Pod CPU 利用率"变为 70%/5=14%。

```
[user@master ~]$kubectl get hpa
NAME         REFERENCE            TARGETS       MINPODS     MAXPODS     REPLICAS    AGE
hpa-nginx    Deployment/mydep     14%/10%       1           5           5           71m
```

4. 模拟减压

1）按下〈Ctrl＋C〉键停掉 ts.sh，停止加压，测试 HPA 的缩容。

2）等待一段时间后，查看 HPA 信息，可以看到"Pod CPU 利用率"降至 0，但副本数仍为 5，这是因为 HPA 的调整有一段时间的滞后。

```
[user@master hpa]$kubectl get hpa
NAME         REFERENCE            TARGETS       MINPODS     MAXPODS     REPLICAS    AGE
hpa-nginx    Deployment/mydep     0%/10%        1           5           5           122m
```

3）再次等待一段时间后，查看 Pod 信息，可以看到 Pod 副本数已经降至 1，如下所示，HPA 缩容成功。

```
[user@master ~]$kubectl get pod
NAME                      READY      STATUS        RESTARTS    AGE
mydep-7f7947dd6b-4c4kq    1/1        Running       0           90m
```

第5章
Kubernetes 系统运维与故障处理

本章介绍 Kubernetes 系统运维和故障处理的相关内容，包括：Pod 容器的高可用实践；Kubernetes 节点性能数据采集；使用 k8dash 快速监控 Kubernetes；Kubernetes 系统运维常用操作；Kubernetes 日志查看；Kubernetes 常见故障处理实践等。掌握这些内容可以加深对 Kubernetes 的理解，增加保障 Kubernetes 正常运行的使用经验。

5.1 Pod 容器的高可用实践（实践 8）

导致容器不可用的因素有很多，例如容器自身的不可用、Pod 不可用或 Node 不可用等，本节介绍 Kubernetes 针对这些不可用因素分别给出的解决方案，以此实现容器的高可用。

本节属于实践内容，因为后续章节会用到本节所学知识，**所以本实践必须完成**。请参考本书配套免费电子书《**Kubernetes 快速进阶与实战——实践教程**》中的"**实践 8：Kubernetes 中容器的高可用实践**"部分。

5.2 Kubernetes 节点性能数据采集

要对 Kubernetes 进行运维，首先要清楚 Kubernetes 中各个节点的运行情况，因此需要采集各个节点 CPU、内存和网络等的性能数据。Kubernetes 节点的性能数据需要外部组件来采集，常用的有 metrics-server，本节介绍 metrics-server 的安装和使用，具体说明如下。

1．下载创建 metrics-server 的 YAML 文件

1）使用普通用户创建/home/user/k8s/metrics 目录，命令如下。

```
[user@master k8s]$mkdir metrics
```

2）进入 metrics 目录，下载 metrics-server 的 YAML 文件，命令如下。

```
[user@master metrics]$
wget  https://github.com/kubernetes-sigs/metrics-server/releases/download/v0.3.6/
components.yaml
```

2．编辑 metrics-server 的 YAML 文件

1）使用 vi 打开 metrics-server-deployment.yaml，命令如下。

```
[user@master metrics]$ vi components.yaml
```

2）注释第 86 行，增加第 87～91 行的内容，如下所示。

```
86        #image: k8s.gcr.io/metrics-server-amd64:v0.3.6
87        image: mirrorgooglecontainers/metrics-server-amd64:v0.3.6
88        command:
89          - /metrics-server
90          - --kubelet-preferred-address-types=InternalIP
91          - --kubelet-insecure-tls
```

上述文件中的内容说明如下。

① 第 86 行是原来镜像的名称，使用的是 k8s.gcr.io 的镜像，由于防火墙及网速的原因，pull 该镜像的时候很难成功，因此在第 87 行增加了替代镜像"mirrorgooglecontainers/metrics-server-amd64:v0.3.6"，它是由 Docker hub 中搜索获取的。

② 第 88 行设置了容器启动时运行的程序和参数，其中第 35 行是运行的程序，即 metrics-server；第 89 行和第 90 行都是参数，其中"--kubelet-preferred-address-types=InternalIP"指定 metrics-server 连接各个节点时，优先使用 IP，如果不设置这个参数，则 metrics-server 默认会使用主机名去连接各个节点，这样 metrics-server 运行时会报如下的错误；同时因为 metrics-server 使用 https 去连接各个节点，需要提供证书，因此在第 91 行加上--kubelet-insecure-tls，避免报证书的错误（更多信息可以参考：https://blog.fleeto.us/post/from-metric-server/）。

```
E0303 09:46:02.595559       1 manager.go:111] unable to fully collect metrics:
[unable to fully scrape metrics from source kubelet_summary:master: unable to fetch
metrics from Kubelet master (master): Get https://master:10250/stats/ summary?
only_cpu_and_memory=true: dial tcp: i/o timeout. . .
```

3．创建 metrics-server

1）创建各种 metrics-server，命令如下。

```
[user@master metrics]$kubectl apply -f components.yaml
```

2）查看 Pod metrics-server 信息，命令如下。

```
[user@master metrics]$kubectl get po -n kube-system -o wide
```

系统输出信息如下，可以看到 metrics-server 在 node01 上正常运行。

```
metrics-server-549555bc65-lss9s          1/1        Running      0          2m10s
192.168.2.163    node01
```

4．获取节点性能信息

稍微等待一段时间，然后运行下面的命令来查看各节点的性能信息。

```
[user@master metrics]$kubectl top nodes
```

正常情况下，系统会打印 metrics-server 采集到的 Kubernetes 每个节点的 CPU 和内存使用信息，如下所示。

```
NAME CPU(cores)    CPU%     MEMORY(bytes)    MEMORY%
master      535m          26%      1401Mi           38%
node01      210m          10%      840Mi            23%
node02      208m          10%      946Mi            25%
```

在本书实验环境中，Kubernetes 的一个 CPU 相当于虚拟机中的一个核（Core），每个 CPU 的计算能力设置为 1000m（此处的 1000m 对应的是 1 个 CPU 的计算能力），这个不是 CPU 的真实频率，只是一个用来统一的固定值。如果一个节点有两个核，则对应 Kubernetes 中的两个 CPU，对应 2000m，其他的以此类推。本例中 master、node01 和 node02 虚拟机都是两个核，因此它们的计算力都是 2000m。上面的第 2 列 CPU（Cores）中，列出的就是每个节点当前消耗的 CPU 计算能力，如 master 使用了 535m，535/2000 约等于 26%，正好对应第三列 CPU 的使用率为 26%，其他的以此类推。

metrics-server 一开始获取各个节点的 CPU 数不一定准确，有可能会比实际的 CPU 核少。

5.3 使用 k8dash 快速监控 Kubernetes

Kubernetes 支持多种 Web UI 插件来管理和查看其集群，k8dash 是其中简单好用的一种。因此，本节以 k8dash 为例介绍 Kubernetes Web UI 的基本使用，具体步骤说明如下。

1．安装 k8dash

（1）下载 k8dash 的 YAML 文件

1）创建保存 k8dash 的 YAML 文件的目录，命令如下。

```
[user@master k8s]$mkdir k8dash
```

2）获取 k8dash 的 YAML 文件，命令如下。

```
[user@master k8s]$ cd k8dash
```

将 01-prog.tar.gz 中 k8s/k8sdash 目录下的 kubernetes-k8dash.yaml 文件复制到当前目录下。

（2）编辑 k8dash 的 YAML 文件

1）修改 YAML 文件，命令如下。

```
[user@master k8dash]$ vi kubernetes-k8dash.yaml
```

2）修改 kubernetes-k8dash.yaml，设置镜像 pull 策略，如下所示。

```
19        imagePullPolicy: IfNotPresent
```

3）为 Service k8dash 设置 NodePort，将其服务提供给 Kubernetes 以外的节点访问，这样 Host 机器（Windows）就可以访问 k8dash Pod 所提供的服务了。具体做法是：在 kubernetes-k8dash.yaml 中，增加第 39 行 NodePort 设置，注释掉第 41～42 行，并增加第 43～44 行内容。

```
39    type: NodePort
40    ports:
41 #  - port: 80
42 #    targetPort: 4654
43    - port: 4654
44      nodePort: 30000
```

（3）创建 k8dash

1）创建 Deployment 和 Service，命令如下。

```
[user@master k8dash]$kubectl apply -f kubernetes-k8dash.yaml
```

k8dash 的镜像下载可能并不顺利，可能需要尝试多次。

2）查看刚创建的 Deployment k8dash，命令如下。其中“-n kube-system”用来指定获取 namespace 为 kube-system 的 resource。

```
[user@master k8dash]$kubectl get deploy -n kube-system
```

如果系统输出 k8dash 信息如下所示，则说明 Deployment 创建成功。

```
NAME      READY   UP-TO-DATE   AVAILABLE    AGE
k8dash    1/1     1            1            7m47s
```

3）查看刚创建的 Service k8dash，命令如下。

```
[user@master k8dash]$kubectl get svc -n kube-system
```

4）如果系统输出 k8dash，说明 Servcie k8dash 创建成功。

```
NAME    TYPE       CLUSTER-IP       EXTERNAL-IP      PORT(S)           AGE
k8dash  NodePort   10.102.240.112   <none>           4654:30000/TCP    6m30s
```

5）查看刚创建的 Pod 信息，命令如下。

```
[user@master k8dash]$kubectl get pod -o wide -n kube-system
```

6）找到 k8dash 开头的行（如下所示），可知 Pod k8dash 在 node02 运行。

```
NAME                       READY STATUS    RESTARTS   AGE   IP             NODE
k8dash-d55b4c85d-wkb9s     1/1   Running   0          11m   192.168.2.69   node02
```

2．访问 k8dash

（1）产生访问 k8dash 的 token

1）创建名字为 k8dash 的服务账号，命令如下。

```
[user@master k8dash]$kubectl create serviceaccount k8dash -n kube-system
```

2）创建 clusterrolebinding，命令如下。

```
[user@master k8dash]$
kubectl  create  clusterrolebinding  k8dash  --clusterrole=cluster-admin  --
serviceaccount=kube-system:k8dash
```

3）获取 token，命令如下。

```
[user@master k8dash]$
kubectl -n kube-system describe $(kubectl get secret -n kube-system -o name |
grep namespace) | grep token
```

上述命令执行后，会生成以下 token，在 PuTTY 中复制 token 的内容（选中即可）。

```
Name:       namespace-controller-token-jvzmv
Type:  kubernetes.io/service-account-token
token:      eyJhbGciOiJSUzI1NiIsImtpZCI6ImxWa0VTZHvdlZ3d0lrQjBQRXl1LVgySk0zS3
FQOFpyODhNS1AzV3JNUjgifQ.eyJpc3MiOiJrdWJlcm5ldGVzL3NlcnZpY2VhY2NvdW50Iiwia3ViZXJuZXRl
cy5pby9zZXJ2aWNlYWNjb3VudC9uYW1lc3BhY2UiOiJrdWJlLXN5c3RlbSIsImt1YmVybmV0ZXMuaW8vc2Vyd
mljZWFjY291bnQvc2VjcmV0Lm5hbWUiOiJuYW1lc3BhY2UtY29udHJvbGxlci10b2tlbi1qdnptdiIsImt1Ym
```

VybmV0ZXMuaW8vc2VydmljZWFjY291bnQvc2VydmljZS1hY2NvdW50Lm5hbWUiOiJuYW1lc3BhY2UtY29udHJvbGxlciIsImt1YmVybmV0ZXMuaW8vc2VydmljZWFjY291bnQvc2VydmljZS1hY2NvdW50LnVpZCI6ImU1ZjUyOWMxLThiYzktNDNjMC05NTg2LTMzMjM5NmFmMDkxYSIsInN1YiI6InN5c3RlbTpzZXJ2aWNlYWNjb3VudDprdWJlLXN5c3RlbTpuYW1lc3BhY2UtY29udHJvbGxlciJ9.HzlA-LjwXWqUxK6bTc7PIml0T_7D4ioiqfxHPa7LGH3wL40rwx9xJ1jr_784JYMYow1PPCAM3h78cL4pMGVxenN63K62OoGrrnUGvtLHixbd_95m8ngFNc4kLHA1l-x20CIzrkn972Gpse81KyX8d11jH5dDevf5KE36eKUkI6cNZs0-YxyohrRQi59mQPCeLP35ykKKMCGn9xTdzx5-ars4oAju4aIEVbWPos64Ps7_POTezPDuvkfGzR3qegRYD7Nm-aN62YT_5UGZZhY9ce6OE2ZGgZG2uVQ0J7dkIo6TlXsCuXlDPj0uddck8WvGjZ7Dy-w_W9P4dKXL33DV8w

（2）访问 k8dash

1）在 Host 机器（Windows）的浏览器中输入：http://192.168.0.226:30000，如图 5-1 所示。

图 5-1 网址栏信息图

2）系统将显示对话框，提示需要输入 token，如图 5-2 所示。

Enter your auth token here...
图 5-2 对话框输入前界面

3）输入在 PuTTY 上复制的 token，如图 5-3 所示。

图 5-3 对话框输入后界面

4）点击 Go 按钮后，会出现 k8dash 的 Web UI，如图 5-4 所示。

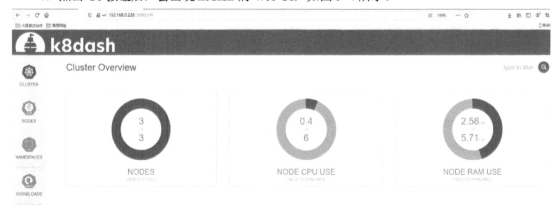
图 5-4 k8dash 界面

在这个界面中，可以非常方便地查看 Kubernetes 的各类信息，包括 CLUSTER、NODES、NAMESPACES、WORKLOADS、STORAGE、ACCOUNT 等，和使用命令获取 Kubernetes 信息相比，k8dash 更加便捷。

可以访问 https://hub.docker.com/r/herbrandson/k8dash 获取 k8dash 的更多信息。

5）点击 NODES 按钮，系统输出每个节点的性能数据，如图 5-5 所示，这些性能数据是由 metric-server 采集获取的，因此，k8sdash 要显示这些数据，就要先安装 metric-server。

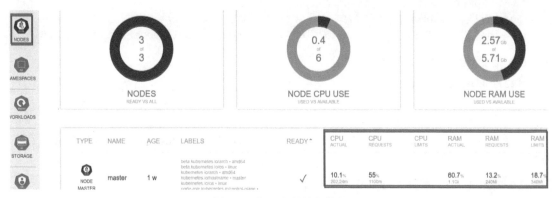

图 5-5　各节点的性能数据

5.4　Kubernetes 系统运维常用操作

本节介绍 Kubernetes 系统运维的常用操作，包括：增加 kubectl 节点；关闭 Kubernetes 自身 Pod 容器；Kubernetes 节点初始化；查看和设置 Kubernetes 组件启动参数；运行 Pod 容器命令；查看 Pod 容器网卡名；复制文件到 Pod 容器；查看进程监听端口和编辑 Kubernetes 中 resource 配置等。

5.4.1　增加 kubectl 节点

在很多场景下，需要在 Kubernetes 的外部节点来访问 Kubernetes，此时，就需要在该外部节点部署 kubectl，作为一个新的 kubectl 节点，具体示例说明如下。

1. 准备 kubectl 节点

（1）准备虚拟机

1）复制 2.2.5 节所构建的虚拟机 centos8 到 "E:\vm\05\cli"，复制后的文件夹如图 5-6 所示。

图 5-6　cli 文件夹界面

2）修改虚拟机名字为 cli，如图 5-7 所示。

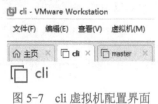

图 5-7　cli 虚拟机配置界面

（2）配置 cli

1）虚拟机 cli 上电，注意选择 "我已复制该虚拟机"。

2）修改 cli 的主机名为 cli，IP 地址为 192.168.0.225，如下所示。

```
[user@cli ~]$ ip a | grep 225
    inet 192.168.0.225/24 brd 192.168.0.255 scope global noprefixroute ens160
```

3）增加 master 主机名到 IP 的映射。

```
192.168.0.226   master
```

2．安装 kubectl

参考 2.3 节内容，编辑 yum 安装源配置文件 CentOS-Kubernetes.repo，安装 kubectl，命令如下。

```
[root@cli user]# yum -y install kubectl-1.20.1
```

3．配置 cli 访问 Kubernetes

1）启动 Kubernetes，包括 master、node01 和 node02。

2）复制 master 节点的配置文件到 cli，命令如下。

```
[user@cli ~]$ mkdir .kube
[user@cli ~]$ scp root@master:/etc/kubernetes/admin.conf .kube/config
[root@cli user]# chown user:user .kube/config
```

3）访问 Kubernetes，如果能正常返回结果（如下所示），则说明 kubectl 节点添加成功。

```
[user@cli ~]$ kubectl get node
NAME        STATUS      ROLES                   AGE        VERSION
master      Ready       control-plane,master    3d17h      v1.20.1
node01      Ready       <none>                  3d16h      v1.20.1
node02      Ready       <none>                  45h        v1.20.1
```

5.4.2　停止 Kubernetes 组件 Pod 中的容器

要停止 Kubernetes 组件 Pod 中的容器，采用直接删除 Pod，或者直接停止 Pod 中容器的做法，都是不行的。因为容器受 Pod 监管，而 Pod 又受当前节点 kubelet Service 监管。容器被停止，Pod 会启动新的容器，Pod 被删除，则 kubelet Serivce 会启动新的 Pod。因此，正确的做法是：先停止容器所在节点的 kubelet Service，再停止容器。下面以停止节点 node01 中组件 kube-proxy 的 Pod 容器为例，说明具体操作步骤。

首先关闭 node01 上的 kubelet Service，命令如下。

```
[root@node01 user]# systemctl stop kubelet
```

查看 node01 上 kube-proxy 对应的容器 ID，命令如下。

```
[user@node01 ~]$ docker ps --format "table {{.ID}}\t{{.Status}}\t{{.Command}}" |
grep kube
9b03f4220bc0   Up 20 minutes      "/usr/local/bin/kube…"
```

关闭容器，命令如下。

```
[user@node01 ~]$ docker stop 9b03f4220bc0
```

关闭 kubelet Service，就相当于在 Kubernetes 中删除了 node01 节点，查询对应的状态信息如下，其中 kube-proxy-nfntn 是 node01 上 kube-proxy Pod 的名字。

```
[user@node01 ~]$ kubectl -n kube-system describe pod  kube-proxy-nfntn
  Warning  NodeNotReady  13m (x2 over 35m)  node-controller    Node is not ready
[user@node01 ~]$ kubectl get node | grep node01
node01    NotReady    <none>              3d17h    v1.20.1
```

查询容器信息，如下所示，没有看到新的 kube-proxy 容器启动，这是因为 node01 节点上的 Pod 和容器不再受控制，关闭容器后，Kubernetes 不会在 node01 上再启动新的 kube-proxy 容器。

```
[user@node01 ~]$ docker ps --format "table {{.ID}}\t{{.Status}}\t{{.Command}}" |
grep kube
[user@node01 ~]$
```

5.4.3　重置 Kubernetes 集群节点

重置 Kubernetes 集群节点的方法非常简单，运行 kubeadm 命令即可，如下所示。

```
[root@master ~]# kubeadm reset
```

彻底重置命令如下。

```
[root@master01 ~]# rm -rf /etc/cni/net.d/*
[root@master01 ~]# iptables -F && iptables -t nat -F && iptables -t mangle -F &&
iptables -X
```

彻底删除节点命令如下。

```
[user@master01 ~]$kubectl drain master03 --delete-local-data --force --ignore-
daemonsets
```

本节主要介绍几种需要用到重置 Kubernetes 集群节点的应用场景，具体说明如下。

1. 修改 Kubernetes 集群配置

当节点 master 的 IP 地址修改后，Kubernetes 集群无法启动，此时可以：①先重置 master 节点；②在 master 节点运行 "kubeadm init" 重新初始化；③在 master 节点添加 kubectl；④重置 Kubernetes 集群的其他节点（node01、node02），并将它们加入到 Kubernetes。

2. Kubernetes 集群状态复原

很多情况下，需要将 Kubernetes 集群的状态恢复到初始状态，也称状态复原。例如：错误的操作导致 Kubernetes 集群无法正常运行，或者某个 Node 节点无法接入；还有在调试过程中，需要清除已有操作的影响，回到初始状态。在这些情况下，可以使用重置 Kubernetes 来达到目的，例如重置 Kubernetes 集群的所有节点，可以使得整个 Kubernetes 集群状态复原；重置某个 Node 节点，可以使得该节点状态复原。

5.4.4　查看和设置 Kubernetes 组件的启动参数

如 1.3 节所述，Kubernetes 包含多种组件，如 kube-apiserver、kube-scheduler、etcd、kube-controller-manager 和 kube-proxy 等。那么查看和设置这些组件的启动参数，对于掌握 Kubernetes 运行情况和使用 Kubernetes 非常重要。由于本书采用 kubeadm 构建 Kubernetes，这些组件都运行在对应的 Pod 容器中，因此，查看和设置这些组件的启动参数相比采用二进制构建的 Kubernetes

方法不同，具体说明如下。

1．查看 kube-controller-manager 组件启动参数

Kubernetes 中 kube-controller-manager 组件对应的 Pod 名称是 kube-controller-manager-master，运行下面的命令，获取该 Pod 的信息。

```
[user@master ~]$ kubectl describe pod kube-controller-manager-master -n kube-system
```

在上面命令的输出中，找到容器 kube-controller-manager 的启动命令 Command，如下所示，该命令 kube-controller-manager 后面跟的一长串数据，就是该组件的启动参数。例如参数--bind-address=127.0.0.1，就表示 kube-controller-manager 开启了获取性能参数的端点（Endpoint），可以通过 HTTP 来获取该组件的性能参数。

```
Command:
  kube-controller-manager
  --authentication-kubeconfig=/etc/kubernetes/controller-manager.conf
  --authorization-kubeconfig=/etc/kubernetes/controller-manager.conf
  --bind-address=127.0.0.1
......
```

2．修改 kube-controller-manager 组件启动参数

修改 kube-controller-manager 的启动参数不能通过直接"kubectl edit Pod XXX"来修改，而是要编辑对应的 YAML 文件，命令如下。

```
[root@master ca]# vi /etc/kubernetes/manifests/kube-controller-manager.yaml
```

修改第 17 行，将 127.0.0.1 改为 0.0.0.0，如下所示。

```
17    - --bind-address=0.0.0.0
```

删除 Pod，通过重启 Pod 来加载新的启动参数。无法用"kubectl apply -f kube-controller-manager.yaml"来使得配置生效。

```
[user@master ca]$ kubectl delete pod kube-controller-manager-master  -n kube-system
```

以此类推，其他组件启动参数的配置文件如下所示。

```
[user@master ~]$ ls /etc/kubernetes/manifests/
etcd.yaml kube-apiserver.yaml kube-controller-manager.yaml kube-scheduler.yaml
```

注意：其他组件 kube-scheduler 和 kube-apiserver 的配置和 kube-controller-manager 类似。可以查看以下链接获取对应组件启动参数的详细信息。https://v1-20.docs.kubernetes.io/zh/docs/reference/command-line-tools-reference/kube-scheduler/、https://v1-20.docs.kubernetes.io/zh/docs/reference/command-line-tools-reference/kube-apiserver/、https://v1-20.docs.kubernetes.io/zh/docs/reference/command-line-tools-reference/kube-controller-manager/。

3．查看和修改 kube-proxy 组件的启动参数

查看 kube-proxy 组件配置信息的命令如下。

```
[user@master ~]$ kubectl -n kube-system edit pod kube-proxy-jc5hn
```

上述命令的输出中，对应的组件启动参数如下 38～39 行所示。

```
36    - command:
37    - /usr/local/bin/kube-proxy
38    - --config=/var/lib/kube-proxy/config.conf
39    - --hostname-override=$(NODE_NAME)
```

查看 https://v1-20.docs.kubernetes.io/docs/reference/command-line-tools-reference/kube-proxy/，可获取 kube-proxy 完整的启动参数说明。

除了修改 kube-proxy 启动参数外，还可以修改 kube-proxy 的配置。如上所示，kube-proxy 配置在文件/var/lib/kube-proxy/config.conf 中，而该文件又由 Configmap kube-proxy 生成，查看 Configmap kube-proxy 命令如下。

```
[user@master ~]$ kubectl edit configmap kube-proxy -n kube-system
```

上述命令输出配置如下。

```
......
43      metricsBindAddress: "0.0.0.0"
44      #mode: ""
45      mode: "ipvs"
46      nodePortAddresses: null
......
```

查看 https://v1-20.docs.kubernetes.io/docs/reference/config-api/kube-proxy-config.v1alpha1/，获取各个配置项及默认值。

修改配置后保存退出，然后删除 kube-proxy 对应的 Pod，Kubernetes 会创建新的 Pod 并使用新的配置，从而实现配置的更新。

4．查看和修改 kubelet 组件的启动参数

查看其启动参数的命令如下所示。

```
[user@master ~]$ ps -o cmd -f $(pidof kubelet) >/tmp/a
```

在上面的命令中，用 etcd、kube-apiserver、kube-controller、kube-scheduler、kube-proxy 和 kube-controller 替换 kubelet，同样可以获得对应组件的启动参数。

启动参数信息位于文件 a，如下所示。

```
/usr/bin/kubelet
--bootstrap-kubeconfig=/etc/kubernetes/bootstrap-kubelet.conf
--kubeconfig=/etc/kubernetes/kubelet.conf --config=/var/lib/kubelet/config.yaml
--network-plugin=cni --pod-infra-container-image=registry.aliyuncs.com/google_
containers/pause:3.2
```

查看 https://v1-20.docs.kubernetes.io/docs/reference/command-line-tools-reference/kubelet/ 获取 kubelet 完整的启动参数说明。

kubelet 会有上述启动参数是因为：和 Kubernetes 其他的组件（Pod）不同，kubelet 是以 Service 方式启动和运行的，其 Service 文件位于/usr/lib/systemd/system/kubelet. service，对应的配置文件位于/usr/lib/systemd/system/kubelet.service.d/10-kubeadm.conf。

如果要修改 kubelet 组件的启动参数，可以打开对应的配置文件，命令如下。

```
[root@master user]# vi /usr/lib/systemd/system/kubelet.service.d/10-kubeadm.conf
```

其中 kubelet 组件的启动参数如第 11 行所示。

```
11    ExecStart=/usr/bin/kubelet    $KUBELET_KUBECONFIG_ARGS    $KUBELET_CONFIG_ARGS
$KUBELET_KUBEADM_ARGS $KUBELET_EXTRA_ARGS
```

查看 https://v1-20.docs.kubernetes.io/docs/reference/command-line-tools-reference/kubelet/ 获取 kubelet 完整的启动参数说明。

除了修改 kubelet 的启动参数外，还可以修改 kubelet 的配置，打开 kubelet 的配置文件，命令如下。

```
[root@master user]# vi /var/lib/kubelet/config.yaml
```

查看 https://v1-20.docs.kubernetes.io/docs/reference/config-api/kubelet-config.v1beta1/，获取完整配置项说明。

修改 config.yaml 中的配置项 address（该配置项用来指定 kubelet 性能参数 endpoint 的监听地址，默认是在所有地址监听），例如增加以下监听地址。

```
address: 192.168.0.226
```

重启 kubelet 服务，命令如下。

```
[root@master user]# systemctl restart kubelet
```

如果监听的地址由 * 变为 192.168.0.226，则说明 kubelet 配置修改成功。

```
[user@master ~]$ ss -an | grep 10250
Tcp    LISTEN    0    128    192.168.0.226:10250    0.0.0.0:*
```

5. 查看和修改 etcd 组件的启动参数

打开 etcd 的配置文件，命令如下。

```
[root@master user]# vi /etc/kubernetes/manifests/etcd.yaml
```

上述文件中，etcd 组件的启动参数如下所示。

```
    15    - etcd
    16    - --advertise-client-urls=https://192.168.0.226:2379
    17    - --cert-file=/etc/kubernetes/pki/etcd/server.crt
    18    - --client-cert-auth=true
    19    - --data-dir=/var/lib/etcd
    20    - --initial-advertise-peer-urls=https://192.168.0.226:2380
    21    - --initial-cluster=master=https://192.168.0.226:2380
......
```

修改后，保存退出，kube-prometheus 会自动重启 Pod etcd-master，并加载配置。

5.4.5 运行 Pod 容器命令

Kubernetes 支持直接运行 Pod 内部容器的命令，具体示例说明如下。

首先运行 Pod，命令如下。

```
[user@master pod]$ kubectl apply -f pod.yml
```

执行 Pod 中容器命令 ls，如下所示，其中 mynginx 是 Pod 名，因为该 Pod 只有 1 个容器，因此会默认执行 Pod 中该容器的命令，不需要指定容器名。

```
[user@master pod]$ kubectl exec mynginx -- /bin/ls /
```

上述命令会列出 Pod mynginx 中容器 nginx-container 的 / 目录的内容，如下所示。

```
bin
boot
dev
docker-entrypoint.d
......
```

如果 Pod 中有多个容器，可以使用 "-c 容器名" 来指定容器，如下所示。

```
[user@master pod]$ kubectl exec mynginx -c nginx-container -- /bin/ls /
```

容器名可以查看 "kubectl describe pod Pod 名字" 获取。

也可以增加 "-it" 选项，直接登录容器的 Shell，这样操作更方便。

```
[user@master pod]$ kubectl exec -it mynginx -c nginx-container -- /bin/bash
root@mynginx:/#
```

对于有 namespace 的 Pod，需要用 -n 指定 namespace，例如 "-n kube-system"。

5.4.6　查看 Pod 容器网卡名

有的时候需要查看 Pod 容器网卡的名字，但该容器上又没有 ip 之类的命令，可以使用下面的命令来查看网卡名。由以下命令的输出可知，容器网卡的名字为 eth0。

```
[user@master pod]$ kubectl exec -it mynginx -c nginx-container -- /bin/ls /sys/class/net/
eth0 lo tunl0
```

5.4.7　复制文件到 Pod 容器

Kubernetes 支持 Host 同 Pod 容器之间文件的传输，具体示例说明如下。

复制本地文件到 Pod 容器，命令如下。

```
[user@master pod]$ kubectl cp /etc/profile mynginx:/tmp/a
```

上述命令将复制本地文件/etc/profile 到 Pod mynginx 的容器的/tmp 目录下，并重命名为 a，查看文件 a，命令如下，如果存在，则说明复制成功。

```
[user@master pod]$ kubectl exec mynginx -- ls /tmp/
a
```

将文件 a 从 Pod mynginx 的容器中复制到本地/tmp 目录，重命名为 b，命令如下。

```
[user@master pod]$ kubectl cp mynginx:/tmp/a /tmp/b
```

比较本地文件/tmp/b 和/etc/profile，如果相等，则说明复制成功，命令如下。

```
[user@master pod]$ diff /etc/profile /tmp/b
```

增加 -c 选项，可以指定容器，示例如下。

```
[user@master pod]$ kubectl cp mynginx:/tmp/a -c nginx-container /tmp/b
[user@master pod]$ kubectl cp /tmp/a -c nginx-container mynginx:/tmp/b
```

5.4.8 查看指定进程监听的端口

在使用和运维 Kubernetes 过程中，经常需要查看某个指定进程监听的端口。下面以查看 kube-proxy 监听的端口为例，说明具体操作步骤。

安装 lsof 命令，如下所示。

```
[root@master pod]# mount /dev/sr0 /media/
[root@master pod]# yum -y install lsof
```

获取 kube-proxy 的进程 ID，命令如下。

```
[user@master pod]$ pidof kube-proxy
4566
```

查看 kube-proxy 监听端口，命令如下。

```
[root@master pod]# lsof -i | grep 4566 | grep LISTEN
```

上述命令执行后，输出如下，即 kube-proxy 监听端口。

```
kube-prox 4566   root   10u  IPv4  44634   0t0  TCP *:32104 (LISTEN)
kube-prox 4566   root   13u  IPv4  44646   0t0  TCP *:30391 (LISTEN)
kube-prox 4566   root   14u  IPv6  44494   0t0  TCP *:10256 (LISTEN)
......
```

5.5 查看 Kubernetes 日志

5.5.1 系统日志

系统日志位于/var/log/messages 文件之中，像 systemd、kubelet 和 dockerd 等进程的日志都会写入该文件之中，因此，如果是涉及系统相关的、以及与以上进程相关的问题，可以查看该文件来定位问题。

例如前面在创建 Calico 网络失败，查看/var/log/messages 后，发现 kubelet 报以下错误。

```
Get https://registry-1.docker.io/v2/calico/cni/manifests/v3.11.2: Get https://auth.docker.io/token?scope=reposit>
13] PullImage"calico/cni:v3.11.2" from image service failed: rpc error
```

由上述日志可知错误的原因，是 docker 向 Registry registry-1.docker.io/v2/calico/cni/manifests/v3.11.2，获取 calico/cni:v3.11.2 失败。因此可以在/etc/docker/daemon.json 中增加 mirror registry 来解决这个问题。

```
"registry-mirrors": ["https://b9pcda2g.mirror.aliyuncs.com"]
```

/var/log/messages 文件的内容由 rsyslog Service 写入，有的时候为了方便调试，会删除 /var/log/megssages 文件，此时，需要运行 "systemctl restart rsyslog" 来重启 rsyslog Service，重新生成 megssages 文件。

方便起见，也可以运行 journactl 来打印系统日志信息，如下所示。

打印 kubelet 日志，命令如下。

```
[root@master ~]# journalctl -u kubelet
```

打印带有解释信息的所有日志，命令如下。

```
[root@master ~]# journalctl -x
```

动态打印日志，命令如下。

```
[root@master ~]# journalctl -f
```

5.5.2　Kubernetes 组件日志

Kubeletes 的组件包括：kubelet、kube-controller、kube-scheduler、kube-apiserver 和 kube-proxy 等。其中 kubelet 的日志位于/var/log/messages，上一节已经介绍，此处不再赘述。其余组件都是以静态 Pod 容器的形式运行的，下面以 kube-controller 为例，介绍如何查看其日志。

首先获取 kube-controller 的 Pod 名称，命令如下。

```
[user@master ~]$ kubectl -n kube-system get pod | grep controller
kube-controller-manager-master          1/1      Running   8      5d16h
```

由上述命令输出可知，kube-controller 的 Pod 名字为 kube-controller-manager-master。

查看 kube-controller 的状态和启动信息，命令如下。

```
[user@master ~]$ kubectl -n kube-system describe pod kube-controller-manager-
master
```

查看 kube-controller 的日志，命令如下。

```
[user@master ~]$ kubectl -n kube-system logs kube-controller-manager-master
```

其余组件的查看，用对应的 Pod 名字替换 kube-controller-manager-master 即可。

此外，查看 Kubernetes 集群的每个节点（Node）的信息也非常重要，命令如下。

```
[user@master ~]$ kubectl describe node node01
```

上述命令会输出 node01 节点上的相关信息，例如 CPU 和内存的使用情况，如下所示，这些信息对于定位 Pod 调度相关的问题非常有用。

```
Resource          Requests            Limits
cpu               250m (12%)          0 (0%)
memory            0 (0%)              0 (0%)
```

5.5.3　Pod 启动信息和容器日志

对于用户自己创建的 Pod，查看其 Pod 状态和启动信息的命令和 5.5.2 节所述一致，在此不再赘述，下面介绍 Pod 容器日志的方法。

如果 Pod 中只有 1 个容器，则查看容器日志的方法和 5.5.2 节所述一致，不再赘述。

如果 Pod 中有多个容器，例如 4.2 节中所创建的多容器 Pod（包含 myfrontend 和 busybox 两个容器），则可以使用下面的命令来查看所有容器的日志，其中 multicontainer-5895455dfd-6ftjv 是 Pod 名称。

```
[user@master deploy]$ kubectl logs multicontainer-5895455dfd-6ftjv --all-containers=true
```

也可以在 Pod 名称后加上容器名称，来打印指定容器的日志，如下所示，其中 myfrontend 是其中一个容器的名称。

```
[user@master deploy]$ kubectl logs multicontainer-5895455dfd-6ftjv myfrontend
```

5.6 Kubernetes 故障处理

本节以一个具体的示例，介绍 Kubernetes 故障处理实践的常用方法和技巧，包括：查看 Pod 日志、容器故障调试和查看系统日志。掌握它们将有助于在 Kubernetes 实际使用过程中分析和解决各种问题。

5.6.1 处理故障 Pod

本节首先创建一个有问题的 Pod，通过查看 Pod 日志进行故障处理，具体说明如下。

（1）创建 Pod

1）Pod 对应的 YAML 文件是 debug-pod.yml，创建保存该文件的目录，命令如下。

```
[user@master k8s]$mkdir debug
[user@master k8s]$ cd debug/
```

2）打开 debug-pod.yml 的目录，命令如下。

```
[user@master debug]$ vi debug-pod.yml
```

3）在 debug-pod.yml 中增加以下内容。

```
1 apiVersion: v1
2 kind: Pod
3 metadata:
4   name: mycentos
5
6 spec:
7   containers:
8   - name: centos-container
9     image: centos9
```

4）使用 debug-pod.yml 创建 Pod，命令如下。

```
[user@master debug]$kubectl apply -f debug-pod.yml
```

5）查看 Pod 的状态，命令如下。

```
[user@master debug]$kubectl get pod
```

系统会输出 Pod mycentos 的状态不正常，如下所示。

```
NAME       READY   STATUS          RESTARTS   AGE
mycentos    0/1     ErrImagePull          0         46s
```

6）查看 Pod mycentos 的启动信息，命令如下。

```
[user@master debug]$kubectl describe pod mycentos
```

也可以使用“kubectl logs mycentos”查看 Pod mycentos 的日志。

在上述命令输出的信息中，重点查看最后的 Events 信息，它列出了 Pod 启动中的各个操作和状态，具体如图 5-8 所示。

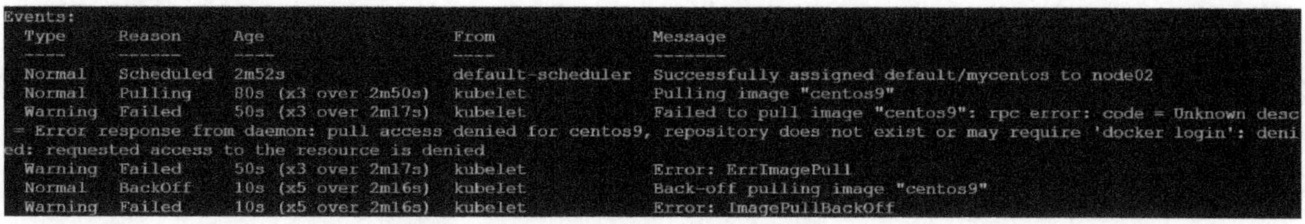

```
Events:
  Type     Reason     Age                  From               Message
  ----     ------     ----                 ----               -------
  Normal   Scheduled  2m52s                default-scheduler  Successfully assigned default/mycentos to node02
  Normal   Pulling    80s (x3 over 2m50s)  kubelet            Pulling image "centos9"
  Warning  Failed     50s (x3 over 2m17s)  kubelet            Failed to pull image "centos9": rpc error: code = Unknown desc
 = Error response from daemon: pull access denied for centos9, repository does not exist or may require 'docker login': deni
ed: requested access to the resource is denied
  Warning  Failed     50s (x3 over 2m17s)  kubelet            Error: ErrImagePull
  Normal   BackOff    10s (x5 over 2m16s)  kubelet            Back-off pulling image "centos9"
  Warning  Failed     10s (x5 over 2m16s)  kubelet            Error: ImagePullBackOff
```

图 5-8　Pod Events 信息界面

图 5-8 中可以很清楚地看到，问题出在 centos9 这个镜像下载失败，这是因为在编辑 YAML 文件中，将镜像名称 centos 写成了 centos9。因此，修改 debug-pod.yml 中的镜像名称为 centos 即可，修改后的的内容如下。

```
9       image: centos
```

（2）重新创建 Pod

1）重新创建 Pod，命令如下。

```
[user@master debug]$kubectl delete -f debug-pod.yml
pod "mycentos" deleted
[user@master debug]$kubectl apply -f debug-pod.yml
```

2）再次查看 Pod 状态，命令如下，Pod 的状态和之前不一样，但还是不正常。

```
[user@master debug]$kubectl get pod
NAME        READY   STATUS              RESTARTS   AGE
mycentos 0/1    CrashLoopBackOff  1           12m
```

3）再次查看 Pod 启动信息，命令如下。

```
[user@master debug]$kubectl describe pod mycentos
```

上述命令执行后，系统输出如图 5-9 所示。

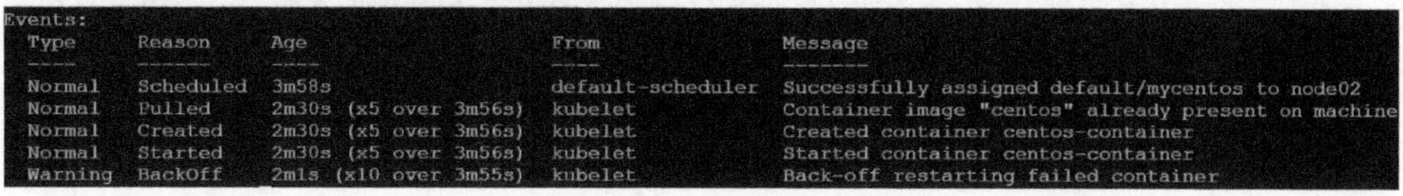

```
Events:
  Type     Reason     Age                   From               Message
  ----     ------     ----                  ----               -------
  Normal   Scheduled  3m58s                 default-scheduler  Successfully assigned default/mycentos to node02
  Normal   Pulled     2m30s (x5 over 3m56s)  kubelet           Container image "centos" already present on machine
  Normal   Created    2m30s (x5 over 3m56s)  kubelet           Created container centos-container
  Normal   Started    2m30s (x5 over 3m56s)  kubelet           Started container centos-container
  Warning  BackOff    2m1s (x10 over 3m55s)  kubelet           Back-off restarting failed container
```

图 5-9　Pod Events 信息界面

由图 5-9 可知，前面 centos 镜像已经成功拉取到本地，前面的问题已经解决，但是在启动和重启 container 时失败，错误信息为“Back-off restarting failed container”，这就涉及第二个调试方法——容器故障调试了。

5.6.2 容器故障调试

本节在上节调试示例基础上深入到容器，去调试为何 centos 镜像在启动容器时失败。有两个常用的调试方法，具体说明如下。

（1）方法一：查看容器日志

1）定位 Pod mycentos 所在的节点，命令如下。

```
[user@master debug]$kubectl get pod -o wide
```

上述命令执行结果如下，可知 Pod mycentos 位于 node02。

NAME	READY	STATUS	RESTARTS	AGE	IP	NODE
mycentos	0/1	CrashLoopBackOff	7	13m	192.168.2.73	node02

2）在 node02 上获取对应容器的 ID，命令如下。

```
[user@node02 ~]$ docker ps -a | grep centos
```

上述命令会显示名字中包含有 centos 的容器信息，如下所示，可知容器的 ID 为 4e6923b06980。

```
484497445fee        300e315adb2f        "/bin/bash"      About a minute ago
Exited (0) About a minute ago
k8s_centos-container_mycentos_default_fab97483-2adc-4fa6-97b0-cc60a2786841_8
```

3）根据容器 ID 查看容器日志，命令如下。

```
[user@node02 ~]$ docker logs 41992125eeb2
```

上述命令后会输出如下信息，这是因为该容器已经退出（Exited），无法查看日志。

```
Error: No such container: 41992125eeb2
```

4）手动启动该容器，命令如下。

```
[user@node02 ~]$ docker start 41992125eeb2
```

5）立即查看日志，命令如下。

```
[user@node02 ~]$ docker logs 41992125eeb2
```

也可以直接用"kubectl logs mycentos"查看 Pod mycentos 的容器日志。

没有任何显示，无法从日志中获取信息，这就要用到容器故障调试的第二个方法了。

虽然本例无法从容器日志中获取信息，但本例介绍的方法是在容器故障调试中使用非常频繁的，很多的故障通过上述方法就可以直接定位和解决。

（2）方法二：手动运行容器

既然无法从容器日志中获取信息，那就直接手动运行容器，来模拟 Pod 中该容器的启动，然后观察这个过程中的输出信息来定位故障，具体说明如下。

1）在 node01 上查看镜像名，命令如下。

```
[user@node01 ~]$ docker images | grep centos
```

上述命令输出如下，可以看到存在名字为 centos 的镜像。

```
centos          latest                470671670cac          6 weeks ago          237MB
```

2）手动启动该镜像，命令如下。

```
[user@node01 ~]$ docker run centos
```

3）查看 docker 容器情况，命令如下。

```
[user@node01 ~]$ docker ps -a | grep centos
```

4）如下所示，手动运行的容器也直接退出了，它启动时执行的程序是/bin/bash，这就提醒我们，/bin/bash 运行的时候，是需要分配伪终端、打开 stdin 的，否则就会直接退出。

```
8c20d554acc3    centos"/bin/bash"    34 seconds ago    Exited (0) 32 seconds ago
```

5）运行 centos 容器的正确命令如下所示，其中-i 用来打开 stdin，-t 用来分配一个伪终端。

```
[user@node02 ~]$ docker run -i -t centos
```

上述命令运行后，直接就进入容器了，如下所示。

```
[root@2eb979aceda6 /]#
```

6）至此定位出 debug-pod.yml 中 centos 容器为什么启动和重启失败的原因了，就是因为没有增加-i 和-t 的选项，那么在 debug-pod.yml 中如何增加这两个选项呢？使用 "kubectl explain pod --recursive=true" 查看后可知增加以下第 10～11 行两个选项即可。

```
 1 apiVersion: v1
 2 kind: Pod
 3 metadata:
 4   name: mycentos
 5
 6 spec:
 7  containers:
 8   - name: centos-container
 9     image: centos
10     tty: true
11     stdin: true
```

7）删除原有的 Pod，并重新创建，命令如下。

```
[user@master debug]$kubectl delete -f debug-pod.yml
```

8）再次查看 Pod 状态，Pod 已经正常运行，如下所示。

```
[user@master debug]$kubectl get pod
NAME        READY      STATUS      RESTARTS      AGE
mycentos    1/1        Running     0             73s
```

第 6 章
构建 Kubernetes 高可用集群

本章介绍 Kubernetes 高可用集群构建，包括：Kubernetes 高可用集群的架构与规划；构建高可用负载平衡器（Keepalived+LVS）；构建基于 Keepalived 的 Kubernetes 高可用集群。掌握这些内容将有助于加深对 Kubernetes 理解，累积 Kubernetes 的使用经验。

6.1 Kubernetes 高可用集群的架构与规划

由 1.3 节所述 Kubernetes 架构可知，Kubernetes 有两种类型的节点：Control Plane 节点负责管理；Node 节点负责运行 Pod。从系统的可用性上分析，如果一个 Node 节点不可用的话，运行其上的 Pod 可以迁移到其他 Node 节点，不影响系统可用性，因此，不需要针对 Node 节点做专门的措施；然而 Control Plane 节点不可用的话，在现有的架构下，由于 Control Plane 节点只有 1 个，就会导致整个系统瘫痪。因此，Control Plane 节点是 Kubernetes 集群中的单点，要实现 Kubernetes 的高可用，就要解决这个单点问题，解决方案就是冗余，即构建多个 Control Plane 节点，它们之间同步数据，互为备份。

使用 kubeadm 可以很方便地构建多 Control Plane 节点的 Kubernetes 高可用集群。根据 etcd 位置的不同，又分为两种方案：①堆叠方案，etcd 和 Control Plane 的其他组件位于同一个节点，此方案的优点是构建简单方便，所需节点数量少，缺点是对节点的性能要求高，而且多个组件在同一个节点运行，可能会互相影响；②外部集群方案，etcd 单独组成一个外部集群，和 Control Plane 节点分开，优点是 etcd 集群独立运行，性能和稳定性更有保证，缺点是构建更复杂，所需要的节点数量多。

综上所述，本章使用 kubeadm 来构建 Kubernetes 高可用集群，并采用"堆叠方案"，具体架构如图 6-1 所示，自底向上分为 4 层，依次说明如下。

1. Kubernetes

该层表示 Kubernetes 集群自身，本书将构建 3 个 Control Plane 节点，每个 Control Plane 节点运行 kube-apiserver、kube-scheduler、kube-controller 和 etcd 等组件。

2. LB（负载均衡器，LoadBalancer）

LB 会将外部访问 Kubernetes 的请求，按据调度策略转发到 3 个 Control Plane 节点中的某一个，避免出现某个 Control Plane 节点出现负载过高或过低的情况，以此实现负载均衡。

本层 LB 采用 LVS（Linux Virtual Server）来实现。LVS 是由我国的章文嵩博士主导开发的一个 Linux 虚拟服务器模块，它可以将多台真实服务器（RS Real Server）组合起来，对外提供统一的服务。例如，一个 Web 网站使用 LVS，它的后端有多台 Web 服务器（RS），用户访问的时候，不同的网页可能来自不同的 RS，但用户却感受不到这种不同，他看到的网页就好像来自于同一台机器。

LVS 中最重要的模块之一就是 IPVS，这是一个运行在内核的四层负载均衡器（LB），性能优异，它可以为集群添加诸多特性，具体说明如下。

四层负载和三层路由有何区别？

四层负载和三层路由相比，增加了端口。如果是三层路由的话，凡是目的 IP 相同，目的端口不同的 Package，都会转发，这样会加大负载器和后端服务器的负载；此外，如果不同的端口，由不同的服务器组来服务的话，例如 80 端口由 A 组服务，21 端口由 B 组服务，三层路由就没法根据端口去区分。

（1）统一的访问方式

所有的访问请求通过 LB 转发，用户只需关心这一个接口，而不用关心其服务到底是由后端的哪台 RS 提供。

（2）负载均衡

可以根据 RS 的当前状态，选择将外部请求转发到合适的 RS，避免某个 RS 负载过高或过低的情况出现。

（3）水平扩展

网站访问压力大时，只需增加机器，原有机器照用，不需要用新的机器来替换已有机器。

（4）高可用

RS 不可用时，LVS 可以将服务请求转发到其他可用的 RS，从而实现了服务的高可用。

本书使用 LVS，就是利用 LVS 中的 IPVS（LB），来实现 Kubernetes 高可用集群的统一访问、负载均衡和水平扩展特性，同时与 Control Plane 节点自身的高可用性机制相结合，实现 Kubernetes 集群的高可用。

3．HA（高可用，High Available）

这里的 HA，实现的是 LB 的高可用。这是因为，集群引入 LB 后，LB 成为外部访问的门户，LB 也就成了集群新单点。Keepalived 则是解决 LB 单点问题的一个优选方案。如图 6-1 所示，首先，它提供了虚拟 IP，用于统一访问；其次，当有虚拟 IP 所在的 LB 节点不可用时，它会将虚拟 IP 迁移到其他 LB 节点，实现高可用；再次，它和 LVS 高度兼容，在 Keepalived 中可以直接配置 LVS，从而实现 HA+LB 功能的统一，非常方便。

4．Client

访问 Kubernetes 集群的客户端，典型的如 kubectl。

本章所构建的 Kubernetes 高可用集群设置虚拟 IP 为 192.168.0.88（主机名 lb-vip），一共使用 7 个虚拟机，分别是 cli、lb01、lb02、master01、master02、master03 和 node01，具体如表 6-1 所示。

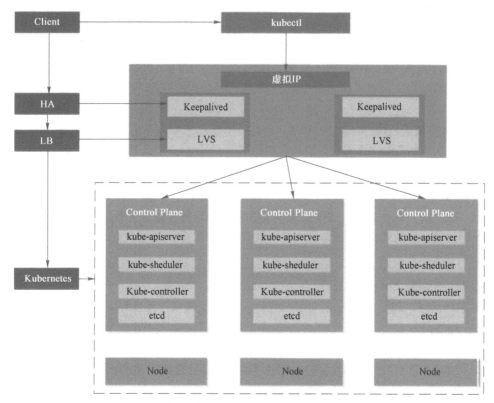

图 6-1　Kubernetes 高可用集群架构图

表 6-1　**Kubernetes 高可用集群规划表**

节点名/	硬件配置	IP 地址	说明
lb01		192.168.0.126	安装 Keepalived + LVS，虚拟 IP 为 192.168.0.88
lb02		192.168.0.127	安装 Keepalived + LVS，虚拟 IP 为 192.168.0.88
master01		192.168.0.226	
master02	2 核、4GB	192.168.0.229	Kubernetes 的 Control Plane 节点
master03		192.168.0.230	
node01		192.168.0.227	Kubernetes 的 Node 节点
cli		192.168.0.120	Kubernetes 的 Client 节点，安装 kubectl

6.2　构建高可用负载均衡器（**Keepalived+LVS**）

本节构建高可用负载均衡器，其中采用 LVS 来构建负载均衡器（LB），采用 Keepalived 实现 LB 的高可用（HA），它们的运行机制说明如下。

1. LVS 负载均衡

LVS 实现负载均衡有两种方式：DR（Direct Routing）和 NAT（Network Address Translation），其中 DR 会将客户端的请求直接转发到 RS，RS 直接向客户端返回数据，并不通过 LB，如图 6-2 所示。NAT 同样会将客户端的请求（目的 IP+Port），进行网络地址转换（修改为 RS IP + RS

Port）后，发送给 RS，RS 将数据返回给 LB，LB 再将数据转发给客户端，因此，集群所有的进出数据流都将经过 LB。

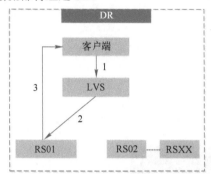 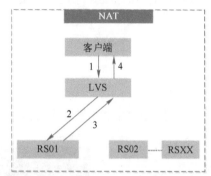

图 6-2　LVS 实现负载均衡的两种方式

由上可知，DR 中 LB 只承受进入数据流（请求数据流），负载较轻，NAT 中 LB 承受进出数据流，容易成为瓶颈；DR 直接转发数据，无法进行端口转发，NAT 可以完成端口转发。因此，综合考虑后本章采用 DR 方式。

2. Keepalived

Keepalived 是一个用 C 语言编写的路由软件，它的目的是为构建负载均衡以及高可用的 Linux 系统提供一个简单而又健壮的工具。Keepalived 中有两个重要的组成部分：LB 和虚拟 IP，具体说明如下。

（1）LB 框架

该框架的底层实现是 LVS 中的 IPVS 模块，通过 Keepalived 可以实现对 IPVS 的配置，同时该框架还实现了众多 RS 健康检测手段，以此维护一个可用 RS 池（Pool），从而配合 IPVS 使其正常工作。因此，虽然本书前面所述使用 LVS，但并不是直接操作 LVS，而是通过 Keepalived 去配置和配合 LVS，直接操作的是 Keepalived。

（2）虚拟 IP

此功能基于 VRRP（Virtual Router Redundancy Protocol，虚拟路由冗余协议）实现，它会始终保证该虚拟 IP 位于 Keepalived 的某个节点，一旦该节点不可用，其他的 Keepalived 会选出一个新的节点接管该虚拟 IP，这样，外部节点始终能访问到该虚拟 IP，从而实现这些安装了 Keepalived 的节点的高可用。

因此，本书使用 Keepalived 也就主要用到了它的这两大功能：①利用虚拟 IP 实现统一访问和 LB 的高可用；②利用 LB 框架，配置 LVS 中的 IPVS，同时使用 LB 框架中的健康检测，配合 IPVS 实现负载均衡。

6.2.1　构建 LB 节点

本节按照表 6-1 所示的规划构建 LB 节点，共有两个虚拟机节点，分别是 lb01 和 lb02，它们的 IP 地址分别是 192.168.0.126 和 192.168.0.127。在 LB 节点上安装 Keepalived，设置虚拟 IP 为 192.168.0.88，并配置负载均衡，包括转发方法、调度策略、RS 服务器信息和监控检测手段等。由于 lb01 和 lb02 的配置除了主机名、IP 外，其余基本相同，因此，本节先配置 lb01，后续直接复制 lb02 即可，具体步骤说明如下。

1. 配置 lb01 虚拟机和 Host 主机

1）复制 E:\vm\02\centos8 到 E:\vm\06\lb01，如图 6-3 所示。

图 6-3　Pod Events 信息界面

2）修改虚拟机名字和主机名均为 lb01，如图 6-4 所示。

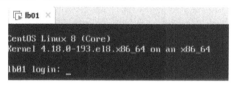

图 6-4　Pod Events 信息界面

3）修改 lb01 的 IP 地址为 192.168.0.126，修改后如下所示。

```
[user@lb01 ~]$ ip a | grep ens
2: ens160: <BROADCAST,MULTICAST,UP,LOWER_UP> mtu 1500 qdisc mq state UP group
default qlen 1000
    inet 192.168.0.126/24 brd 192.168.0.255 scope global noprefixroute ens160
```

2. 部署基于容器的 Keepalived

1）拉取镜像，命令如下。

```
[user@master01 k8s]$ docker pull osixia/keepalived:release-2.1.5-dev
```

2）创建 keepalived 目录，命令如下。

```
[user@lb01 ~]$ docker pull osixia/keepalived:release-2.1.5-dev
```

3）安装 ipvsdadm，命令如下。

```
[root@lb01 user]# mount /dev/sr0 /media/
[root@lb01 user]# yum -y install ipvsadm-1.31-1.el8
```

注意：LVS 的 IPVS 模块是 Linux 自带的内核模块（ip_vs），不需要专门安装。而 ipvsadm 是 LVS 命令行工具，可以对 LVS 进行设置并查看状态。本书安装的 ipvsadm，并不用它来配置 LVS，而是用它来查看 LVS 中 IPVS 的转发规则和实时转发情况。

4）创建 keepalived 目录，命令如下。

```
[user@lb01 ~]$ mkdir keepalived
```

5）编写 keepalived 配置文件，命令如下。

```
[user@lb01 ~]$ mkdir keepalived/cfg
[user@lb01 ~]$ cd keepalived/cfg
[user@lb01 cfg]$ vi keepalived.conf
```

6）添加配置和说明内容如下。

```
1 #设置 vrrp 实例
```

```
 2 vrrp_instance VI_1 {
 3          interface ens160
 4
 5          #取值范围 1-255 的任意唯一数字，用来区分运行在同一个 NIC（也是同一个套接字）上
的 vrrpd 实例
 6          #必须设置，否则容器起不来，报错：Exited (0) 1 second ago，日志：Unknown
state
 7          virtual_router_id 51
 8          nopreempt
 9
10          #设置虚拟 IP
11          virtual_ipaddress {
12                  192.168.0.88
13          }
14          #当 Keepalived 状态变化时，将调用该脚本，打印信息
15          notify "/container/service/keepalived/assets/notify.sh"
16 }
17
18 #设置基于 LVS 的 LB
19 virtual_server 192.168.0.88 80 {
20
21          lvs_sched rr #设置 LVS 调度器为 rr，即 Round-robin，轮询调度
22          lvs_method DR #设置 LVS 转发方式为 DR，即 Direct Routing
23          protocol TCP #设置 L4（第四层）协议为 TCP，备选项有 TCP、UDP 和 SCTP
24
25          #设置 RS
26          #设置第一个 RS 的 IP 和端口
27          real_server 192.168.0.226 80 {
28                  #设置 RS 转发的权重（相对值），默认值为 1
29                  weight 1
30                  #采用 TCP 连接来检测 RS 健康状态
31                  TCP_CHECK {
32                          #连接超时时间
33                          connect_timeout 3
34                          #设置连接的端口，即 nginx 监听端口
35                          connect_port 80
36                  }
37          }
38
39          real_server 192.168.0.229 80 {
40                  weight 1
41                  TCP_CHECK {
42                          connect_timeout 3
43                          connect_port 80
44                  }
45          }
46
47          real_server 192.168.0.230 80 {
48                  weight 1
49                  TCP_CHECK {
50                          connect_timeout 3
51                          connect_port 80
52                  }
```

```
53          }
54 }
```

7）编写启动脚本，命令如下。

```
[user@lb01 cfg]$ cd ..
[user@lb01 keepalived]$
[user@lb01 keepalived]$ vi run.sh
```

8）添加以下内容。

```
 1 #!/bin/bash
 2
 3 #停止已有的 Keepalived 容器
 4 ka_cid=$(docker ps -a | grep keepalived | awk {'print $1'})
 5 if [ -n "$ka_cid" ]; then
 6         echo "stop keepalived container"
 7         docker stop $ka_cid
 8         docker rm $ka_cid
 9 fi
10
11 #运行 Keepalived 容器
12 #使用 host 网络，与 Host 主机共享同一块物理网卡
13 #使用 Host 主机上/home/user/keepalived/cfg/keepalived.conf
14 #文件作为 Keepalived 的配置文件
15 #使用--cap-add 赋予容器操作网络的权限，避免使用--privileged
16 docker run \
17 --cap-add=NET_ADMIN \
18 --cap-add=NET_BROADCAST \
19 --cap-add=NET_RAW \
20 --network host \
21 -v /home/user/keepalived/cfg/keepalived.conf:/container/service/keepalived/
assets/keepalived.conf \
22 --name my-keepalived \
23 -d osixia/keepalived:release-2.1.5-dev \
24 --copy-service
```

6.2.2 构建 RS 节点

本节构建 LVS 中 LB 对应的 RS 节点，RS 既是真实提供服务的服务器，也是 LB 的转发对象。本节将在 RS 节点上部署 nginx 服务，以此测试 LB 是否正常工作。后续这些 RS 节点将作为 Kubernetes 的 Control Plane 节点。RS 节点一共有 3 个，分别是 master01、master02 和 master03，具体配置如表 6-1 所示，具体步骤说明如下。

1. 准备 master01 节点

1）复制 E:\vm\02\master 到 E:\vm\06\master01，如图 6-5 所示。

图 6-5　master01 虚拟机目录界面

2）修改虚拟机名字和主机名均为 master01，如图 6-6 所示。

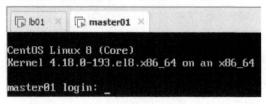

图 6-6 master01 虚拟机名和主机名界面

3）关闭 kubelet 服务并禁止自启动，如下所示。

```
[root@master01 user]# systemctl stop kubelet
[root@master01 user]# systemctl disable kubelet
```

4）修改/etc/hosts 文件，内容如下。

```
 3 192.168.0.88    lb-vip
 4 192.168.0.120   cli
 5 192.168.0.126   lb01
 6 192.168.0.127   lb02
 7 192.168.0.226   master01
 8 192.168.0.229   master02
 9 192.168.0.230   master03
10 192.168.0.227   node01
```

5）远程复制 hosts 文件到 lb01，命令如下。

```
[root@master01 user]# scp /etc/hosts 192.168.0.126:/etc/
```

6）拉取 nginx 镜像，命令如下。

```
[user@master01 ~]$ docker pull nginx:1.21.5
```

7）编写 nginx 运行脚本 run.sh，命令如下。

```
[user@master01 ~]$ mkdir k8s/ha
[user@master01 ~]$ cd k8s/ha/
[user@master01 ha]$ vi run.sh
```

8）在 run.sh 中加入以下内容。

```
 1 #!/bin/bash
 2
 3 #停止已有的 nginx 容器
 4 cid=$(docker ps -a | grep nginx | awk {'print $1'})
 5 if [ -n "$cid" ]; then
 6         echo "stop nginx container"
 7         docker stop $cid
 8         docker rm $cid
 9 fi
10
11 #运行 nginx 容器，使用 host 网络
12 #使用当前主机目录/home/user/k8s/ha/html，作为 nginx 的默认路径
13 docker run --name nginx --network host -v /home/user/k8s/ha/html:/usr/share/
nginx/html:ro -d nginx:1.21.5
```

9）为 run.sh 增加可执行权限，命令如下。

```
[user@master01 ha]$ chmod +x run.sh
```

10）清除容器，命令如下。

```
[user@master01 ha]$ docker stop $(docker ps -a -q)
[user@master01 ha]$ docker rm $(docker ps -a -q)
```

11）运行容器，命令如下。

```
[user@master01 ha]$ docker run --name nginx --network host -d nginx:1.21.5
```

12）复制 nginx 目录，命令如下，注意目的地址是当前目录，用"."表示。

```
[user@master01 ha]$ docker cp nginx:/usr/share/nginx/html .
```

上述命令执行后，可以看到当前目录下多了一个 html 目录，如下所示。

```
[user@master01 ha]$ ls
html
```

13）编辑文件，命令如下。

```
[user@master01 ha]$ vi html/index.html
```

14）修改网页文件内容如下。

```
12 <h1>Welcome to master01 nginx!</h1>
```

15）运行脚本，命令如下。

```
[user@master01 ha]$ ./run.sh
```

16）访问 nginx，命令如下。

```
[user@master01 ha]$ curl master01
```

如果能看到如下内容，则说明 nginx 运行成功。

```
<h1>Welcome to master01 nginx!</h1>
```

2. 准备 master02 节点

本节以 master01 为基础，构建 master02 节点，具体步骤说明如下。

1）关闭 master01 节点，命令如下。

```
[root@master01 ha]# shutdown -h now
```

2）复制 E:\vm\06\master01 到 E:\vm\06\master02，如图 6-7 所示。

图 6-7　虚拟机 master02 目录界面

3）修改虚拟机名称和主机名均为 master02，如图 6-8 所示。

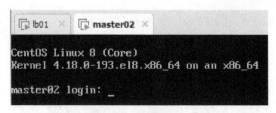

图 6-8　master02 虚拟机及主机界面

4）修改 IP 地址为 192.168.0.229，修改后如下所示。

```
[user@master02 ~]$ ip a | grep 229
    inet 192.168.0.229/24 brd 192.168.0.255 scope global noprefixroute ens160
```

5）修改 index.html 文件，命令如下。

```
[user@master02 ~]$ cd k8s/ha
[user@master02 ha]$ vi html/index.html
```

6）修改内容如下。

```
12 <h1>Welcome to master02 nginx!</h1>
```

7）运行 nginx 容器，命令如下。

```
[user@master02 ha]$ ./run.sh
```

8）访问 nginx，命令如下。

```
[user@master02 ha]$ curl master02
```

如果能看到以下内容，则说明 nginx 运行成功。

```
<h1>Welcome to master02 nginx!</h1>
```

3．准备 master03 节点

参考上节"准备 master02 节点"的方法准备 master03 节点，其中虚拟机名称和主机名修改为 master03，IP 地址修改为 192.168.0.230，index.html 文件中对应的部分修改为 master03。

6.2.3　构建 Client 节点

本节构建的 Client 节点会指向虚拟 IP（192.168.0.88），和具体的端口组合在一起访问集群所提供的服务，例如本节中所构建的 nginx 服务，以及 6.3 节中的 Kubernetes 访问服务，具体构建步骤说明如下。

构建独立的 Client 节点是为了模拟实际情况，撤除 Client 与集群其他节点混用所造成的影响和误判。

1）复制 E:\vm\06\master01 到 E:\vm\06\cli，如图 6-9 所示。

图 6-9　cli 虚拟机目录界面

2）修改虚拟机名称和主机名均为 cli，如图 6-10 所示。

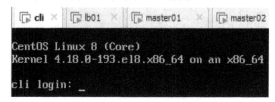

图 6-10　cli 虚拟机和主机名信息界面

3）修改 cli 的 IP 地址为 192.168.0.120，如下所示。

```
[user@cli ~]$ ip a | grep 120
    inet 192.168.0.120/24 brd 192.168.0.255 scope global noprefixroute ens160
```

4）复制 hosts 文件。

```
[root@cli user]# scp 192.168.0.226:/etc/hosts /etc/
```

6.2.4　测试 LB + HA

本节进行 LB 和 HA 的测试，其中 LB 的测试在 lb01 上进行，Client 访问 lb01，lb01 将请求转发到 RS 节点，根据 RS 节点返回结果判断响应请求的 RS 身份，据此判断 lb01 的 LB 功能是否正常工作；HA 的测试在 lb01 和 lb02 上进程，测试 lb01 或 lb02 不可用时，另一个节点能否顺利接管虚拟 IP，确保服务能继续访问，具体步骤说明如下。

1．准备 RS 节点

1）在 master01、master02 和 master03 节点运行 nginx 容器，命令如下。

```
[user@master01 ha]$ ./run.sh
[user@master02 ha]$ ./run.sh
[user@master03 ha]$ ./run.sh
```

2）在 lb01 节点分别访问这 3 个 RS 节点的 nginx，命令如下。

```
[user@lb01 keepalived]$ curl master01
[user@lb01 keepalived]$ curl master02
[user@lb01 keepalived]$ curl master03
```

如果 lb01 能够访问这 3 个 RS 节点，则继续后面的步骤，否则要查找原因，直到 lb01 能全部访问这些节点。

2．准备 LB 节点

1）在 lb01 节点加载 ip_vs 内核模块，命令如下。

```
[root@lb01 keepalived]# modprobe ip_vs
```

Keepalived 的 LB 框架底层是 LVS（IPVS），ip_vs 是 IPVS 的内核模块实现，因此，在运行 Keepalived 之前要先加载 ip_vs 内核模块，否则启动 Keepalived 会报错退出。

2）运行 Keepalived 容器，命令如下。

```
[user@lb01 keepalived]$ ./run.sh
```

3）查看虚拟 IP，命令如下。

```
[user@lb01 keepalived]$ ip a | grep 88
    inet 192.168.0.88/32 scope global ens160
```

4）查看转发规则，命令如下。

```
[root@lb01 keepalived]# ipvsadm -Ln
IP Virtual Server version 1.2.1 (size=4096)
Prot LocalAddress:Port Scheduler Flags
  -> RemoteAddress:Port          Forward Weight ActiveConn InActConn
TCP  192.168.0.88:80 rr
  -> 192.168.0.226:80            Route    1        0           1
  -> 192.168.0.229:80            Route    1        0           1
  -> 192.168.0.230:80            Route    1        0           1
```

3. 增加虚拟 IP

在 master01 的 lo 设备上增加虚拟机 IP，命令如下。

```
[root@master01 user]# ip addr add dev lo 192.168.0.88/32
```

1）为什么要在 RS 节点增加虚拟 IP？

Client 发送的请求 Package 中，目的地址是虚拟 IP，LB 接收后直接转发，这样 RS 接收到的 Package 的目的地址也是虚拟 IP，而在 RS 上增加此虚拟 IP，RS 就会认为此 Package 是发给自己，从而不会丢弃该 Package。

2）为什么将虚拟地址增加在 lo 设备上，而不增加在真实网卡 ens160 上？

ens160 连接的网络中，lb01 或 lb02 的网卡上已有虚拟 IP，再增加一个相同的虚拟 IP 会起冲突，此外 lo 设备是一个逻辑设备，它永远工作（up），不会像物理网卡有的时候会发生故障。

此外，32 位的子网掩码，表示该地址是一个广播地址，不是一个有效的 IP 地址，仅用于路由的作用。

采用同样的方法，在 master02 和 master03 上增加虚拟 IP 192.168.0.88/32。

4. LB 测试

1）在 cli 节点上访问虚拟 IP。

```
[user@cli ~]$ curl lb-vip
```

2）重复执行上述命令，如果每次运行都会返回和上次结果不同的主机名，则说明 LB 成功运行。

```
<h1>Welcome to master01 nginx!</h1>
<h1>Welcome to master03 nginx!</h1>
<h1>Welcome to master02 nginx!</h1>
```

5. 准备 lb02 节点

1）关闭 lb01 节点，复制 E:\vm\06\lb01 到 E:\vm\06\lb02，如图 6-11 所示。

2）修改虚拟机名称、主机名均为 lb02，如图 6-12 所示。

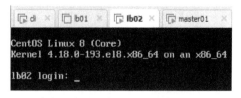

图 6-11　lb02 虚拟机目录界面　　　　　图 6-12　lb02 虚拟机及主机名信息界面

6．HA 测试

1）运行 lb01 和 lb02 上的 Keepalived 容器，命令如下。

```
[root@lb01 keepalived]# modprobe ip_vs
[user@lb01 keepalived]$ ./run.sh
[root@lb02 keepalived]# modprobe ip_vs
[user@lb02 keepalived]$ ./run.sh
```

2）检查虚拟 IP，如下可知，虚拟 IP 位于 lb01。

```
[user@lb01 keepalived]$ ip a | grep 88
    inet 192.168.0.88/32 scope global ens160
[user@lb02 keepalived]$ ip a | grep 88
```

3）通过 cli 访问 nginx，命令如下。

```
[user@cli ~]$ curl lb-vip
```

如果发现返回结果中主机名在 master01～master03 中交替，则说明 lb01 上的 LB 正常运行。

```
<h1>Welcome to master03 nginx!</h1>
<h1>Welcome to master02 nginx!</h1>
<h1>Welcome to master01 nginx!</h1>
```

4）关闭 lb01 上的容器，模拟 lb01 上的 Keepalived 不可用，如下所示。

```
[user@lb01 keepalived]$ docker stop my-keepalived
```

可以看到 lb01 上的虚拟 IP 不见了，如下所示。

```
[user@lb01 keepalived]$ ip a | grep 88
```

虚拟 IP 切换到了 lb02，如下所示。

```
[user@lb02 ~]$ ip a | grep 88
    inet 192.168.0.88/32 scope global ens160
```

5）通过 cli 访问 ngigx，命令如下。

```
[user@cli ~]$ curl lb-vip
```

如果发现返回结果中主机名在 master01～master03 中交替，则说明 lb02 上的 LB 正常运行。

```
<h1>Welcome to master03 nginx!</h1>
<h1>Welcome to master02 nginx!</h1>
<h1>Welcome to master01 nginx!</h1>
```

6）启动 lb01 上的 keepalived 容器，模拟 lb01 恢复，命令如下。

```
[user@lb01 keepalived]$ ./run.sh
```

7）查看 lb01 和 lb02 上的 IP，可知虚拟 IP 仍在 lb02 上，命令如下。

```
[user@lb01 keepalived]$ ip a | grep 88
[user@lb01 keepalived]$
[user@lb02 ~]$ ip a | grep 88
    inet 192.168.0.88/32 scope global ens160
```

8）关闭 lb02 上的容器，模拟 lb02 上的 Keepalived 不可用，如下所示。

```
[user@lb02 keepalived]$ docker stop my-keepalived
```

可以看到，虚拟 IP 已经切换到了 lb01，如下所示。

```
[user@lb02 ~]$ ip a | grep 88
[user@lb02 ~]$
[user@lb01 keepalived]$ ip a | grep 88
    inet 192.168.0.88/32 scope global ens160
```

9）通过 cli 访问 nginx，命令如下。

```
[user@cli ~]$ curl lb-vip
```

如果发现返回结果中主机名在 master01～master03 中交替，则说明 lb01 上的 LB 正常运行。

```
<h1>Welcome to master03 nginx!</h1>
<h1>Welcome to master02 nginx!</h1>
<h1>Welcome to master01 nginx!</h1>
```

10）关闭 master01 上的 nginx 容器，命令如下。

```
[user@master01 ~]$ docker stop nginx
```

通过 cli 访问 nginx，返回结果中的主机名将会在 master02～master03 交替，如下所示。

```
[user@cli ~]$ curl lb-vip
<h1>Welcome to master03 nginx!</h1>
<h1>Welcome to master03 nginx!</h1>
```

11）关闭 master02 上的 nginx 容器，命令如下。

```
[user@master02 ~]$ docker stop nginx
在 cli 上仍能访问 nginx
[user@cli ~]$ curl lb-vip
<h1>Welcome to master03 nginx!</h1>
```

12）关闭 master03 上的 nginx 容器。

```
[user@master03 ~]$ docker stop nginx
nginx
```

此时 RS 节点为 0，cli 无法访问 nginx。

```
[user@cli ~]$ curl lb-vip
curl: (7) Failed to connect to lb-vip port 80: Connection refused
```

13）启动任意一个 RS 节点，如 master02，命令如下。

```
[user@master02 ha]$ ./run.sh
在 cli 上又能访问 nginx
[user@cli ~]$ curl lb-vip
<h1>Welcome to master02 nginx!</h1>
```

至此，基于 Keepalived+LVS 的 LB+HA 测试完成。

6.3 构建基于 Keepalived 的 Kubernetes 高可用集群

本节按照图 6-1 和表 6-1 的配置来构建基于 Keepalived 的 Kubernetes 高可用集群，其中 6.2 节已构建基于 Keepalived 和 LVS 的高可用负载均衡器（HA+LB），本节则主要是构建多 Control Plane 节点的 Kubernetes，然后在 Keepalived 进行 LB 配置，关联 Controle Plane 节点（RS），并进行高可用性测试，具体步骤说明如下。

6.3.1 配置 Keepalived

本节先配置 lb01 上的 Keepalived，配置其 LB 的转发对象为 Controle Plane 节点（6443 端口），具体步骤说明如下。

1）备份配置文件，命令如下。

```
[user@lb01 cfg]$ cp keepalived.conf keepalived.conf.nginx
```

2）编辑新的配置文件，命令如下。

```
[user@lb01 cfg]$ vi keepalived.conf
```

新配置文件内容如下。

```
 1 #设置 vrrp 实例
 2 vrrp_instance VI_1 {
 3         interface ens160
 4
 5         #取值范围 1-255 的任意唯一数字，用来区分运行在同一个 NIC（也是同一个套接字）上
的 vrrpd 实例
 6         #必须设置，否则容器起不来，报错：Exited (0) 1 second ago，日志：Unknown state
 7         virtual_router_id 51
 8         nopreempt
 9
10         #设置虚拟 IP
11         virtual_ipaddress {
12                 192.168.0.88
13         }
14         #当 Keepalived 状态变化时，将调用该脚本，打印信息
15         notify "/container/service/keepalived/assets/notify.sh"
16 }
17
18 #设置 LB
19 virtual_server 192.168.0.88 6443 {
20
21         lvs_sched rr #设置 LVS 调度器为 rr，即 Round-robin，轮询调度
22         lvs_method DR #设置 LVS 转发方式为 DR，即 Direct Routing
23         protocol TCP #设置 L4（第四层）协议为 TCP，备选项有 TCP、UDP 和 SCTP
24
25         #设置 RS
26         #设置第一个 RS 的 IP 和端口
27         real_server 192.168.0.226 6443 {
```

```
28                    #设置 RS 转发的权重（相对值），默认值为 1
29                    weight 1
30                    #采用 TCP 连接来检测 RS 健康状态
31                    TCP_CHECK {
32                             #连接超时时间
33                             connect_timeout 3
34                             #设置连接的端口，即 Kubernetes 的 kube-apiserver 的监听端口
35                             connect_port 6443
36                    }
37            }
38
39            real_server 192.168.0.229 6443 {
40                    weight 1
41                    TCP_CHECK {
42                             connect_timeout 3
43                             connect_port 6443
44                    }
45            }
46
47            real_server 192.168.0.230 6443 {
48                    weight 1
49                    TCP_CHECK {
50                             connect_timeout 3
51                             connect_port 6443
52                    }
53            }
54 }
```

3）运行容器，命令如下。

```
[user@lb01 keepalived]$ ./run.sh
```

4）关闭 lb02，命令如下。

```
[root@lb02 user]# shutdown -h now
```

6.3.2　构建 Control Plane

本节构建 Control Plane 节点，分别是 master01、master02 和 master03，具体步骤说明如下。

1. 准备 master01 节点

1）在 master01 重置 Kubernetes，命令如下。

```
[root@master01 user]# kubeadm reset
```

2）初始化 Kubernetes Master Control Plane 节点，命令如下。

```
[root@master01 user]# kubeadm init --control-plane-endpoint "lb-vip:6443" --
upload-certs --kubernetes-version=1.20.1 --image-repository registry.aliyuncs.com/
google_containers --pod-network-cidr=192.168.2.0/24 --service-cidr=10.96.0.0/12
```

上述命令的关键参数说明如下。

- --control-plane-endpoint "lb-vip:6443"：指定 Control Plane 的访问标识为"lb-vip:6443"，后续 Kubernetes 客户端和 Node 节点都将以该标识来访问 Kubernetes；注意：这里的 Control

Plane 是一个整体的概念，并不是指 master01～master03 中的某个具体节点。其中 lb-vip 是虚拟 IP（192.168.0.88）对应的主机名，6443 则是 kube-apiserve 对外提供服务的端口。

- --upload-cert：将 Control Plane 的证书存储为 kubeadm-certs Secret（用于共享），这样其他的 Control Plane 节点加入 Kubernetes 时，就可以直接使用该证书，无须手动分发。

3）记住命令的输出，用于其他 Control Plane 节点的加入。

```
kubeadm join lb-vip:6443 --token ug7fly.3yikim1bty8lz2z6 \
    --discovery-token-ca-cert-hash  sha256:2f262e1af0e9311d6a15eaf2a3aadbffb21578
d1410839110b06abf5c2aea0ac \
    --control-plane --certificate-key  e4a8b51a9e5e8daa665126eb638b54808b9dd51190
c69b2fa413e463b67c7edd
```

注意：每个人的命令输出是不一样的，以自己的命令输出为准。

4）记住命令的输出，用于后续 Node 节点的加入。

```
kubeadm join lb-vip:6443 --token ug7fly.3yikim1bty8lz2z6 \
    --discovery-token-ca-cert-hash  sha256:2f262e1af0e9311d6a15eaf2a3aadbffb21578
d1410839110b06abf5c2aea0ac
```

注意：每个人的命令输出是不一样的，以自己的命令输出为准。

5）设置 kubectl 客户端接入 Kubernetes，命令如下。

```
[root@master01 ha]# cp /etc/kubernetes/admin.conf /home/user/.kube/config
cp: overwrite '/home/user/.kube/config'? y
[root@master01 ha]# chown user:user /home/user/.kube/config
```

6）运行 kubeclt，验证客户端是否成功接入 Kubernetes，命令如下。

```
[user@master01 ha]$ kubectl get pod -n kube-system
```

7）创建 calico 网络，命令如下。

```
[user@master01 calico]$ kubectl apply -f calico.yaml
```

8）等待所有 Pod running，如图 6-13 所示。

```
NAME                                      READY   STATUS    RESTARTS   AGE
calico-kube-controllers-6b8f6f78dc-4ktjl  1/1     Running   0          12m
calico-node-nf7cd                         1/1     Running   0          12m
coredns-7f89b7bc75-dxwbp                  1/1     Running   0          14m
coredns-7f89b7bc75-n8884                  1/1     Running   0          14m
etcd-master01                             1/1     Running   0          15m
kube-apiserver-master01                   1/1     Running   0          15m
kube-controller-manager-master01          1/1     Running   0          15m
kube-proxy-ptzfs                          1/1     Running   0          14m
kube-scheduler-master01                   1/1     Running   0          15m
```

图 6-13 Pod 运行信息界面

9）设置 kubelet 服务自启动，命令如下。

```
[root@master01 calico]# systemctl enable kubelet
```

2. 准备 cli 节点

本节对 Kubernetes 的 Client 节点（虚拟机名和主机名均为 cli）进行设置，具体步骤说明如下。

1）挂载光驱，命令如下。

```
[root@cli user]# mount /dev/sr0 /media/
```

2）复制 Kubernetes 的 yum 配置文件，命令如下。

```
[root@cli user]# scp master01:/etc/yum.repos.d/CentOS-Kubernetes.repo /etc/yum.repos.d/
```

3）安装 kubectl，命令如下。

```
[root@cli user]# yum -y isntall kubectl-1.20.1-0.x86_64
```

4）远程复制 kubectl 访问 Kubernetes 的配置文件，命令如下。

```
[user@cli ~]$ mkdir .kube
[user@cli ~]$ scp -r master01:/home/user/.kube/config .kube/
```

5）通过 cli 访问 Kubernetes，命令如下。

```
[user@cli ~]$ kubectl get pod -n kube-system
```

如果能够返回如图 6-14 所示的结果，则说明 lb01 上的 Keepalvied 正常工作。

```
NAME                                         READY    STATUS     RESTARTS    AGE
calico-kube-controllers-6b8f6f78dc-4ktjl     1/1      Running    0           12m
calico-node-nf7cd                            1/1      Running    0           12m
coredns-7f89b7bc75-dxwbp                     1/1      Running    0           14m
coredns-7f89b7bc75-n8884                     1/1      Running    0           14m
etcd-master01                                1/1      Running    0           15m
kube-apiserver-master01                      1/1      Running    0           15m
kube-controller-manager-master01             1/1      Running    0           15m
kube-proxy-ptzfs                             1/1      Running    0           14m
kube-scheduler-master01                      1/1      Running    0           15m
```

图 6-14　Pod 运行信息界面

3. 准备 master02/master03 节点

本小节构建 Kubernetes 的 Slave Control Plane 节点 master02 和 master03，具体步骤说明如下。

1）重置 master02 节点上的 Kubernetes 配置信息，命令如下。

```
[root@master02 user]# kubeadm reset
```

2）设置 kubelet 自启动，命令如下。

```
[root@master02 user]# systemctl enable kubelet
```

3）删除虚拟 IP，命令如下。

```
[root@master02 user]# ip addr del dev lo 192.168.0.88/32
```

4）加入 Control Plane，命令如下。

```
[root@master02 user]#
kubeadm join lb-vip:6443 --token ug7fly.3yikim1bty8lz2z6 \
    --discovery-token-ca-cert-hash  sha256:2f262e1af0e9311d6a15eaf2a3aadbffb21578
d1410839110b06abf5c2aea0ac \
    --control-plane --certificate-key e4a8b51a9e5e8daa665126eb638b54808b9dd51190
c69b2fa413e463b67c7edd
```

注意： *每个人的命令输出是不一样的，以自己的命令输出为准。*

执行上述命令后，等待以下内容出现，再继续后面的操作。

```
[etcd] Creating static Pod manifest for "etcd"
[etcd] Waiting for the new etcd member to join the cluster. This can take up to 40s
[kubelet-check] Initial timeout of 40s passed.
```

造成上述超时的原因是 1.20.0 的一个 bug，解决办法是重启 master02 上的 kubelet Service，命令如下。

5）新启动一个终端，连接到 master02，并重启 kubelet Serivce，命令如下。

```
[root@master02 ~]# systemctl restart kubelet
```

此时 Kubernetes join 操作成功后，会显示以下信息。

```
This node has joined the cluster and a new control plane instance was created
```

6）在 master02 上增加虚拟 IP，命令如下。

```
[root@master02 user]# ip addr add dev lo 192.168.0.88/32
```

7）通过 cli 查看节点信息，如果能够看到 master01 和 master02 两个 master 节点，则说明 master02 成功加入 Control Plane。

```
[user@cli ~]$ kubectl get node
NAME           STATUS    ROLES                     AGE        VERSION
master01       Ready     control-plane,master      32m        v1.20.1
master02       Ready     control-plane,master      7m35s      v1.20.1
```

8）重复本节的步骤，运用同样的方法，将 master03 加入到 Control Plane。

```
[user@cli ~]$ kubectl get node
NAME           STATUS       ROLES                    AGE       VERSION
master01       Ready        control-plane,master     34m       v1.20.1
master02       Ready        control-plane,master     10m       v1.20.1
master03       Ready        control-plane,master     4m31s     v1.20.1
```

注意，join 的时候，一定要等待 Kubernetes 所有 Pod 都稳定 running 的时候再 join。

6.3.3　构建 Node 节点

本节为 Kubernetes 添加 Node 节点，具体步骤说明如下。

1）复制 E:\vm\06\node01 到 E:\vm\06\node01，如图 6-15 所示。

图 6-15　虚拟机 node01 文件夹界面

2）启动 node01，复制 master01 上的 hosts 文件，命令如下。

```
[root@node01 user]# scp 192.168.0.226:/etc/hosts /etc/
```

3）重置 node01 节点，命令如下所示。

```
[root@node01 user]# kubeadm reset
```

4）加入 Kubernetes，命令如下。

```
[root@node01 user]#
kubeadm join lb-vip:6443 --token c00u5z.swee0gvucdn3rh68 \
--discovery-token-ca-cert-hash \
sha256:48e91a830f64e98cdc8794c3110c8750c1cee794a0cd7ced481b539949069c20
```

5）通过 cli 查询集群节点信息，命令如下。

```
[user@cli ~]$ kubectl get node
NAME        STATUS    ROLES                   AGE    VERSION
master01    Ready     control-plane,master    41m    v1.20.1
master02    Ready     control-plane,master    17m    v1.20.1
master03    Ready     control-plane,master    11m    v1.20.1
node01      Ready     <none>                  38s    v1.20.1
```

6.3.4　Kubernetes 高可用性测试

本节对 Kubernetes 的高可用性进行测试，模拟 lb01、lb02、master01～master03 各节点不可用的情况，以此测试 Kubernetes 是否可用，具体步骤说明如下。

1. 准备 lb02 节点

1）启动 lb02 节点，复制 lb01 上的 Keepalived 配置文件，命令如下。

```
[user@lb02 cfg]$ cp keepalived.conf keepalived.conf.nginx
[user@lb02 cfg]$ scp lb01:/home/user/keepalived/cfg/keepalived.conf .
```

2）运行 Keepalived 容器，命令如下。

```
[root@lb02 keepalived]# modprobe ip_vs
[user@lb02 keepalived]$ ./run.sh
```

查看虚拟 IP，可知位于 lb01。

```
[user@lb01 ~]$ ip a | grep 88
    inet 192.168.0.88/32 scope global ens160
[user@lb02 keepalived]$ ip a | grep 88
[user@lb02 keepalived]$
```

2. 测试 Kubernetes 是否正常工作

1）查询 Kubernetes 的 Pod 状态，确定所有 Pod 都是 running 状态，如图 6-16 所示。

2）复制 Deploy 文件，命令如下。

```
[user@cli ~]$ mkdir k8s
[user@cli ~]$ cd k8s
[user@cli k8s]$ mkdir deploy
[user@cli k8s]$ cd deploy/
[user@cli deploy]$ scp master01:/home/user/k8s/deploy/dep-nginx.yml .
```

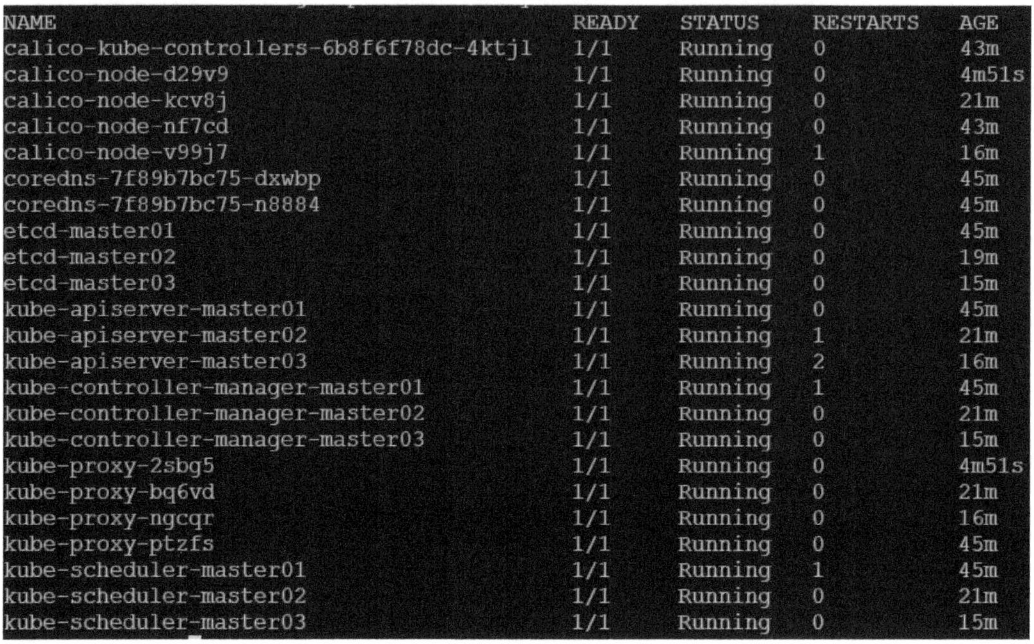

```
NAME                                      READY   STATUS    RESTARTS   AGE
calico-kube-controllers-6b8f6f78dc-4ktjl  1/1     Running   0          43m
calico-node-d29v9                         1/1     Running   0          4m51s
calico-node-kcv8j                         1/1     Running   0          21m
calico-node-nf7cd                         1/1     Running   0          43m
calico-node-v99j7                         1/1     Running   1          16m
coredns-7f89b7bc75-dxwbp                  1/1     Running   0          45m
coredns-7f89b7bc75-n8884                  1/1     Running   0          45m
etcd-master01                             1/1     Running   0          45m
etcd-master02                             1/1     Running   0          19m
etcd-master03                             1/1     Running   0          15m
kube-apiserver-master01                   1/1     Running   0          45m
kube-apiserver-master02                   1/1     Running   1          21m
kube-apiserver-master03                   1/1     Running   2          16m
kube-controller-manager-master01          1/1     Running   1          45m
kube-controller-manager-master02          1/1     Running   0          21m
kube-controller-manager-master03          1/1     Running   0          15m
kube-proxy-2sbg5                          1/1     Running   0          4m51s
kube-proxy-bq6vd                          1/1     Running   0          21m
kube-proxy-ngcqr                          1/1     Running   0          16m
kube-proxy-ptzfs                          1/1     Running   0          45m
kube-scheduler-master01                   1/1     Running   1          45m
kube-scheduler-master02                   1/1     Running   0          21m
kube-scheduler-master03                   1/1     Running   0          15m
```

图 6-16　Pod 运行状态界面

3）创建 Pod，副本个数为 3，命令如下。

```
[user@master01 deploy]$ kubectl apply -f dep-nginx.yml
```

4）查询 Pod 运行情况，命令如下。

```
[user@master01 deploy]$ kubectl apply -f dep-nginx.yml
```

如果能在 node01 看到 3 个 Pod Running，则说明 Pod 创建成功，如图 6-17 所示。

```
NAME                            READY   STATUS    RESTARTS   AGE    IP             NODE
mydeployment-54d5b4d898-7155v   1/1     Running   0          102s   192.168.2.67   node01
mydeployment-54d5b4d898-mqxjj   1/1     Running   0          102s   192.168.2.65   node01
mydeployment-54d5b4d898-pg9zg   1/1     Running   0          102s   192.168.2.66   node01
```

图 6-17　Pod 运行状态界面

3．测试 LB 的高可用性

1）关闭 lb01 上的 keepalived 容器，模拟其不可用。

```
[user@lb01 ~]$ docker stop my-keepalived
```

如下所示，可以看到 lb02 接管了虚拟 IP。

```
[user@lb01 ~]$ ip a | grep 88
[user@lb01 ~]$
[user@lb02 ~]$ ip a | grep 88
    inet 192.168.0.88/32 scope global ens160
```

此时，通过 cli 仍能正常访问 Kubernetes，命令如下。

```
[user@cli deploy]$ kubectl get pod
```

2）启动 lb01 上的 keepalived 容器，模拟其恢复，命令如下。

```
[user@lb01 keepalived]$ ./run.sh
```

此时虚拟 IP 仍在 lb02 上，不冲突。

```
[user@lb01 ~]$ ip a | grep 88
[user@lb01 ~]$
[user@lb02 ~]$ ip a | grep 88
    inet 192.168.0.88/32 scope global ens160
```

通过 cli 能正常访问 Kubernetes，命令如下。

```
[user@cli deploy]$ kubectl get pod
```

3）关闭 lb02 上的 keepalived 容器，模拟其不可用，命令如下。

```
[user@lb02 keepalived]$ docker stop my-keepalived
```

可以看到，lb01 接管了虚拟 IP，如下所示。

```
[user@lb01 ~]$ ip a | grep 88
    inet 192.168.0.88/32 scope global ens160
[user@lb02 ~]$ ip a | grep 88
[user@lb02 ~]$
```

结论：只要 lb01 和 lb02 上有 1 个 Keeplaived 容器可用，则 cli 始终能访问 Kubernetes。

4. 测试 Control Plane 的高可用性

1）关闭 master01 上的 kubelet，删除所有容器，模拟其不可用，命令如下。

```
[root@master01 user]# systemctl stop kubelet
[user@master01 ~]$ docker stop $(docker ps -a -q)
[user@master01 ~]$ docker rm $(docker ps -a -q
```

通过 cli 正常访问 Kubernetes，命令如下。

```
[user@cli deploy]$ kubectl get pod
NAME                              READY   STATUS    RESTARTS   AGE
mydeployment-54d5b4d898-8dvxk     1/1     Running   0          13m
mydeployment-54d5b4d898-n545f     1/1     Running   0          13m
mydeployment-54d5b4d898-t6zgf     1/1     Running   0          13m
```

2）关闭 master02 上的 kubelet，删除所有容器，模拟其不可用，命令如下。

```
[root@master02 user]# systemctl stop kubelet
[user@master02 ~]$ docker stop $(docker ps -a -q)
[user@master02 ~]$ docker rm $(docker ps -a -q)
```

此时通过 cli 无法访问 Kubernetes，查看 lb01 上的 Keepalived 日志，可以看到 master02（192.168.0.229）被移除了，如下所示。

```
    Sat Feb 19 06:52:41 2022: TCP_CHECK on service [192.168.0.226]:tcp:6443 failed
after 1 retries.
    Sat Feb 19 06:52:41 2022: Removing service [192.168.0.226]:tcp:6443 to VS
[192.168.0.88]:tcp:6443
    Sat Feb 19 06:54:22 2022: TCP_CHECK on service [192.168.0.229]:tcp:6443 failed
after 1 retries.
    Sat Feb 19 06:54:22 2022: Removing service [192.168.0.229]:tcp:6443 to VS
[192.168.0.88]:tcp:6443
```

3）启动 master01，模拟其恢复，命令如下。

```
[root@master01 user]# systemctl start kubelet
```

等待一会后，通过 cli 可以正常访问 Kubernetes，如下所示。

```
[user@cli deploy]$ kubectl get pod
NAME                              READY    STATUS    RESTARTS    AGE
mydeployment-54d5b4d898-8dvxk     1/1      Running   0           17m
mydeployment-54d5b4d898-n545f     1/1      Running   0           17m
mydeployment-54d5b4d898-t6zgf     1/1      Running   0           17m
```

4）关闭 master03 上的 kubelet，删除所有容器，模拟其不可用，命令如下。

```
[root@master03 user]# systemctl stop kubelet
[user@master03 ~]$ docker stop $(docker ps -a -q)
[user@master03 ~]$ docker rm $(docker ps -a -q)
```

此时 cli 再次无法访问 Kubernetes，返回信息如下所示。

```
[user@cli deploy]$ kubectl get pod
Error from server: etcdserver: request timed out
```

5）启动 master02，模拟其恢复，命令如下。

```
[root@master02 user]# systemctl start kubelet
```

等待一会后，通过 cli 可以正常访问 Kubernetes。

```
[user@cli deploy]$ kubectl get pod
NAME                              READY    STATUS    RESTARTS    AGE
mydeployment-54d5b4d898-8dvxk     1/1      Running   0           21m
mydeployment-54d5b4d898-n545f     1/1      Running   0           21m
mydeployment-54d5b4d898-t6zgf     1/1      Running   0           21m
```

通过以上实践可知：3 节点的 Control Plane 可以容忍 1 个节点不可用。

第 7 章
Kubernetes 监控与告警
（Prometheus+Grafana）

本章介绍 Kubernetes 监控与告警，包括：Kubernetes 系统组件指标；Prometheus 监控 Kubernetes；Grafana 展示 Kubernetes 监控数据；Kubernetes 监控告警。掌握这些知识点可以加深对 Kubernetes 的理解，增加保障 Kubernetes 正常运行的使用经验。

7.1　Kubernetes 系统组件指标（Metrics）

为了便于掌握 Kubernetes 组件的运行情况，特别是构建监控仪表盘（Dashboard）和监控告警，Kubernetes 的核心组件（kube-controller-manager、kube-proxy、kube-apiserver、kube-scheduler 和 kubelet）都提供 HTTP 服务，来供外部获取对应组件的指标（Metrics），具体说明如下。

Kubernetes 组件提供的 Metrics 是按照 Prometheus（一个开源的监控和告警系统）的格式组织的，因此，这些指标可以无缝接入 Prometheus。

1. 获取 kube-controller-manager 指标

复制 E:/vm/02 目录下的虚拟机目录 master01、node01 和 node02 到 E:/vm/07 目录，如图 7-1 所示。

图 7-1　虚拟机目录界面

启动 E:/vm/07 下的虚拟机 master01、node01 和 node02，并使用 Putty 连接到 master01，获取 Kubernetes 的 Node 信息，如下所示。

```
[user@master ~]$ kubectl get node
NAME          STATUS       ROLES                   AGE    VERSION
master        Ready        control-plane,master    23d    v1.20.1
```

119

```
node01          Ready          <none>                          23d    v1.20.1
node02          Ready          <none>                          21d    v1.20.1
```

根据官方文档（https://v1-20.docs.kubernetes.io/docs/concepts/cluster-administration/system-metrics/）的说明，可以通过 Kubernetes 组件的 HTTP 服务器的 /metrics 路径来获取该组件指标，因此，下面的关键就是要获取每个组件 HTTP 服务器的监听地址和端口，以 kube-controller-manager 为例，具体步骤如下。

查看 kube-controller-manager 的 YAML 文件，命令如下。

```
[root@master user]# vi /etc/kubernetes/manifests/kube-controller-manager.yaml
```

在第 16 行，可以看到 kube-controller-manager 的 Metrics HTTP 服务器的监听地址为 127.0.0.1。

```
16      - --bind-address=127.0.0.1
```

以上是配置文件的内容，还可以直接查看 kube-controller-manager 的 Pod 配置内容，如下所示。

```
[user@master ~]$ kubectl edit pod kube-controller-manager-master -n kube-system
```

上述命令执行后，可以看到第 33 行内容如下所示。

```
33      - --bind-address=127.0.0.1
```

第 53 行和第 68 行内容佐证了监听端口为 10257。

```
53          port: 10257
68          port: 10257
```

第 54 行内容佐证访问协议为 HTTPS。

```
54          scheme: HTTPS
```

查看 Host（master01）上 kube-controller-manager-master 进程监听端口。

```
[root@master ca]# pid=$(ps -A | grep kube-controller | awk '{print $1}')
[root@master user]# lsof -i | grep $pid | grep LISTEN
```

上述命令输出如下，可知 kube-controller-manager-master 进程在 10257 端口监听。

```
kube-cont 2571    root    7u IPv4 38045      0t0  TCP localhost:10257 (LISTEN)
```

获取 Metrics，命令如下。

```
[user@master ~]$ curl https://127.0.0.1:10257/metrics
```

执行上述命令会提示需要证书，如下所示。

```
curl: (60) SSL certificate problem: self signed certificate in certificate chain
```

编写脚本，生成证书，命令如下。

```
[user@master ~]$ cd k8s/
[user@master k8s]$ mkdir ca
[user@master ca]$ vi cert.sh
```

输入以下内容。

```
1 #!/bin/bash
2 grep 'client-certificate-data' ~/.kube/config | head -n 1 | awk '{print $2}' |
base64 -d >> kubecfg.crt
```

```
3 grep 'client-key-data' ~/.kube/config | head -n 1 | awk '{print $2}' | base64 -
d >> kubecfg.key
4 openssl pkcs12 -export -clcerts -inkey kubecfg.key -in kubecfg.crt -out
kubecfg.p12 -name "kubernetes-client"
```

生成证书的命令如下，这些证书将用于客户端通过 HTTPS 获取 kube-controller-manager 的
Metrics。

```
[user@master ca]$ chmod +x cert.sh
[user@master ca]$ ./cert.sh
```

在提示输入 Password 的地方，直接按下〈Enter〉键，如下所示。

```
Enter Export Password:
Verifying - Enter Export Password:
```

使用前面生成的证书，再次获取 Metrics，命令如下。

```
[user@master ca]$
curl -k --cert kubecfg.crt --key kubecfg.key https://127.0.0.1:10257/metrics >
kube-controller_metrics
```

打开 kube-controller_metrics，内容如下所示。

```
1 # HELP apiserver_audit_event_total [ALPHA] Counter of audit events generated
and sent to the audit backend.
2 # TYPE apiserver_audit_event_total counter
3 apiserver_audit_event_total 0
......
```

2．获取 kube-proxy 指标

和 kube-controller-manager-master 不同，kube-proxy 的配置位于 Configmap kube-proxy 之
中，查看命令如下。

```
[user@master ca]$ kubectl edit configmap kube-proxy -n kube-system
```

由第 43 行可知，kube-proxy 的 Metrics HTTP 服务器将在所有地址上监听。

```
43    metricsBindAddress: "0.0.0.0"
```

由 kube-proxy 的官方文档（https://v1-20.docs.kubernetes.io/docs/reference/config-api/kube-
proxy-config.v1alpha1/）可知，Metrics HTTP 服务器的默认监听端口是 10249。

查看 Host（master01）上 kube-proxy 进程监听端口。

```
[root@master ca]# pid=$(ps -A | grep kube-proxy | awk '{print $1}')
[root@master user]# lsof -i | grep $pid | grep LISTEN
```

上述命令输出如下，可知 kube-proxy 进程在 10249 端口监听。

```
kube-prox 3247    root   14u  IPv6 41097      0t0  TCP *:10249 (LISTEN)
```

获取 Metrics，命令如下，其中 127.0.0.1 可以用另一个 IP（192.168.0.226）来替代。

```
[user@master ca]$ curl http://127.0.0.1:10249/metrics > kube-proxy_metrics
```

注意：使用 curl http://127.0.0.1:10256/healthz，可以获取 kube-proxy 的健康状态。

打开 kube-proxy_metrics，内容如下所示。

121

```
......
227 # HELP process_cpu_seconds_total Total user and system CPU time spent in
seconds.
228 # TYPE process_cpu_seconds_total counter
229 process_cpu_seconds_total 8.77
......
```

3．获取 kube-apiserver 指标

查看 kube-apiserver 启动参数文档：https://v1-20.docs.kubernetes.io/zh/docs/reference/command-line-tools-reference/kube-apiserver/，可知，kube-apiserver 的 Metrics 的 HTTP 服务器的监听地址由 --bind-address 指定。

查看 kube-apiserver 的配置文件，命令如下。

```
[root@master ca]# vi /etc/kubernetes/manifests/kube-apiserver.yaml
```

执行上述命令后，发现并未设置 --bind-address。

查询 Pod kube-apiserver 的配置，命令如下。

```
[user@master ca]$ kubectl edit pod kube-apiserver-master -n kube-system
```

由上述命令的输出，可确认并未设置 --bind-address。

根据 kube-apiserver 的官方文档可知，如果没有设置 --bind-address，则 kube-apiserver Metrics HTTP 服务器默认会在所有地址上监听，默认监听端口是 6443。

查看 Host（master01）上 kube-apiserver 进程监听端口，加入 -P 直接显示端口号。

```
[root@master ca]# pid=$(ps -A | grep kube-apiserver | awk '{print $1}')
[root@master ca]# lsof -i -P | grep $pid | grep LISTEN
```

由上述命令的输出可知， kube-apiserver 进程在 6443 端口监听。

```
kube-apis 2564   root   7u IPv6 37926        0t0 TCP *:6443 (LISTEN)
```

获取 Metrics，命令如下。

```
[user@master ca]$
curl -k --cert kubecfg.crt --key kubecfg.key https://127.0.0.1:6443/metrics >
kube-apiserver_metrics
```

打开 kube-apiserver_metrics，内容如下所示。

```
18771 # HELP process_cpu_seconds_total Total user and system CPU time spent in
seconds.
18772 # TYPE process_cpu_seconds_total counter
18773 process_cpu_seconds_total 747.53
......
```

4．获取 kube-scheduler 指标

查看 kube-scheduler 启动参数文档：https://v1-20.docs.kubernetes.io/zh/docs/reference/command-line-tools-reference/kube-scheduler/，可知，kube-scheduler 的 Metrics 的 HTTP 服务器的监听地址由 --bind-address 指定，默认监听端口是 10259。

查看 kube-scheduler 的配置文件，命令如下。

```
[root@master ca]# vi /etc/kubernetes/manifests/kube-scheduler.yaml
```

执行上述命令后，第 16 行指定 --bind-address 为 127.0.0.1。

```
16     - --bind-address=127.0.0.1
```

查询 Pod kube-scheduler 的配置，命令如下。

```
[user@master ca]$ kubectl edit pod kube-scheduler-master -n kube-system
```

由上述命令的输出，可确认 --bind-address 设置如下。

```
33     - --bind-address=127.0.0.1
```

第 44 行和第 45 行内容，佐证了 kube-scheduler 的 Metrics 的 HTTP 服务器的监听端口是 10259，使用 HTTPS 协议。

```
44          port: 10259
45          scheme: HTTPS
```

查看 Host（master01）上 kube-scheduler 进程监听端口，加入 -P 直接显示端口号。

```
[root@master ca]# pid=$(ps -A | grep kube-scheduler | awk '{print $1}')
[root@master ca]# lsof -i -P | grep $pid | grep LISTEN
```

上述执行输出如下，可知 kube-scheduler 进程在 10259 端口监听。

```
kube-sche 2654    root    7u  IPv4 38084      0t0  TCP localhost:10259 (LISTEN)
```

获取 Metrics，命令如下。

```
[user@master ca]$
curl -k --cert kubecfg.crt --key kubecfg.key https://127.0.0.1:10259/metrics >
kube-scheduler_metrics
```

打开 kube-scheduler_metrics，内容如下所示。

```
176 # HELP process_cpu_seconds_total Total user and system CPU time spent in
seconds.
177 # TYPE process_cpu_seconds_total counter
178 process_cpu_seconds_total 31.63
......
```

5. 获取 kubelet 指标

查看 kubelet 配置文档：https://v1-20.docs.kubernetes.io/docs/reference/config-api/kubelet-config.v1beta1/，可知，kubelet 的 Metrics 的 HTTP 服务器的监听地址由 address 指定，默认监听端口是 10250。

注意：上述配置可以编辑/var/lib/kubelet/config.yaml 进行修改。

查看 Host（master01）上 kubelet 进程监听端口，加入 -P 直接显示端口号。

```
[root@master ca]# pid=$(ps -A | grep kubelet | awk '{print $1}')
[root@master ca]# lsof -i -P | grep $pid | grep LISTEN
```

上述执行输出如下，可知 kubelet 进程在所有 IP 地址的 10250 端口监听。

```
kubelet  1151    root   30u  IPv6 34232      0t0  TCP *:10250 (LISTEN)
```

获取 Metrics，命令如下。

```
[user@master ca]$
curl -k --cert kubecfg.crt --key kubecfg.key https://127.0.0.1:10250/metrics >
kubelet_metrics
```

打开 kubelet_metrics，内容如下所示。

```
864 # HELP process_cpu_seconds_total Total user and system CPU time spent in
seconds.
865 # TYPE process_cpu_seconds_total counter
866 process_cpu_seconds_total 533.57
......
```

6．获取 etcd 指标

查看 etcd 的配置文件，命令如下。

```
[root@master ca]# vi /etc/kubernetes/manifests/etcd.yaml
```

由第 24 行可知，etcd 的 Metrics HTTP 服务器的监听地址为 127.0.0.1，端口为 2381。

```
24     - --listen-metrics-urls=http://127.0.0.1:2381
```

查询 Pod etcd 的配置，命令如下。

```
[user@master ca]$ kubectl edit pod etcd-master -n kube-system
```

由上述命令的输出，可确认 etcd 的 Metrics HTTP 服务器监听地址为 127.0.0.1，端口为 2381。

```
40     - --listen-metrics-urls=http://127.0.0.1:2381
```

第 56、57 行佐证 Metrics HTTP 服务器使用 HTTP 协议。

```
56          port: 2381
57          scheme: HTTP
```

查看 etcd 的监听端口，命令如下。

```
[root@master ca]# pid=$(ps -A | grep etcd | awk '{print $1}')
[root@master ca]# lsof -i -P | grep $pid | grep LISTEN
```

运行上述命令可知，etcd 在 2381 端口监听，如下所示。

```
etcd    2625    root    11u IPv4 38096      0t0 TCP localhost:2381 (LISTEN)
```

获取 Metrics，命令如下。

```
[user@master ca]$
[user@master ca]$ curl http://127.0.0.1:2381/metrics > etcd_metrics
```

打开 etcd_metrics，内容如下所示。

```
1464 # HELP process_cpu_seconds_total Total user and system CPU time spent in
seconds.
1465 # TYPE process_cpu_seconds_total counter
1466 process_cpu_seconds_total 242.19
......
```

至此，Kubernetes 所有组件的 Metrics 获取完毕。

7.2　Prometheus 监控 Kubernetes

Prometheus 是一个开源的监控和告警系统，它会收集和存储监控对象（包括但不限于 Kubernetes）的指标数据，打上时间戳构成时序数据，并在达到条件时触发告警。

Kubernetes 和 Prometheus 配合非常紧密，首先 Kubernetes 核心组件的指标数据是 Prometheus 格式，可直接接入 Prometheus；其次 Prometheus 不仅能监控 Kubernetes 核心组件的运行情况，还能监控 Kubernetes 所管理的 Pod 和容器运行情况，并能有效告警；此外，Prometheus 还支持通过服务发现来找到监控对象，这种方式相对静态配置监控对象的方式来说更加灵活，更适用于 Kubernetes 的应用场景。

CNCF 对 Prometheus 非常重视，Prometheus 自 2016 年加入 CNCF 后，于 2018 年就成为继 Kubernetes 之后，第二个从 CNCF 毕业的项目。

7.2.1　Prometheus 架构和核心概念

本节介绍 Prometheus 的架构和核心概念，它们将为后续深入学习 Prometheus，掌握 Prometheus 的使用打下基础。

1．Prometheus 架构

Prometheus 架构的核心组件由图 7-2（本图引自：Architecture [EB/OL].[2022-3-31]. https://prometheus.io/docs/introduction/overview/）的蓝色模块所示，包括：Prometheus server、Alertmanager、Prometheus web UI 和 Pushgateway，具体说明如下。

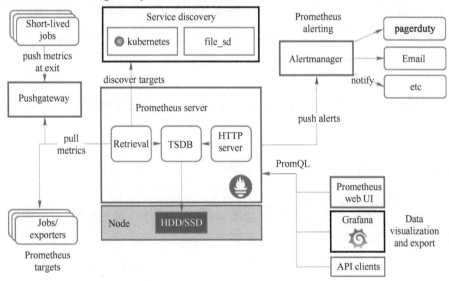

图 7-2　Prometheus 监控架构图

（1）Prometheus server

负责监控对象的发现、监控指标数据的采集和存储、告警信息的推送、并提供 HTTP 服务供数据可视化组件查询。

（2）Alertmanager

接收 Prometheus server 推送的告警信息，并根据配置，将采用 Email 或 pagerduty 等手段来通知告警。其中 pagerduty 是业内知名的监控通知系统，它可以将告警信息以短信+电话等方式通知给运维人员。

（3）Prometheus web UI

Prometheus 自带的 Web 可视化工具，它通过 PromQL 向 Prometheus server 的 HTTP 服务器查询数据，展示 Prometheus 的监控对象、监控配置、监控数据、告警配置和告警数据等信息。

Grafana 也是 Prometheus 常用的可视化工具，它的可视化效果更好、配置更灵活、功能更强大。

（4）Pushgateway

一个中间服务，它可以将监控指标推送给 Prometheus server，用于 Prometheus server 无法抓取监控对象指标的情况。根据 Prometheus 官方建议，Pushgateway 通常用于获取短生命周期任务（Short-lived jobs）的指标，这些任务通常不是常驻进程，执行完即退出，而且一般和其所在的主机和监控对象没有关联。

2. Prometheus 核心概念

（1）Endpoint

Endpoint 指可供 Prometheus 抓取指标数据的网络实体，它通常对应一个在某个 IP 和端口上进行监听的单进程。

（2）Target

Target 是 Prometheus 监控对象的定义，例如，该监控对象包含哪些标签（Label）、连接时采用何种认证、以及配置 Prometheus 如何抓取指标数据等。

Target 本质上是 Endpoint 在 Prometheus 中的一个映射，Target 是 Prometheus 最重要的概念之一，所有的一切都是围绕 Target 展开的。

（3）Job

Job 是一组具有相同作用的 Target 集合，例如监控一组为了扩展性或可靠性而组合在一起的互为副本的进程。

（4）Instance

Instance 是一个标签（Label），它由（主机名：端口）组成，用来唯一标识一个 Job 内的 Target。

当 Prometheus 监控一个 Target 时，它会自动给抓取的指标（时序数据）打上标签，标签由 Job（事先配置好的 Target 所属 Job 的名字）和 Instance（主机名+端口，监控对象 URL 的一部分）组成。

（5）Exporter

Exporter 将第三方系统的指标转换成 Prometheus 格式指标，帮助这些系统接入 Prometheus，它是一个运行在第三方系统（Prometheus 抓取对象）旁的程序。根据第三方系统的用途，又可以分为：数据库、硬件、问题追踪和持续集成、消息系统、存储和 HTTP 等 Exporter。

有关 Prometheus Exporter 的详细信息，可以参考 https://prometheus.io/docs/instrumenting/exporters/。

（6）PromQL

PromQL 是 Prometheus 查询语言，它支持聚合（aggregation）、交叉分析（slicing and dicing）、预测（prediction）和连接（joins）等多种操作。

有关 Prometheus 的其他术语，参考 https://prometheus.io/docs/introduction/glossary/。

3. Prometheus 服务发现机制

Prometheus 的 Target 可以在 Prometheus server 配置文件中进行配置（如 Pushgateway 和 Exporter 都可以用这种方式来向 Prometheus 注册 Target），这种静态配置方式简单方便，但也有其局限性，例如每个 Target 都要手动配置、重启 Prometheus server 加载配置等，既增大了工作量，又会造成 Prometheus 监控的中断，尤其不适应 Target 规模大且动态变化快的情况。

因此，Prometheus 提供多种服务发现机制来自动发现 Target，例如 Prometheus 可以接入 Kubernetes 和 Consul 等服务发现系统，自动发现这些系统中的服务，来自动生成 Target（监控对象）。整个过程无须修改 Prometheus server 配置文件，也无须重启 Prometheus server 加载配置。

Prometheus service discovery（SD）参考：https://github.com/prometheus/prometheus/tree/main/discovery。

7.2.2　Prometheus 快速部署（kube-prometheus）

部署 Prometheus 监控 Kubernetes 是一个非常复杂的系统工程，为了简化这项工作，本书推荐使用 kube-prometheus[12]进行部署，和其他的部署方式相比，kube-promethues 提供一套完整而又相对成熟的解决方案，它可以很方便地将 Prometheus 部署到 Kubernetes，并且快速构建监控 Kubernetes 的技术栈，包括：Prometheus Operator、高可用 Prometheus、高可用 Alertmanager、Prometheus node-exporter、Prometheus Adapter for Kubernetes Metrics APIs、kube-state-metrics 和 Grafana。该技术栈提供了预先配置，这样可以直接收集所有 Kubernetes 核心组件的指标数据，此外它还提供了一组默认的仪表盘和警报规则。

Operators 是 Kubernetes 的一种软件扩展，它无须修改 Kubernetes 代码，就可以实现自定义资源（Custom Resources）的控制器，使得这些自定义资源按照期望（配置）的状态运行（ https://kubernetes.io/docs/concepts/extend-kubernetes/operator/ ）。同样的，kube-prometheus 在 Kubernetes 中实现了名字为 Prometheus 的自定义资源，而 Prometheus Operator 则实现了 Prometheus 这个自定义资源的控制器。此外，kube-state-metrics（KSM）是一个简单的服务，它侦听 Kubernetes API 服务器并生成 Kubernetes 内部对象（不是 Kubernetes 自身组件）如 Deployment、Node 和 Pod 等对象的运行状态。

由于 kube-promethues 和 Kubernetes 属于不同的开源项目，彼此存在兼容性问题，具体如图 7-3 所示（本图引自：Use Prometheus to monitor Kubernetes and applications running on Kubernetes [EB/OL].[2022-3-31]. https://github.com/prometheus-operator/kube-prometheus/tree/release-0.8）。本书的 Kubernetes 版本为 1.20.1，因此，选择 kube-prometheus 的版本为 release-0.8。

至此，部署 Prometheus 的技术选型（kube-promethues）和版本均已确定，接下来完成部署，具体操作说明如下。

1. 准备 Kubernetes

本节 Prometheus 所监控的 Kubernetes，即 7.1 节中所构建的 Kubernetes，包括 master、 node01 和 node02 这 3 个虚拟机节点。

kube-prometheus stack	Kubernetes 1.19	Kubernetes 1.20	Kubernetes 1.21	Kubernetes 1.22	Kubernetes 1.23
release-0.7	✔	✔	✗	✗	✗
release-0.8	✗	✔	✔	✗	✗
release-0.9	✗	✗	✔	✔	✗
release-0.10	✗	✗	✗	✔	✔
main	✗	✗	✗	✔	✔

图 7-3　kube-prometheus 和 Kubernetes 兼容矩阵图

2. 安装 kube-prometheus

下载 kube-prometheus 安装包，命令如下。

```
[user@master ~]$ mkdir prometheus
[user@master ~]$ cd prometheus/
[user@master prometheus]$
wget -c https://github.com/prometheus-operator/kube-prometheus/archive/refs/tags/
v0.8.0.tar.gz
```

解压安装包，命令如下。

```
[user@master prometheus]$ tar xf v0.8.0.tar.gz
```

3. 启动 kube-prometheus

快速启动，命令如下。

```
[user@master prometheus]$ cd kube-prometheus-0.8.0
[user@master kube-prometheus-0.8.0]$ ./scripts/monitoring-deploy.sh
```

注意，此处运行可能会报错，如下所示。

```
    Error from server (AlreadyExists): error when creating "manifests/prometheus-
adapter-apiService.yaml": apiservices.apiregistration.k8s.io "v1beta1.metrics.k8s.io"
already exists
    Error from server (AlreadyExists): error when creating "manifests/prometheus-
adapter-clusterRoleAggregatedMetricsReader.yaml": clusterroles.rbac.authorization.k8s.io
"system:aggregated-metrics-reader" already exists
```

这是因为之前安装了 metrics-server 的缘故，删除 metrics-server 即可，命令如下。

```
[user@master kube-prometheus-0.8.0]$ cd ~/k8s/metrics/
[user@master metrics]$ kubectl delete -f components.yaml
```

清除 Kubernetes 中已创建的 Prometheus 相关资源，命令如下。

```
[user@master metrics]$ cd -
[user@master kube-prometheus-0.8.0]$
kubectl delete --ignore-not-found=true -f manifests/ -f manifests/setup
```

如果上述命令输出 "serviceaccount "prometheus-operator" deleted" 后等待很久没有退出，可以按下〈Ctrl+C〉中断当前命令，再次执行上述 "kubectl delete ……" 命令即可。

再次启动，命令如下。

```
[user@master kube-prometheus-0.8.0]$ ./scripts/monitoring-deploy.sh
```

查看 Prometheus 对应的 Pod，命令如下。

```
[user@master kube-prometheus-0.8.0]$ kubectl get pod -n monitoring
```

正常情况下，会发现有 1 个 Pod（kube-state-metrics）运行失败，如下所示。

```
kube-state-metrics-76f6cb7996-pr9zw    2/3    ImagePullBackOff    0    58s
```

修改上述 Pod 对应 Image 的下载地址，命令如下。

```
[user@master kube-prometheus-0.8.0]$ vi manifests/kube-state-metrics-deployment.yaml
```

注释第 34 行，添加第 35 行，如下所示。

```
34        #image: k8s.gcr.io/kube-state-metrics/kube-state-metrics:v2.0.0
35        image: bitnami/kube-state-metrics:2.0.0
```

使得配置生效，命令如下。

```
[user@master kube-prometheus-0.8.0]$
kubectl apply -f manifests/kube-state-metrics-deployment.yaml
```

等待一段时间后，再次查看 Pod（kube-state-metrics）运行情况，命令如下。

```
[user@master kube-prometheus-0.8.0]$ kubectl get pod -n monitoring
```

可以看到该 Pod 的状态为 Running，说明正常运行。

```
kube-state-metrics-6cb48468f8-8cds6    3/3    Running    0    2m11s
```

查看 kube-prometheus 所启动的 Pod，命令如下。

```
[user@master kube-prometheus-0.8.0]$ kubectl get pod -n monitoring
```

上述命令执行结果如下。

```
NAME                                    READY    STATUS     RESTARTS    AGE
alertmanager-main-0                     2/2      Running    4           44h
alertmanager-main-1                     2/2      Running    6           44h
alertmanager-main-2                     2/2      Running    4           44h
blackbox-exporter-55c457d5fb-p27pp      3/3      Running    9           44h
grafana-9df57cdc4-dnnpt                 1/1      Running    3           44h
kube-state-metrics-6cb48468f8-8cds6     3/3      Running    7           44h
node-exporter-448n4                     2/2      Running    4           44h
node-exporter-n9p9s                     2/2      Running    6           44h
node-exporter-pvtsr                     2/2      Running    4           44h
prometheus-adapter-59df95d9f5-gvbzg     1/1      Running    5           44h
prometheus-adapter-59df95d9f5-xskv2     1/1      Running    3           44h
prometheus-k8s-0                        2/2      Running    5           44h
prometheus-k8s-1                        2/2      Running    7           44h
prometheus-operator-7775c66ccf-7vzm6    2/2      Running    5           44h
```

上述 Pod 构成了 Prometheus 监控技术栈，具体说明如表 7-1 所示。

表 7-1　Prometheus 监控技术栈表

序号	Pod	说　明
1	alertmanager-main-0	实现了高可用的 Prometheus alertmanager
	alertmanager-main-1	
	alertmanager-main-2	

（续）

序号	Pod	说 明
2	blackbox-exporter-55c457d5fb-p27pp	Prometheus 官方 Exporter，它可以使用 HTTP、HTTPS、DNS、TCP 和 ICMP 对 Endpoint 进行黑盒探测
3	grafana-9df57cdc4-dnnpt	Prometheus 监控数据 Web 展示系统
4	kube-state-metrics-6cb48468f8-8cds6	Prometheus 官方 Exporter，它用来监控 Kubernetes 内部对象（非核心组件）如 Deployment、Pod 和 Node 等的健康状态
5	node-exporter-448n4 node-exporter-n9p9s node-exporter-pvtsr	Prometheus 官方 Exporter，它用来监控节点硬件和 Linux 内核指标
6	prometheus-adapter-59df95d9f5-gvbzg prometheus-adapter-59df95d9f5-xskv2	将 Prometheus 所采集的数据转换为 Kubernetes 兼容的格式，供 Kubernetes 使用，例如实现自定义指标的 HPA 等
7	prometheus-k8s-0 prometheus-k8s-1	实现了高可用的 Prometheus，运行 prometheus 程序
8	prometheus-operator-7775c66ccf-7vzm6	使用自定义资源（Custom Resource Definition/CRDs，典型的如 prometheus、alertmanager 和 servicemonitor 等）在 Kubernetes 中管理 Prometheus

4．Web 访问 Prometheus

查看 Prometheus Web 访问的 Service，命令如下。

```
[user@master kube-prometheus-0.8.0]$ kubectl get svc -n monitoring | grep k8s
```

由输出可知，该 Service 的虚拟 IP 为 10.110.210.40，端口为 9090，如下所示。

```
prometheus-k8s  ClusterIP  10.110.210.40  <none>      9090/TCP                    13m
```

在 Kubernetes 集群内部节点使用命令访问该 Web，如下所示。

```
[user@master kube-prometheus-0.8.0]$ curl 10.110.210.40:9090
```

如果返回以下信息，则说明 Web 正常工作。

```
<a href="/graph">Found</a>.
```

编写 Service（NodePort）供外部访问，命令如下。

```
[user@master prometheus]$ mkdir prom
[user@master prometheus]$ vi prom/svc-prometheus.yml
```

添加以下内容，如下所示。

```
 1 apiVersion: v1
 2 kind: Service
 3 metadata:
 4   namespace: monitoring
 5   name: svc-prometheus
 6
 7 spec:
 8   type: NodePort
 9   ports:
10   - name: http
11     port: 9090
12     targetPort: 9090
13     protocol: TCP
```

```
14      nodePort: 30001
15    selector:
16      app: prometheus
17      app.kubernetes.io/component: prometheus
18      app.kubernetes.io/name: prometheus
19      app.kubernetes.io/part-of: kube-prometheus
20      prometheus: k8s
```

第 16～20 行来源 svc prometheus-k8s 配置，通过 " kubectl edit svc prometheus-k8s　-n monitoring" 查询得到。

删除之前创建的 Service（svc-nginx 占用了 30001 端口，需要先删除），命令如下。

```
[user@master prometheus]$ kubectl delete svc svc-nginx
```

创建 Service，命令如下。

```
[user@master prometheus]$ kubectl apply -f prom/svc-prometheus.yml
```

在 Host 主机浏览器输入 http://192.168.0.226:30001/，访问 Web 页面，如图 7-4 所示。

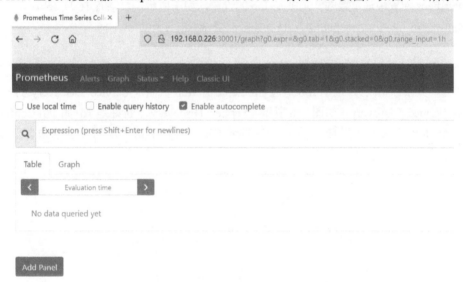

图 7-4　Prometheus Web 页面图

7.2.3　Prometheus 监控机制与配置

要实现 Prometheus 监控 Kubernetes，掌握 Prometheus 的监控机制与配置是必须的，而且本书使用 kube-prometheus 构建 Prometheus，因此还要掌握 kube-prometheus 同 Prometheus 的交互机制，具体说明如下。

1. Prometheus Target 发现机制

Target 发现机制非常重要，因为 Prometheus 一切围绕 Target 展开，而 Target 发现是 Prometheus 监控的第一步，也是位于源头的关键一步。Prometheus 会自动发现 Target，同时也向用户屏蔽了背后的细节，但是作为一名运维人员必须理解这个背后的机制。

查看 Prometheus 的配置，点击 Prometheus Web UI 中的 Status->Configuration，如图 7-5 所示。

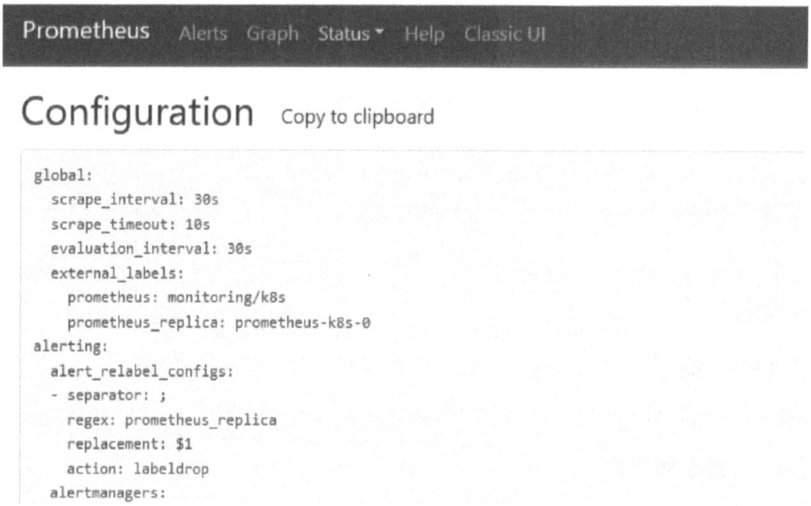

图 7-5　Prometheus 配置界面

Prometheus 配置中最重要的一项就是 Job 的设置，如下所示，总共有 16 项 Job。

```
- job_name: serviceMonitor/monitoring/alertmanager/0
.....
```

每个 Job 就是一个监控任务，它监控 1 组（1 个或多个）Target（这些 Target 的 URL 除了 IP 地址不同外，其余都相同），每个 Job 对应 Prometheus Web 页面中 Service Discovery 的一项，点击 Status->Service Discovery，如图 7-6 所示，Service Discovery 下正好是 16 项，和 Configuration 中的 16 个 Job 正好一一对应。其中，Service Discovery 下每一项的名字就来自于 Job 的 job_name 值。

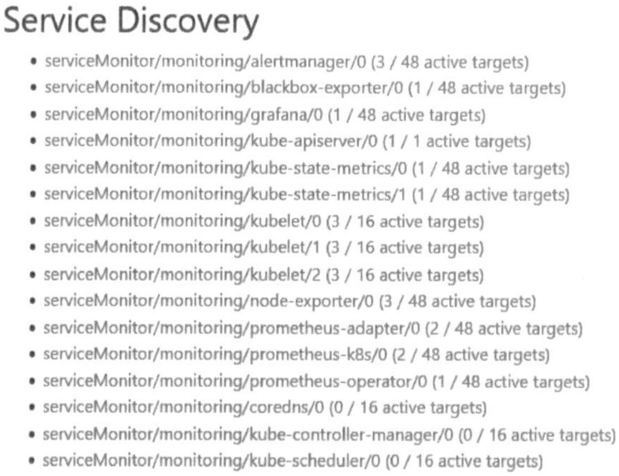

图 7-6　Prometheus Service Discovery 界面

Job 中有 1 个非常重要的设置 role，它表示该 Job 中 Target 的类型，例如本例中 16 个 Job 的 role 都配置成了 endpoints（- role: endpoints），这就意味着 Prometheus 会根据 Kubernetes 中 Service 所对应的 Endpoint 来发现 Target，每个 Target 由 Endpoint 名、IP、Port、协议"四元组"决定，此外如果该 Endpoint 背后的载体是 Pod，那么该 Pod 所有的端口（这些端口不一定都是 Endpoint 中的端口）都会作为 Target 进行统计，具体示例说明如下。

role 有五种类型，包括 node、service、pod、endpoints、endpointslice、ingress，详细说明可参考 https://prometheus.io/docs/prometheus/latest/configuration/configuration/#kubernetes_sd_config

例如图 7-6 中的第 1 项（第 1 个 Job）"serviceMonitor/monitoring/alertmanager/0 (3 / 48 active targets)"中有 48 个 Target，那么这 48 个 Target 是怎么来的呢？

首先，该 Job 的配置了 NameSpace 为 monitoring，如下所示。

```
kubernetes_sd_configs:
- role: endpoints
  follow_redirects: true
  namespaces:
    names:
    - monitoring
```

Prometheus 读取 kubernetes_sd_config 中的配置，通过 Kubernetes REST API 获取 monitoring NameSpace 中所有 Endpoint，如图 7-7 所示。

图 7-7　Endpoint 信息界面

图 7-7 中一共有 29 个 Endpoint，每个 Endpoint 对应一个 Target，每个 Target 有 Endpoint 名、IP、Port、协议四种信息，称为四元组。不同行的 Endpoint，它们的 Endpoint 名就不同，例如第 7 行和第 8 行的 Endpoint（192.168.2.154:9090），虽然它们的 IP 和端口都相同，但是它们的 Endpoint 名是不同的，一个是 prometheus-k8s，另一个是 prometheus-operated，因此，它们是不同的 Target；同一行的 Endpoint，还要进一步看协议，区分是 TCP 还是 UDP，例如第 2 行的 Endpoint（192.168.2.159:9094，图 7-7 因为格式关系并未显示全，用+6 more...代替，但确实是存在的，可以用命令"kubectl edit ep alertmanager-operated -n monitoring"查看验证），既有 TCP 又有 UDP，因此，也要分为两个不同的 Target。在 Service Discovery 界面中，点击"serviceMonitor/monitoring/alertmanager/0"旁边的 Show more 按钮，如图 7-8 所示，搜索"192.168.2.159:9094"能找到 4 个 Target，其中 2 个含有标签__meta_kubernetes_endpoint_address_target_kind="Pod"的 Target，就对应 Service alertmanager-operated 中的两个 Endpoint（192.168.2.159:9094+TCP）和（192.168.2.159:9094+UDP）。剩下的两个 Target 则是 Service alertmanager-main 和（192.168.2.159:9094+TCP）和（192.168.2.159:9094+UDP）的组合，这个组合虽然没有出现在 Endpoint 列表中，但根据 Prometheus 的机制，从 Endpoint alertmanager-main 的角度看，9094 也是 Pod 中容器打开的端口，因此，也作为 Target 计入。

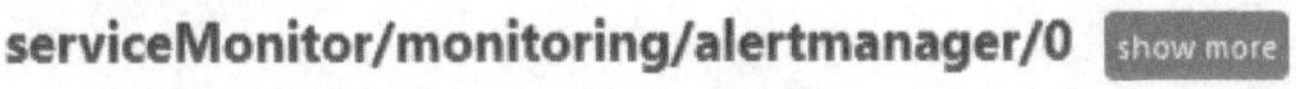

serviceMonitor/monitoring/alertmanager/0 show more

图 7-8　Job 项界面

总之，图 7-7 有 29 个 Target，距离 48 个 Target，还差 19 个 Target，这 19 个 Target 又分为

两类，第一类是完全未在 Endpoint 列表的端口 8080，共有 13 个 Target；第二类是端口在 Endpoint 列表，但 Endpoint 对不上的端口 9094 共有 6 个 Target（例如：在 192.168.2.159 上存在名字为 altermanager-main 的 Endpoint，如图 7-7 所示，在该节点上还有 1 个监听端口 9094，此时 altermanager-main+9094+TCP 就是一个组合，即为一个 Target，altermanager-main+9094+UDP 也是一个组合，即为一个 Target，和 192.168.2.159 类似的节点有 3 个，因此一共有 2×3=6 个 Target）。这两类 Target（13+6=19）的特点是它们没有标签 __meta_kubernetes_endpoint_address_target_kind="Pod"。

至此，解释了图 7-6 中的第 1 项（第 1 个 Job）"serviceMonitor/monitoring/alertmanager/0 (3 / 48 active targets)"中 48 个 Target 的由来。而其他的 Job，例如"serviceMonitor/monitoring/kube-apiserver/0 (1 / 1 active targets)"和"serviceMonitor/monitoring/kubelet/0 (3 / 16 active targets)"，它们的 Target 数量各不相同，这是因为它们获取 Target 的 NameSpace 不同，前者获取的是 default NameSpace 中的 Target，后者获取的则是 kube-system NameSpace 中的 Target。

接下来，继续看图 7-6 中的第 1 项（第 1 个 Job）"serviceMonitor/monitoring/alertmanager/0 (3 / 48 active targets)"，这里有个数字 3，它表示该 Job 所获取的所有 Target（48 个）中，只有 3 个是满足条件的。那么 Job 选择 Target 的条件是怎样的呢？这个是由 Configuration 的 relabel_configs 所决定的，本例 Job 对应的 relabel_configs 如下所示，关键看"action: keep"，它表示如果 Target 的 Label 不符合该项的条件，就丢弃（Drop）该 Target，例如 __meta_kubernetes_service_label_alertmanager 的值，如果 Label alertmanager 的值不是 main，就丢弃该 Target，如果是则进入到下一步的判断。

```
relabel_configs:
 - source_labels: [job]
   separator: ;
   regex: (.*)
   target_label: __tmp_prometheus_job_name
   replacement: $1
   action: replace
 - source_labels: [__meta_kubernetes_service_label_alertmanager]
   separator: ;
   regex: main
   replacement: $1
   action: keep
 - source_labels: [__meta_kubernetes_service_label_app_kubernetes_io_component]
   separator: ;
   regex: alert-router
   replacement: $1
   action: keep
 - source_labels: [__meta_kubernetes_service_label_app_kubernetes_io_name]
   separator: ;
   regex: alertmanager
   replacement: $1
   action: keep
 ......
```

以上 48 个 Target 中，最终符合条件的只有 3 个 Target，点击 Status->Targets 就可以看到，如图 7-9 所示。

serviceMonitor/monitoring/alertmanager/0 (3/3 up) show less

Endpoint	State	Labels
http://192.168.2.94:9093/metrics	UP	container="alertmanager" endpoint="web" instance="192.168.2.94:9093" job="alertmanager-main" namespace="monitoring" pod="alertmanager-main-1" service="alertmanager-main"
http://192.168.2.159:9093/metrics	UP	container="alertmanager" endpoint="web" instance="192.168.2.159:9093" job="alertmanager-main" namespace="monitoring" pod="alertmanager-main-0" service="alertmanager-main"
http://192.168.2.160:9093/metrics	UP	container="alertmanager" endpoint="web" instance="192.168.2.160:9093" job="alertmanager-main" namespace="monitoring" pod="alertmanager-main-2" service="alertmanager-main"

图 7-9　Target 界面

2. Prometheus 监控配置

Prometheus Web 页面中展示的 Configuration 源于 Prometheus 的配置文件，由于 kube-prometheus 构建的 Prometheus 运行在容器中，因此，先查看这些容器所在 Pod 的名称，命令如下。

```
[user@master kube-prometheus-0.8.0]$ kubectl get pod -n monitoring | grep k8s
prometheus-k8s-0                    2/2     Running   3        27h
prometheus-k8s-1                    2/2     Running   5        27h
```

上述命令输出两行结果，这是 Pod prometheus-k8s 的两个副本，它们构成了一个高可用的 Prometheus，这是 kube-prometheus 所带来的好处。

查看 Pod prometheus-k8s-0 的信息，命令如下。

```
[user@master kube-prometheus-0.8.0]$ kubectl describe pod prometheus-k8s-0 -n monitoring
```

由上述命令的输出可知，该 Pod 包含两个容器，分别是 prometheus 和 config-reloader，其中 prometheus 运行 Prometheus 程序，config-reloader 用来重载配置。其中，prometheus 容器的运行参数如下所示，可知 Prometheus 使用/etc/prometheus/config_out/prometheus.env.yaml 作为配置文件。

```
Args:
  --web.console.templates=/etc/prometheus/consoles
  --web.console.libraries=/etc/prometheus/console_libraries
  --config.file=/etc/prometheus/config_out/prometheus.env.yaml
```

登录容器 prometheus，命令如下。

```
[user@master ~]$ kubectl -n monitoring exec -it prometheus-k8s-0 -c prometheus -- /bin/sh
```

查看容器中运行的程序，命令如下。

```
/prometheus $ ps -a > /tmp/a
```

查看 prometheus 程序的启动参数，命令如下。

```
/prometheus $ grep -ri config /tmp/a
```

上述命令会输出包含"--config.file=/etc/prometheus/config_out/prometheus.env.yaml"的字符串,这也从实际证明了 prometheus 程序使用 prometheus.env.yaml 作为配置文件。

打开 prometheus.env.yaml,命令如下。

```
/prometheus $ vi /etc/prometheus/config_out/prometheus.env.yaml
```

可以看到该文件的内容和 Prometheus Web UI 中 Status->Configuration 的显示是一样的。

3．Prometheus 同 kube-prometheus 的交互

如果 Prometheus 采用的是直接安装方式,那么直接修改 prometheus.env.yaml 就可以更改 Prometheus 的配置。但是,采用 kube-prometheus 构建 Prometheus,Prometheus 运行在容器中,容器不会保存 prometheus.env.yaml 的修改,一旦重启 prometheus.env.yaml 的内容就还原了;再加上 Pod prometheus-k8s 有两个副本,它们之间还有同步的问题。因此,无论从哪个角度看,在 kube-prometheus 构建的 Prometheus 中直接修改 prometheus.env.yaml 配置文件是不合适的,这就要求我们理解 kube-prometheus 同 Prometheus 的交互机制,通过 kube-prometheus 来配置 Prometheus。

首先,prometheus.env.yaml 的原始内容源于 master 节点 /home/user/prometheus/kube-prometheus-0.8.0/manifests 目录下 Monitor 文件,如下所示。

```
/home/user/prometheus/kube-prometheus-0.8.0/manifests/alertmanager-
serviceMonitor.yaml
    /home/user/prometheus/kube-prometheus-0.8.0/manifests/blackbox-exporter-
serviceMonitor.yaml
    /home/user/prometheus/kube-prometheus-0.8.0/manifests/grafana-serviceMonitor.yaml
    /home/user/prometheus/kube-prometheus-0.8.0/manifests/kubernetes-
serviceMonitorApiserver.yaml
    /home/user/prometheus/kube-prometheus-0.8.0/manifests/kubernetes-
serviceMonitorCoreDNS.yaml
    /home/user/prometheus/kube-prometheus-0.8.0/manifests/kubernetes-
serviceMonitorKubeControllerManager.yaml
    /home/user/prometheus/kube-prometheus-0.8.0/manifests/kubernetes-
serviceMonitorKubelet.yaml
    /home/user/prometheus/kube-prometheus-0.8.0/manifests/kubernetes-
serviceMonitorKubeScheduler.yaml
    /home/user/prometheus/kube-prometheus-0.8.0/manifests/kube-state-metrics-
serviceMonitor.yaml
    /home/user/prometheus/kube-prometheus-0.8.0/manifests/node-exporter-
serviceMonitor.yaml
    /home/user/prometheus/kube-prometheus-0.8.0/manifests/prometheus-adapter-
serviceMonitor.yaml
    /home/user/prometheus/kube-prometheus-0.8.0/manifests/prometheus-operator-
serviceMonitor.yaml
    /home/user/prometheus/kube-prometheus-0.8.0/manifests/prometheus-
serviceMonitor.yaml
```

上述 yaml 文件又是由 /home/user/prometheus/kube-prometheus-0.8.0/jsonnet/kube-prometheus 目录下的一系列 libsonnet 文件所生成的。

以上共有 13 个 Monitor 文件,会对应创建 13 个 ServiceMonitor,如下所示。ServiceMonitor

是 prometheus-operator 所实现的 Kubernetes 自定义资源，它会根据配置生成对应的 Prometheus 监控 Job。

```
[user@master manifests]$ kubectl get servicemonitor -n monitoring
NAME                        AGE
alertmanager                28h
blackbox-exporter           28h
coredns                     28h
grafana                     28h
kube-apiserver              28h
kube-controller-manager     28h
kube-scheduler              24h
kube-state-metrics          28h
kubelet                     28h
node-exporter               28h
prometheus-adapter          28h
prometheus-k8s              28h
prometheus-operator         28h
```

每个 ServiceMonitor 会根据配置生成若干 Job（1 个或多个），例如 kubelet 就生成了 3 个 Job，分别是 serviceMonitor/monitoring/kubelet/0、serviceMonitor/monitoring/kubelet/1 和 serviceMonitor/monitoring/kubelet/2。每个 Job 再生成对应的配置项，组合起来就构成了 prometheus.env.yaml 的内容。接下来结合操作对 ServiceMonitor 进行说明，具体如下所示。

删除 kube-scheduler，命令如下。

```
[user@master manifests]$ kubectl delete servicemonitor kube-scheduler -n monitoring
```

等待一段时间后，Prometheus 的 Web 页面 Status->Configuration 中将找不到 Job serviceMonitor/monitoring/kube-scheduler/0 的配置。

同时，查看 Prometheus 的 Web 页面 Status->Service Discovery，将看不到 Job serviceMonitor/monitoring/kube-scheduler/0，如图 7-10 所示。

Service Discovery

- serviceMonitor/monitoring/alertmanager/0 (3 / 48 active targets)
- serviceMonitor/monitoring/blackbox-exporter/0 (1 / 48 active targets)
- serviceMonitor/monitoring/grafana/0 (1 / 48 active targets)
- serviceMonitor/monitoring/kube-apiserver/0 (1 / 1 active targets)
- serviceMonitor/monitoring/kube-state-metrics/0 (1 / 48 active targets)
- serviceMonitor/monitoring/kube-state-metrics/1 (1 / 48 active targets)
- serviceMonitor/monitoring/kubelet/0 (3 / 16 active targets)
- serviceMonitor/monitoring/kubelet/1 (3 / 16 active targets)
- serviceMonitor/monitoring/kubelet/2 (3 / 16 active targets)
- serviceMonitor/monitoring/node-exporter/0 (3 / 48 active targets)
- serviceMonitor/monitoring/prometheus-adapter/0 (2 / 48 active targets)
- serviceMonitor/monitoring/prometheus-k8s/0 (2 / 48 active targets)
- serviceMonitor/monitoring/prometheus-operator/0 (1 / 48 active targets)
- serviceMonitor/monitoring/coredns/0 (0 / 16 active targets)
- serviceMonitor/monitoring/kube-controller-manager/0 (0 / 16 active targets)

图 7-10　Service Monitor 界面

重新创建 kube-scheduler，命令如下。

```
[user@master manifests]$ kubectl apply -f kubernetes-serviceMonitorKubeScheduler.yaml
```

查看 Service Monitor，命令如下，可知 kube-scheduler 已经创建。

```
[user@master manifests]$ kubectl get servicemonitor -n monitoring | grep sche
kube-scheduler           55s
```

查看 Prometheus 的 Web 页面 Status->Configuration，可以找到 serviceMonitor/monitoring/kube-scheduler/0 的配置，如下所示。

```
- job_name: serviceMonitor/monitoring/kube-scheduler/0
  honor_timestamps: true
  scrape_interval: 30s
  scrape_timeout: 10s
  metrics_path: /metrics
```

查看 Prometheus 的 Web 页面 Status->Service Discovery，可以看到到 Job serviceMonitor/monitoring/kube-scheduler/0，如下所示。

```
serviceMonitor/monitoring/kube-scheduler/0 (0 / 16 active targets)
```

综上所述，结合图 7-11，对使用 kube-prometheus 对 Prometheus 进行配置的总结如下。

1）Web 页面中 Job 的来源顺序是：1. prometheus.env.yaml <= 2. ServiceMonitor <= 3. ServiceMonitor 的创建文件（例如 kubernetes-serviceMonitorKubeScheduler.yaml）<= 4. kube-prometheus 配置文件（例如 k8s-control-plane.libsonnet）。

2）prometheus.env.yaml 是自动生成的，其内容来源是 ServiceMonitor。

3）每个 Job 可以包含多个 Target，Target 是可以自动检测的，这个自动检测（称之为服务发现机制）。

4）如果要修改 Job，临时的改动，可以直接操作 ServiceMonitor，永久的改动，可以修改 ServiceMonitor 的创建文件，如果要从源头修改，则可以修改 kube-prometheus 配置文件。

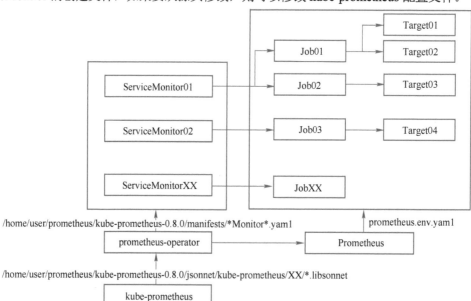

图 7-11　kube-prometheus 配置 Prometheus 原理图

注意： 图 7-11 中 /home/user/prometheus/kube-prometheus-0.8.0/jsonnet/XX/*.libsonnet 的 XX 目录，泛指当前目录下的所有目录，包括子目录中的子目录。

5．Prometheus 查询监控数据

在 Prometheus Web 上可以查询 Prometheus 所采集的各个 Target 的监控（时序）数据，具体操作步骤说明如下。

点击 Graph 进入监控数据查询界面，如图 7-12 所示。

图 7-12 监控数据查询界面

在搜索框输入查询指标数据的关键字，例如 CPU，搜索框会列出和关键字相关的所有指标，如图 7-13 所示。

图 7-13 搜索框提示界面

在提示下拉列表中点击要查询的指标，例如 node:node_num_cpu:sum，此时该指标就会出现在搜索框中，如图 7-14 所示。

图 7-14 监控数据查询界面

点击图 7-14 中的 Execute 按钮进行查询，结果如图 7-15 所示，分为两列，左边开始第一列为各个指标的信息，例如 node:node_num_cpu:sum{node="master"}表示该指标统计的是 master 节点的 CPU 个数，第二列为该指标的值，例如 2 就表示有两个 CPU。

图 7-15 查询结果界面

上述操作限于用户已清楚指标数据名称（关键词）的情况，如果用户想全面了解指标名称，可以点击图 7-16 中箭头所示的圆形按钮。

图 7-16　监控数据查询界面

此时会显示 Metrics Explorer 下拉列表，如图 7-17 所示，该列表会按照字典序显示 Prometheus 所监控的 Target 的所有指标名称。

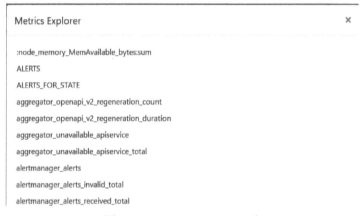

图 7-17　Metrics Explorer 界面

注意：Prometheus 的告警规则及查询在本章后续会有专门一节介绍。

7.2.4　Prometheus 监控 Kubernetes 核心组件

由图 7-6 可知默认情况下 Prometheus 对 Kubernetes 核心组件、内部对象以及 Prometheus 自身的监控，具体如表 7-2 所示。

表 7-2　Prometheus 监控任务表

序号	Job	说　明
1	serviceMonitor/monitoring/alertmanager/0	实现 monitoring Namespace 内 Target 的监控
	serviceMonitor/monitoring/blackbox-exporter/0	
	serviceMonitor/monitoring/grafana/0	
	serviceMonitor/monitoring/kube-state-metrics/0	
	serviceMonitor/monitoring/kube-state-metrics/1	
	serviceMonitor/monitoring/node-exporter/0	
	serviceMonitor/monitoring/prometheus-adapter/0	
	serviceMonitor/monitoring/prometheus-k8s/0	
	serviceMonitor/monitoring/prometheus-operator/0	

（续）

序号	Job	说 明
2	serviceMonitor/monitoring/kube-apiserver/0	实现 default Namespace 内 Target（kube-apiserver）的监控
3	serviceMonitor/monitoring/coredns/0	实现 kube-system Namespace 内 Kubernetes 核心组件的监控
4	serviceMonitor/monitoring/kube-controller-manager/0	
5	serviceMonitor/monitoring/kube-scheduler/0	
6	serviceMonitor/monitoring/kubelet/0	
7	serviceMonitor/monitoring/kubelet/1	
8	serviceMonitor/monitoring/kubelet/2	

由表 7-2 结合图 7-6，可知默认情况下 Prometheus 对 Kubernetes 的核心组件监控存在两个问题，具体说明如下。

- 问题一：如图 7-6 所示，kube-controller-manager 和 kube-scheduler 没有匹配到 Target，这就说明 Prometheus 是没有获取到这两个核心组件的监控数据的。
- 问题二：Kubernetes 的另外两个核心组件 kube-proxy 和 etcd 没有纳入监控。

因此，本节将介绍如何解决上述问题，并以此展示如何基于 kube-prometheus 实现 Prometheus 对 Kubernetes 的监控。

1．Prometheus 监控 kube-scheduler

首先创建 Service，命令如下。

```
[user@master prometheus]$ vi prom/svc-kube-scheduler.yml
```

在打开的文件中，输入以下内容。

```
 1 apiVersion: v1
 2 kind: Service
 3 metadata:
 4   namespace: kube-system
 5   name: kube-scheduler
 6   labels:
 7     app.kubernetes.io/name: kube-scheduler
 8     k8s-app: kube-scheduler
 9
10 spec:
11   type: ClusterIP
12   clusterIP: None
13   ports:
14   - name: https-metrics
15     port: 10259
16     targetPort: 10259
17     protocol: TCP
18   selector:
19     component: kube-scheduler
20     tier: control-plane
```

关键配置说明如下。

1）第 4 行，namespace 是 kube-system，因为 Service 转发的 Pod 的 namespace 是 kube-system。

2）第 13 行设置 Service 对外提供服务的端口列表，其中第 14 行是第一个端口的名字，要设置为 https-metrics，这个名字要和 ServiceMonitor kube-scheduler 配置中的 "port: https-metrics" 一致，否则 ServiceMonitor kube-scheduler 就匹配不到这个 Target。

3）第 18～20 行，用来设置 Service 转发对象 Pod 的匹配条件，使用 Label 进行匹配。

为什么是创建 Service，而不是直接创建 Endpoint？这是因为创建 Endpoint 时，要指定 IP，而此刻是无法确定 IP 的，而且这个 IP 也可能还会边（Pod kube-scheduler-master 发生变化）。创建 Service 的话，可以交由 Kubernetes 去确定 Endpoint 的 IP，并且会自动创建 Endpoint。

创建 Service，命令如下。

```
[user@master prometheus]$ kubectl apply -f prom/svc-kube-scheduler.yml
```

查看 Service，命令如下，可以看到已经创建了 Service kube-scheduler。

```
[user@master prometheus]$ kubectl get svc -n kube-system | grep sche
kube-scheduler   ClusterIP    None        <none>        10259/TCP          8m40s
```

查看 Endpoint，命令如下，可以看到自动创建了 Endpoint kube-scheduler，并自动确定了 IP 地址为 192.168.0.226，即 master 节点的地址。

```
[user@master prometheus]$ kubectl get ep -n kube-system | grep sche
kube-scheduler          192.168.0.226:10259        10m
```

此时，Job serviceMonitor/monitoring/kube-scheduler/0 已有 1 个 Target，但是该 Target 是无法访问的，这是因为根据 7.1 节所述，使用 kubeadm 构建的 Kubernetes，其 kube-scheduler 是默认在 127.0.0.1 上监听的，而不是 192.168.0.226，因此，需要修改 kube-scheduler 的启动参数，说明如下。

打开 kube-scheduler 的配置文件，命令如下。

```
[root@master prometheus]# cd /etc/kubernetes/
[root@master kubernetes]# vi manifests/kube-scheduler.yaml
```

修改第 16 行内容为 0.0.0.0，如下所示。

```
16      - --bind-address=0.0.0.0
```

保存退出后，复制文件到/tmp 目录，并修改其拥有者为 user，命令如下。

```
[root@master kubernetes]# cp manifests/kube-scheduler.yaml /tmp/
[root@master kubernetes]# chown user:user /tmp/kube-scheduler.yaml
```

重新加载配置，命令如下。

```
[user@master prometheus]$ kubectl delete pod kube-scheduler-master -n kube-system
```

注意，不能用 "kubectl apply -f /tmp/kube-scheduler.yaml"，这样会新创建一个 Pod kube-scheduler，而不会更新 Pod kube-scheduler-master。

查询 10259 监听端口，命令如下。

```
[user@master prometheus]$ ss -an | grep 10259
```

可以看到 10259 端口对应所有的 IP 地址，说明设置成功。

```
tcp    LISTEN    0    128    *:10259 *:*
```

点击 Prometheus Web 页面中 Status->Service Discovery，可以看到 Job serviceMonitor/monitoring/ kube-scheduler/0 已有 1 个 Target，如下所示，而且 Target 数据可以访问。

```
serviceMonitor/monitoring/kube-scheduler/0 (1/17 active targets)
```

2. Prometheus 监控 kube-controller-manager

参考上节步骤，创建 svc-kube-controller-manager.yml，同时修改 kube-controller-manager 的配置，使得其在 0.0.0.0 上监听，更新配置后，使得 Job serviceMonitor/monitoring/kube-controller-manager/0 能够匹配到 Target，并能访问其数据，如下所示。

```
serviceMonitor/monitoring/kube-controller-manager/0 (1/18 active targets)
```

3. Prometheus 监控 kube-proxy

由于 kube-proxy 并未纳入监控 Job，因此要先编写 ServiceMonitor 文件，命令如下。

```
[user@master manifests]$ vi kubernetes-serviceMonitorKubeProxy.yaml
```

输入以下内容。

```
 1 apiVersion: monitoring.coreos.com/v1
 2 kind: ServiceMonitor
 3 metadata:
 4   labels:
 5     app.kubernetes.io/name: kube-proxy
 6   name: kube-proxy
 7   namespace: monitoring
 8 spec:
 9   endpoints:
10   - bearerTokenFile: /var/run/secrets/kubernetes.io/serviceaccount/token
11     interval: 30s
12     port: http-metrics
13     scheme: http
14     tlsConfig:
15       insecureSkipVerify: true
16   jobLabel: app.kubernetes.io/name
17   namespaceSelector:
18     matchNames:
19     - kube-system
20   selector:
21     matchLabels:
22       app.kubernetes.io/name: kube-proxy
```

关键配置说明如下。

1）第 12 行用来设置匹配 Target 的 port 名称，因为 kube-proxy 使用 HTTP 对外提供指标数据服务，因此，这里配置成 http-metrics，后续在编写 Service 的时候，其端口的名字信息要配置成 "- name: http-metrics"，ServiceMonitor 才会匹配到该 Target。

2）第 13 行配置成 http，这是因为 kube-proxy 使用 HTTP 对外提供指标数据服务。

3）第 17~19 行设置成匹配 kube-system NameSpace 内的 Target。

4）第 20 行设置匹配 Label app.kubernetes.io/name 值为 kube-proxy 的 Service，那么在后续的 Service kube-proxy 中要配置对应的 Label 值。

创建 ServiceMonitor kube-proxy，命令如下。

```
[user@master manifests]$ kubectl apply -f kubernetes-serviceMonitorKubeProxy.yaml
```

此时，在 Prometheus Web 页面上会增加一条监控 Job 记录如下所示。

```
serviceMonitor/monitoring/kube-proxy/0 (0 / 21 active targets)
```

编写 kube-proxy 对应的 EndPoint 文件，命令如下。

```
[user@master manifests]$ cd /home/user/prometheus/prom/
[user@master prom]$ vi svc-kube-proxy.yml
```

在打开的文件中，输入以下内容。

```
 1 apiVersion: v1
 2 kind: Service
 3 metadata:
 4   namespace: kube-system
 5   name: kube-proxy
 6   labels:
 7     app.kubernetes.io/name: kube-proxy
 8
 9 spec:
10   type: ClusterIP
11   clusterIP: None
12   ports:
13   - name: http-metrics
14     port: 10249
15     targetPort: 10249
16     protocol: TCP
17   selector:
18     k8s-app: kube-proxy
```

关键配置说明：第 13 行的 Service Port 名字要设置成 "- name: http-metrics"，和 ServiceMonitor kube-proxy 中的配置 "port: http-metrics" 保持一致，否则 ServiceMonitor kube-proxy 会匹配不到 Target。

根据 7.1 节所述，kube-proxy 会在所有 IP 地址上监听 10249 端口，因此，不需要修改 kube-proxy 启动参数，直接使用即可。

```
serviceMonitor/monitoring/kube-proxy/0 (3 / 21 active targets)
```

此时，Prometheus 可以获取 Target 数据，如图 7-18 所示。

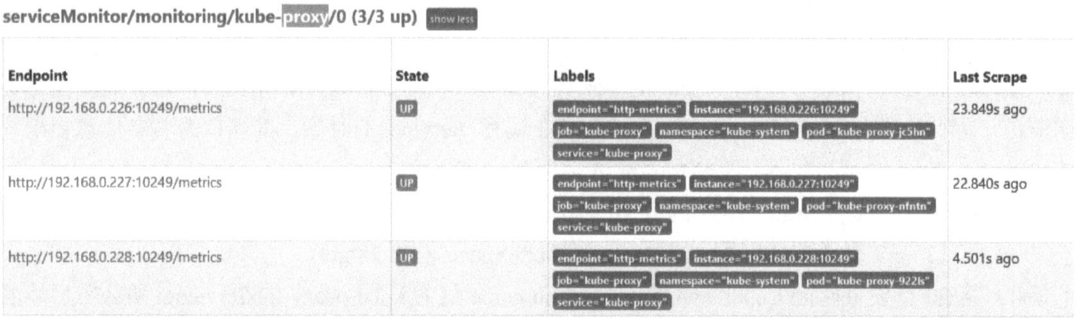

serviceMonitor/monitoring/kube-proxy/0 (3/3 up) show less

Endpoint	State	Labels	Last Scrape
http://192.168.0.226:10249/metrics	UP	endpoint="http-metrics" instance="192.168.0.226:10249" job="kube-proxy" namespace="kube-system" pod="kube-proxy-jc5hn" service="kube-proxy"	23.849s ago
http://192.168.0.227:10249/metrics	UP	endpoint="http-metrics" instance="192.168.0.227:10249" job="kube-proxy" namespace="kube-system" pod="kube-proxy-ntntn" service="kube-proxy"	22.840s ago
http://192.168.0.228:10249/metrics	UP	endpoint="http-metrics" instance="192.168.0.228:10249" job="kube-proxy" namespace="kube-system" pod="kube-proxy-922ls" service="kube-proxy"	4.501s ago

图 7-18　Target 数据界面

4．Prometheus 监控 etcd

参考上节内容实现 Prometheus 监控 etcd，具体步骤说明如下。

1）编写 kubernetes-serviceMonitorEtcd.yaml 创建 Service kube-etcd。

2）编写 svc-kube-etcd.yml 创建 Service kube-etcd。

3）修改 /etc/kubernetes/manifests/etcd.yaml 中监听 IP 地址参数 "- --listen-metrics-urls=http://127.0.0.1:2381,http://192.168.0.226:2381"，实现 Prometheus 成功采集 etcd 数据，如图 7-19 所示。

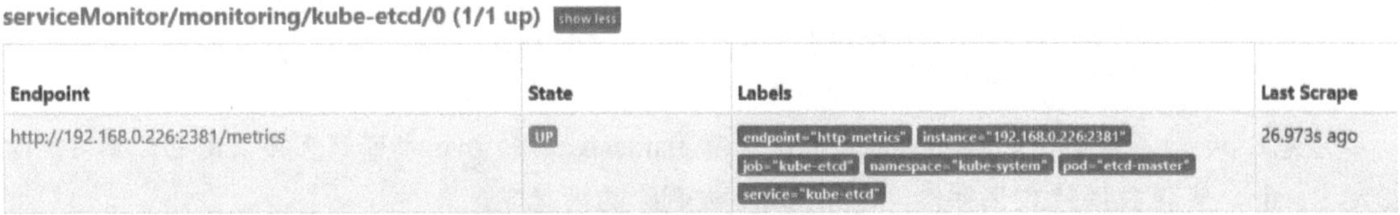

serviceMonitor/monitoring/kube-etcd/0 (1/1 up) show less

Endpoint	State	Labels	Last Scrape
http://192.168.0.226:2381/metrics	UP	endpoint="http-metrics" instance="192.168.0.226:2381" job="kube-etcd" namespace="kube-system" pod="etcd-master" service="kube-etcd"	26.973s ago

图 7-19　kube-etcd Target 数据界面

注意："http://127.0.0.1:2381,http://192.168.0.226:2381" 两个 URL 之间用逗号 "," 分隔。

7.2.5　Prometheus 监控 Kubernetes 指定对象（Exporter）

7.2.4 节介绍了 Prometheus 对 Kubernetes 核心组件的全面监控，而 Job kube-state-metrics 则实现了 Kubernetes 内部对象（Deployment、Service、Pod 等）的监控，但这个监控是一个基础且通用的监控，如果要监控特定的对象，例如 MySQL，则需要在 Kubernetes 中引入 Prometheus 对应的 Exporter 并进行相应配置。本节以配置 Prometheus MySQL Exporter 为例，介绍如何使用 Prometheus 监控 Kubernetes 特定对象，具体说明如下。

1．创建 NFS 共享目录供 MySQL 持久化存储

创建 NFS 共享目录，命令如下。

```
[user@master prom]$ mkdir /home/user/nfs/mysql
```

编辑 NFS 配置文件，命令如下。

```
[root@master prom]# vi /etc/exports
```

在末尾追加以下内容。

```
/home/user/nfs/mysql          192.168.0.226/24(rw,no_root_squash)
```

重启 NFS 服务，命令如下。

```
[root@master prom]# systemctl restart nfs-server
```

编写 NFS 的 pv 文件，命令如下。

```
[user@master prom]$ mkdir mysql
[user@master prom]$ cd mysql/
[user@master mysql]$ vi pv-nfs-mysql.yml
```

在打开的文件中添加以下内容。

```
1 apiVersion: v1
2 kind: PersistentVolume
3 metadata:
4   name: nfs-mysql
```

```
 5    labels:
 6      pvname: nfs-mysql
 7 spec:
 8   capacity:
 9     storage: 10Gi
10   accessModes:
11     - ReadWriteOnce
12   persistentVolumeReclaimPolicy: Retain
13   nfs:
14     path: /home/user/nfs/mysql
15     server: 192.168.0.226
```

注意：pv 是不需要指定 namespace 的，所有 namespace 的 pvc 都可以直接使用它；第 12 行指定 Retain，实现数据持久化存储，即使在 pv 被删除的情况下。

编写 NFS 的 pvc 文件，命令如下。

```
[user@master mysql]$ vi pvc-nfs-mysql.yml
```

在打开的文件中增加以下内容。

```
 1 apiVersion: v1
 2 kind: PersistentVolumeClaim
 3 metadata:
 4   name: nfs-mysql
 5   namespace: monitoring
 6 spec:
 7   accessModes:
 8     - ReadWriteOnce
 9   resources:
10     limits:
11       storage: 10Gi
12     requests:
13       storage: 8Gi
14   selector:
15     matchLabels:
16       pvname: nfs-mysql
```

注意：pvc 的 NameSpace（包括本节后续 Deloyment 和 Service 的 NameSpace），可以不用设置（默认为 default），也可以设置为 montoring，Prometheus 都可以采集 MySQL 的监控数据。但此处设置为 montoring 是为了后续 7.3.3 节中 Grafana 直接采集 MySQL 的监控数据，如果 pvc 的 NameSpace 设置为 default，则 Grafana 无法直接采集 MySQL 的监控数据。

关键配置说明：第 14～16 行匹配 Label pvname 值为 nfs-mysql 的 pv。

2. 创建 MySQL Deployment

打开 MySQL Deployment 文件，命令如下。

```
[user@master mysql]$ vi dep-mysql.yml
```

输入以下内容。

```
 1 apiVersion: apps/v1
 2 kind: Deployment
```

```
 3 metadata:
 4   name: mysql
 5   namespace: monitoring
 6
 7 spec:
 8   replicas: 1
 9   selector:
10     matchLabels:
11       app: mysql
12
13   template:
14     metadata:
15       labels:
16         app: mysql
17     spec:
18       nodeSelector:
19         kubernetes.io/hostname: node01
20
21       containers:
22       - name: mysql
23         image: mysql:5.7
24         imagePullPolicy: IfNotPresent
25         volumeMounts:
26         - mountPath: "/var/lib/mysql"
27           name: mysql-store
28         env:
29         - name: MYSQL_ROOT_PASSWORD
30           value: root
31       volumes:
32       - name: mysql-store
33         persistentVolumeClaim:
34           claimName: nfs-mysql
```

关键配置说明：

1）第 18～19 行指定 Pod 在 node01 上运行，便于调试。

2）第 23 行指定 MySQL 容器的镜像为 mysql:5.7。

3）第 24 行指定镜像下载策略为 IfNotPresent，即本地有当前镜像的话，就使用本地镜像。

4）第 25～27 行指定 MySQL 持久化存储目录为/var/lib/mysql。

5）第 28～30 行指定 MySQL 的 root 用户密码为 root。

6）第 31～34 行实现/var/lib/mysql 和 pvc nfs-mysql 的关联。

编写启动脚本，命令如下。

```
[user@master mysql]$ vi apply.sh
```

在打开的文件中添加以下内容。

```
1 #!/bin/bash
2
3 kubectl apply -f pv-nfs-mysql.yml
4 kubectl apply -f pvc-nfs-mysql.yml
5 kubectl apply -f dep-mysql.yml
```

为 apply.sh 增加可执行权限，命令如下。

```
[user@master mysql]$ chmod +x apply.sh
```

运行 apply.sh，创建 Deployment，命令如下。

```
[user@master mysql]$ ./apply.sh
```

查看 Pod，命令如下，如果能看到 Running，则说明 Pod 正常运行。

```
[user@master mysql]$ kubectl get pod
NAME                      READY   STATUS    RESTARTS   AGE
dep-mysql-cf64db675-kdwbc  1/1Running  0          53s
```

查看 NFS 共享目录，命令如下，如果能看到下列文件等，则说明 MySQL 初始化和 NFS 共享都正常运行。

```
[user@master mysql]$ ls ~/nfs/mysql/
auto.cnf    ca.pem    client-key.pem  ibdata1 .....
```

3. 创建 MySQL Service

打开 Service 文件，命令如下。

```
[user@master mysql]$ vi svc-mysql.yml
```

在打开的文件中增加以下内容。

```
 1 apiVersion: v1
 2 kind: Service
 3 metadata:
 4   name: mysql
 5   namespace: monitoring
 6   labels:
 7     app: mysql
 8 spec:
 9   ports:
10   - name: mysql
11     port: 3306
12   clusterIP: None
13   selector:
14     app: mysql
```

以上文件会创建一个名字为 mysql 的 Service，供 Kubernetes Pod 节点（MySQL Exporter）访问。下面模拟其访问过程，具体步骤说明如下。

创建 Service，命令如下，同时在 apply.sh 中增加以下命令。

```
[user@master mysql]$ kubectl apply -f svc-mysql.yml
```

查看 MySQL Deployment 对应的 Pod，命令如下。

```
[user@master mysql]$ kubectl get pod
NAME                   READY   STATUS    RESTARTS   AGE
mysql-5bf9f586ff-gbzz6  1/1     Running   0          8m27s
```

登录 Pod mysql-5bf9f586ff-gbzz6，命令如下。

```
[user@master mysql]$ kubectl exec -it mysql-5bf9f586ff-gbzz6 -- /bin/bas
```

登录成功，则显示如下登录提示符，在 Pod mysql-5bf9f586ff-gbzz6 中连接 MySQL 数据库，其中-hmysql 表示连接的主机名为 mysql，即 Service 名称 mysql。

```
root@mysql-5bf9f586ff-gbzz6:/# mysql -uroot -proot –hmysql
```

如果显示以下信息，则表示 MySQL 登录成功。

```
mysql>
```

4．创建 MySQL Exporter Deployment

打开 Deployment 文件，命令如下。

```
[user@master mysql]$ vi dep-exp-mysql.yml
```

在打开的文件中增加以下内容。

```
 1 apiVersion: apps/v1
 2 kind: Deployment
 3 metadata:
 4   name: exp-mysql
 5   namespace: monitoring
 6   labels:
 7     app: exp-mysql
 8 spec:
 9   selector:
10     matchLabels:
11       app: exp-mysql
12   template:
13     metadata:
14       labels:
15         app: exp-mysql
16     spec:
17       nodeSelector:
18         kubernetes.io/hostname: node01
19
20       containers:
21         - name: exp-msyql
22           image: prom/mysqld-exporter:v0.13.0
23           env:
24             - name: DATA_SOURCE_NAME
25 #千万不要忘记后面的/
26               value: root:root@(mysql:3306)/
27           ports:
28             - containerPort: 9104
29               name: http
```

关键配置说明：

1）第 17～18 行指定 Pod 运行在 node01。

2）第 22 行指定 MySQL Exporter 容器的镜像及版本。

3）第 23～26 行指定 MySQL Exporter 连接 MySQL 的信息。

4）第 25 行的 # 要注意顶格写。

5）第 28～29 行指定 MySQL Exporter 容器对外服务的端口信息。

在 apply.sh 的末尾加上创建 MySQL Exporter Deployment 的命令，如下所示。

```
7 kubectl apply -f exp-mysql.yml
```

创建 MySQL Exporter Deployment，命令如下。

```
[user@master mysql]$ kubectl apply -f exp-mysql.yml
```

查看 Pod，命令如下，如果能看到 Running，则说明 Pod 运行成功。

```
[user@master mysql]$ kubectl get pod -o wide | grep exp
exp-mysql-c78c65f88-d2hch   1/1      Running   0      6m43s   192.168.2.184   node01
```

访问 Pod exp-mysql-c78c65f88-d2hch 的 Web 接口，命令如下。

```
[user@master mysql]$ curl 192.168.2.184:9104
```

如果能看到以下信息，则说明该 Pod 正常工作。

```
<html>
<head><title>MySQLd exporter</title></head>
<body>
<h1>MySQLd exporter</h1>
<p><a href='/metrics'>Metrics</a></p>
</body>
</html>
```

获取 MySQL Exporter 所采集到的 MySQL 指标数据，并查看 MySQL 状态，命令如下。

```
[user@master mysql]$ curl 192.168.2.184:9104/metrics | grep mysql_up
```

如果显示 mysql_up 的值为 1，则说明 MySQL Exporter 已经成功连接到 MySQL，而且 MySQL 正常工作，否则可能是 MySQL Exporter 无法连接到 MySQL，或是 MySQL 没有正常工作，需要进一步确定原因。

```
mysql_up 1
```

5. 创建 MySQL Exporter Service

打开 Service 文件，命令如下。

```
[user@master mysql]$ vi svc-exp-mysql.yml
```

输入以下内容。

```
 1 apiVersion: v1
 2 kind: Service
 3 metadata:
 4   name: exp-mysql
 5   namespace: monitoring
 6   labels:
 7     app: exp-mysql
 8
 9 spec:
10   type: ClusterIP
11   clusterIP: None
12
13   ports:
```

```
14    - name: http-metrics
15      port: 9104
16      targetPort: 9104
17      protocol: TCP
18    selector:
19      app: exp-mysql
```

创建 Service，命令如下，并将上述命令加入到 apply.sh 中。

```
[user@master mysql]$ kubectl apply -f svc-exp-mysql.yml
```

6. 创建 ServiceMonitor

打开 ServiceMonitor 文件，命令如下。

```
[user@master mysql]$ vi mysql-serviceMonitor.yaml
```

输入如下内容。

```
 1 apiVersion: monitoring.coreos.com/v1
 2 kind: ServiceMonitor
 3 metadata:
 4   labels:
 5     app.kubernetes.io/name: mysql
 6   name: mysql
 7   namespace: monitoring
 8 spec:
 9   endpoints:
10   - bearerTokenFile: /var/run/secrets/kubernetes.io/serviceaccount/token
11     interval: 30s
12     port: http-metrics
13     scheme: http
14     tlsConfig:
15       insecureSkipVerify: true
16     jobLabel: app.kubernetes.io/name
17     namespaceSelector:
18       matchNames:
19       - default
20     selector:
21       matchLabels:
22         app: exp-mysql
```

关键配置说明：

1）第 7 行配置该 ServiceMonitor 的 namespace 为 monitoring，是为了和其他的 ServiceMonitor 保持一致，此处采用默认的 namespace（default）也是可以的。

2）第 12~13 行配置 Target 的访问方式为 HTTP。

3）第 18~19 行配置 Target 所在的 namespace 为 default。

4）第 21~22 行匹配 Label app 值为 exp-mysql 的 Target（Service）。

创建 Service，命令如下，并将上述命令加入到 apply.sh 中。

```
[user@master mysql]$ kubectl apply -f mysql-serviceMonitor.yaml
```

查看 Prometheus 的 Web 页面，可以看到该 ServiceMonitor 对应的 Job serviceMonitor/monitoring/mysql/0，而且该 Job 还匹配了 1 个 Target。

```
serviceMonitor/monitoring/mysql/0 (1 / 2 active targets)
```

查看上述 Job 匹配的 Target，如图 7-20 所示，该 Target 的 State 为 UP，可以正常获取监控指标数据。

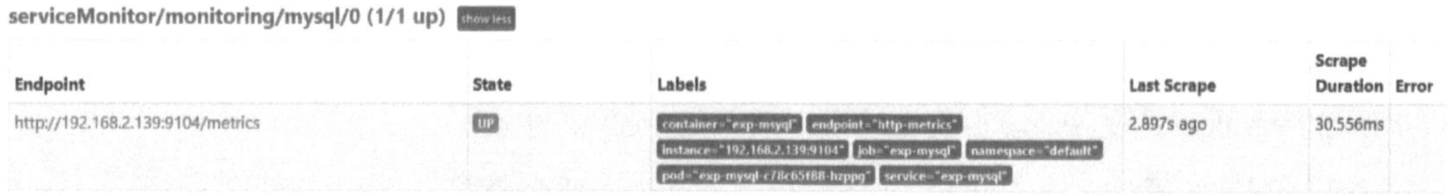

serviceMonitor/monitoring/mysql/0 (1/1 up) show less

Endpoint	State	Labels	Last Scrape	Scrape Duration	Error
http://192.168.2.139:9104/metrics	UP	container="exp-mysql" endpoint="http-metrics" instance="192.168.2.139:9104" job="exp-mysql" namespace="default" pod="exp-mysql-c78c65f88-hzppg" service="exp-mysql"	2.897s ago	30.556ms	

图 7-20　mysql Target 数据界面

7.3　Grafana 展示 Kubernetes 监控数据

Grafana 是一个开源的可视化工具，它提供了丰富的仪表盘（Dashboard）来展示各种监控数据、日志和追踪记录，它可以和 Prometheus 无缝对接，是 Prometheus 理想的数据可视化工具。本节将介绍 Grafana 快速访问，使用 Grafana 展示 Prometheus 数据源数据，使用 Grafana 展示其他数据源数据，以及 Grafana 配置持久化存储，这些都是 Grafana 实现 Prometheus 监控 Kubernetes 数据可视化的实用技术，具体说明如下。

7.3.1　Grafana 快速访问

使用 kube-prometheus 所构建的 Prometheus 监控技术栈中，自动构建了 Grafana，查看命令如下所示，grafana-9df57cdc4-dnnpt 就是 Grafana Pod 的名称。

```
[user@master mysql]$ kubectl get pod -n monitoring | grep gra
grafana-9df57cdc4-dnnpt                1/1     Running    6          5d21h
```

除了 Grafana 的 Pod，kube-prometheus 还创建了 Grafana 对应的 Service，用于访问 Grafana 的 Web 页面，查看命令如下所示，其中 Service 的地址是 10.109.234.58，端口为 3000。

```
[user@master mysql]$ kubectl get svc -n monitoring | grep gra
grafana        ClusterIP   10.109.234.58   <none>    3000/TCP              5d21h
```

在 master 节点访问该 Service，命令如下。

```
[user@master mysql]$ curl 10.109.234.58:3000
```

如果上述命令执行后，返回以下内容，则说明 Grafana 的 Web 页面可以正常访问。

```
<a href="/login">Found</a>.
```

但是，kube-prometheus 创建的 Grafana Service 类型是 ClusterIP，这是一个内部 Service，只能供 Kubernetes 集群内的节点访问，如果外部节点（例如 Host 主机）要访问的话，则要新建一个 NodePort 类型的 Service，具体步骤说明如下。

编写 Grafana NodePort 类型的 Service 文件，命令如下。

```
[user@master prometheus]$ mkdir grafana
[user@master prometheus]$ cd grafana/
[user@master grafana]$ vi svc-grafana.yml
```

在打开的 Service 文件中，添加如下内容。

```
 1 apiVersion: v1
 2 kind: Service
 3 metadata:
 4   namespace: monitoring
 5   name: svc-grafana
 6
 7 spec:
 8   type: NodePort
 9   ports:
10   - name: http
11     port: 9999
12     targetPort: 3000
13     protocol: TCP
14     nodePort: 30002
15   selector:
16     app.kubernetes.io/component: grafana
17     app.kubernetes.io/name: grafana
18     app.kubernetes.io/part-of: kube-prometheus
```

关键配置说明：

1）第 5 行配置 Service 的名字为 svc-grafana。

2）第 8 行配置 Service 的类型为 NodePort。

3）第 10～14 行配置端口转发信息，其中外部端口（Node 节点上的端口）为 30002，转发到内部端口（targetPort，也是 Grafana Pod 的监听端口）3000 上，Service 在内部 IP（Kubernetes 集群 IP）上监听的端口为 9999。

4）第 16～17 行设置 Pod 的匹配条件，该匹配条件可以由 "kubectl edit svc grafana -n monitoring" 获取。

创建 Service，命令如下。

```
[user@master grafana]$ kubectl apply -f svc-grafana.yml
```

浏览器访问 192.168.0.226:30002，输入用户名/密码 admin/admin，如图 7-21 所示，单击 Log in 按钮登录。

图 7-21　Grafana 登录界面

在弹出的对话框中，单击 Skip，如图 7-22 所示。

图 7-22　Grafana 登录提示框

登录后的 Grafana 主界面如图 7-23 所示。

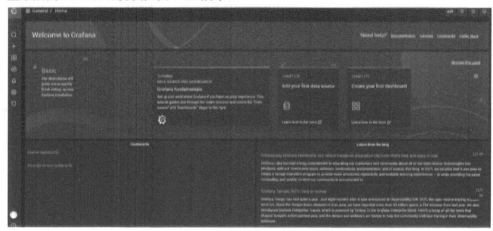

图 7-23　Grafana 主界面

7.3.2　Grafana 展示 Prometheus 数据源数据（Kubernetes）

Grafana 使用有两个基本步骤：添加数据源（Datasource）；为数据源配置仪表盘（Dashboard）。这个对于 Grafana 展示 Prometheus 核心组件数据同样适用，具体步骤说明如下。

1．增加 Prometheus 数据源

选中 Grafana 主界面的配置按钮如图 7-24 中 1 所示，然后单击 Data Sources 菜单项，如图 7-24 中 2 所示。

图 7-24　Grafana 配置菜单

Grafana 数据源配置界面如图 7-25 所示，kube-promethues 已自动将 Prometheus 数据源加入 Grafana，如图 7-25 中 1 所示。

图 7-25　Grafana 数据源配置界面

单击图 7-25 中 1 所示 prometheus 按钮，进入该数据源配置界面，如图 7-26 所示。

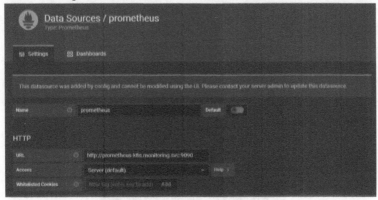

图 7-26　Prometheus 数据源配置界面

在图 7-26 界面下部单击 Test 按钮，如果能看到图 7-27 所示内容，则说明 Prometheus 数据源连接成功。

图 7-27　Prometheus 数据源连接成功提示图

2．手动导入 Prometheus 数据源内置仪表盘

单击图 7-26 所示的 Dashboards 选项卡，为 Prometheus 数据源添加仪表盘，这些仪表盘是提前内置在 Grafana 的，如图 7-28 所示。

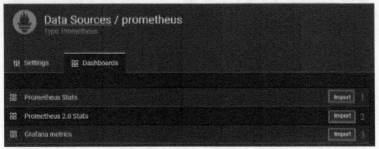

图 7-28　Prometheus 数据源仪表盘选择界面

依次单击图 7-28 所示的 1、2、3 号 Import 按钮，导入 Grafana 内置的仪表盘，导入后的界面如图 7-29 所示，后续也可以单击图 7-29 中的 1、2、3 号按钮删除对应的仪表盘。

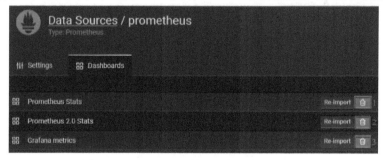

图 7-29　Prometheus 数据源仪表盘选择界面

鼠标选中图 7-30 的 1 所示的搜索按钮，然后单击图 7-30 的 2 所示的 Search 菜单项，搜索选择要显示的仪表盘，如图 7-31 所示。

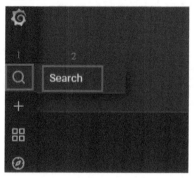

图 7-30　仪表盘搜索按钮界面

在仪表盘搜索界面中，可以在搜索框中输入要搜索的仪表盘的名字，如图 7-31 中 1 所示，也可以直接选择所列出的仪表盘，如图 7-31 中 2、3、4 所示。

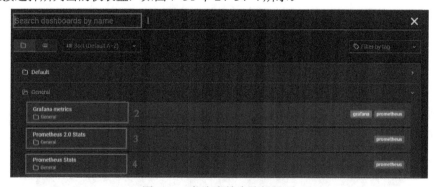

图 7-31　仪表盘搜索选择界面

单击图 7-31 中 2 所示的 Grafana metrics 列表项，选择显示该仪表盘，则可以看到该仪表盘界面如图 7-32 所示。

3. 使用 Grafana 内置 Kubernetes 仪表盘

除了手动导入的仪表盘，Grafana 还内置了一组 Kubernetes 监控数据的仪表盘（包括核心组件），位于图 7-33 中 1 所示的 Default 下拉列表中。

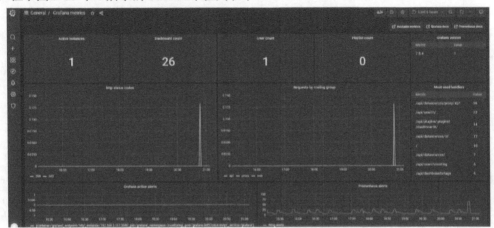

图 7-32　Grafana 自身仪表盘显示界面

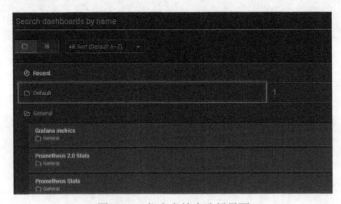

图 7-33　仪表盘搜索选择界面

单击图 7-33 中的 Default 下拉列表项，显示 Grafana 内置的 Kubernetes 核心组件的仪表盘，如图 7-34 所示。

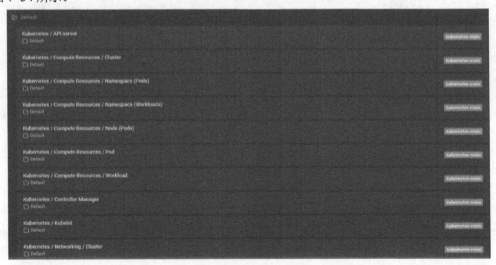

图 7-34　Grafana 默认内置的 Kubernetes 仪表盘列表

单击图 7-34 中的仪表盘项,例如 Kubernetes / Kubelet,就会显示该组件的监控界面,如图 7-35 所示,这个仪表盘的数据则来源于 Prometheus 所采集的 Kubelet 数据。

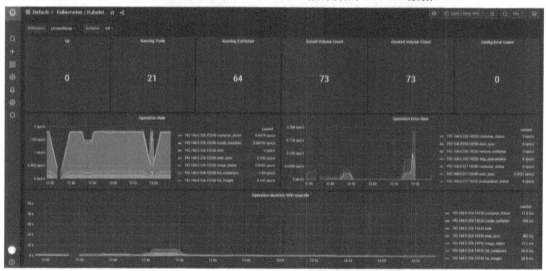

图 7-35　Kubernetes / Kubelet 仪表盘

如果单击 Kubernetes / API server,就会显示 API server 相关的监控界面,如图 7-36 所示,这个仪表盘的数据则来源于 Prometheus 所采集的 API server 数据。

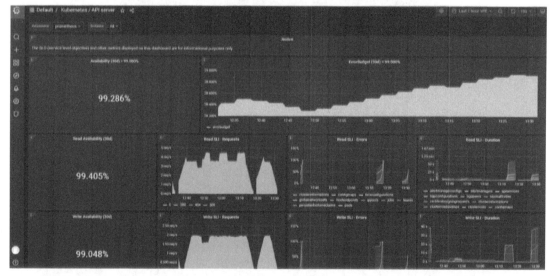

图 7-36　Kubernetes / API server 仪表盘

在 Grafana 中,使用上述方法就可以很方便地展示 Kubernetes 核心组件数据。

4. 增加 Prometheus 数据源外置仪表盘

除 Grafana 内置仪表盘外,还可以根据需要,为 Grafana 增加外置仪表盘,Grafana 的官网(https://grafana.com/dashboards/)就提供了丰富的外置仪表盘,如图 7-37 所示。在 Data Source 下拉列表中选择 Prometheus,将列出所有数据源为 Prometheus 的仪表盘,如图 7-37 中 2 所示,点击其中的一个图标,就可以进入对应的仪表盘详细信息页面,也可以在图 7-37 中 3 所示的搜索框中输入关键词进行搜索。

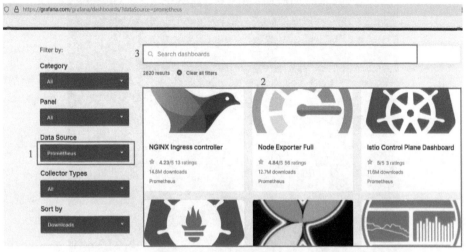

图 7-37　Grafana 外置仪表盘

如图 7-37 中 2 所示，每个仪表盘下面都会列出星级和下载次数。此外，每个仪表盘都有一个数字作为其唯一标识，例如常用的 Prometheus 仪表盘就有 8919 和 7249 等。其中 7429 仪表盘从集群的层级来显示 Prometheus 所采集到的 Kubernetes 的各类指标数据，包括 Kubelet、Node Exporter 等。8919 仪表盘则是一个中文显示的仪表盘，它用来显示 Prometheus Node Exporter 的各类数据，包含整体资源展示与资源明细图表：CPU、内存、磁盘 IO、网络等监控指标。下面就以 7429 仪表盘为例，介绍如何增加外置仪表盘，来展示 Prometheus 所采集到的 Kubernetes 的各类指标数据。

鼠标移到图 7-38 中 1 所示的新建按钮，单击 Import 菜单项，如图 7-38 中 2 所示。

在图 7-39 中 1 所示的地址栏中，输入 7249 仪表盘的 URL 地址（https://grafana.com/grafana/dashboards/7249），然后单击 Load 按钮，如图 7-39 中 2 所示，加载 7249 仪表盘。

图 7-38　Grafana 新建操作菜单

图 7-39　Dashboard Load 界面

加载 7249 仪表盘后的界面如图 7-40 所示，可以在图 7-40 中 1 所示的名字栏中修改该仪表盘的名称；也可以在图 7-40 中 2 所示的下拉菜单选择仪表盘所属的目录；在图 7-40 中 3 所示的下拉菜单中选择数据源 prometheus；最后单击 Import 按钮导入该仪表盘，如图 7-40 中 4 所示。

Importing Dashboard from Grafana.com

Published by	buhay
Updated on	2018-07-31 06:23:47

Options

Name

Kubernetes Cluster   1

Folder

General   2

Unique identifier (uid)
The unique identifier (uid) of a dashboard can be used for uniquely identify a dashboard
between multiple Grafana installs. The uid allows having consistent URL's for accessing
dashboards so changing the title of a dashboard will not break any bookmarked links to
that dashboard.

os6Bh8Omk   Change uid

prometheus

prometheus   3

Import   4 Cancel

图 7-40　Dashboard Import 界面

单击 Import 按钮后，显示仪表盘如图 7-41 所示，它将从整个集群的视角来展示 Kubernetes 监控指标数据。

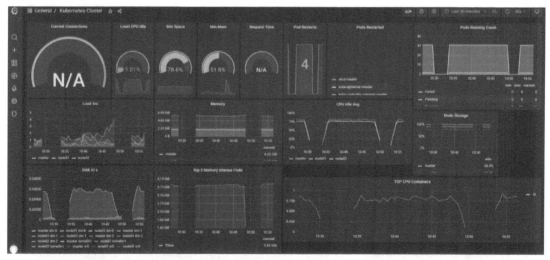

图 7-41　7429 仪表盘界面

在仪表盘搜索界面，可以看到新增加的 7429 仪表盘项（Kubernetes Cluster），如图 7-42 中 1 所示。

7.3.3　Grafana 展示其他数据源的数据

在 kube-prometheus 构建的 Grafana 中，Prometheus 是 Grafana 默认添加的内置数据源，除此之外，Grafana 还支持手动添加其他 Grafana 的内置数据源，这对于 Prometheus 数据源是一个有效补充，本节以添加 MySQL 数据源为例，具体说明如下。

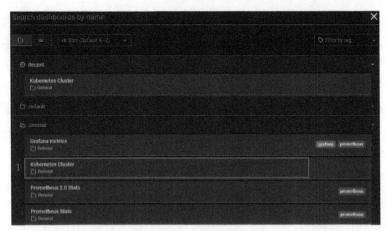

图 7-42　仪表盘搜索界面

如 7.2.5 节所述，Prometheus 使用 MySQL Node Exporter 是可以采集 MySQL 监控指标数据的，在 Grafana 的仪表盘导入界面中，可以导入对应的 MySQL 仪表盘 7362（https://grafana.com/grafana/dashboards/7362），导入后的 MySQL Overview 仪表盘界面如图 7-43 所示。

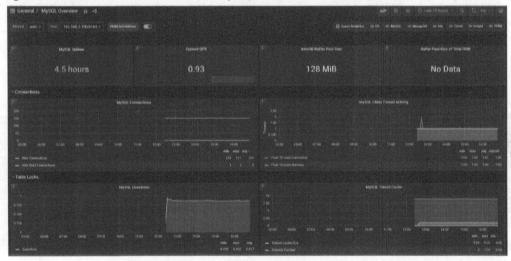

图 7-43　MySQL Overview 界面

要明确的是，图 7-43 中的数据源是 Prometheus，接下来本书会介绍如何为 Grafana 添加新的数据源，绕开 Prometheus 来监控 MySQL，具体操作说明如下。

Grafana 直接监控 MySQL，需要先在 MySQL 数据库中创建一个新的数据库和用户，具体步骤说明如下。

下载数据库创建脚本，命令如下。

```
[user@master grafana]$ wget -c https://github.com/john1337/my2Collector/archive/
refs/heads/master.zip
[user@master grafana]$ unzip master.zip
复制 my2.sql 到 MySQL Pod 容器
[user@master grafana]$
[user@master grafana]$ kubectl cp my2Collector-master/my2.sql  mysql-5bf9f586ff-
gbzz6:/tmp/
```

登录 MySQL Pod 容器。

```
[user@master grafana]$ kubectl exec -it mysql-5bf9f586ff-gbzz6 -- /bin/bash
root@mysql-5bf9f586ff-gbzz6:/#
```

执行 SQL 脚本，创建 my2 数据库。

```
root@mysql-5bf9f586ff-gbzz6:/# mysql --user=root -proot -hmysql < /tmp/my2.sql
```

登录 MySQL 数据库，输入密码 root,-h mysql 使用的是 MySQL 的 Service 名称 mysql 进行登录（远程登录，而且不用管 Pod 的 IP 或主机名如何变化）。

```
root@mysql-5bf9f586ff-gbzz6:/# mysql -uroot -h mysql -proot
mysql>
```

创建 Grafana 用户，密码为 user。

```
mysql> CREATE USER 'grafanaReader' IDENTIFIED BY 'user';
```

授权 grafanaReader 读取数据库表 my2.status 的权限。

```
mysql> GRANT SELECT ON my2.status TO 'grafanaReader';
```

新用户登录。

```
root@mysql-5bf9f586ff-gbzz6:/# mysql -ugrafanaReader -h mysql -p
mysql> use my2;
Database changed
mysql> SELECT * FROM status;
```

如果能看到以下内容，如图 7-44 所示，则说明数据库访问正常。

```
+-----------------------------+----------------+---------------------+
| VARIABLE_NAME               | VARIABLE_VALUE | TIMEST              |
+-----------------------------+----------------+---------------------+
| ABORTED_CLIENTS             | 0              | 2022-03-15 09:19:13 |
| ABORTED_CONNECTS            | 0              | 2022-03-15 09:19:13 |
| BINLOG_CACHE_DISK_USE       | 0              | 2022-03-15 09:19:13 |
| BINLOG_CACHE_USE            | 0              | 2022-03-15 09:19:13 |
| BINLOG_STMT_CACHE_DISK_USE  | 0              | 2022-03-15 09:19:13 |
| BINLOG_STMT_CACHE_USE       | 0              | 2022-03-15 09:19:13 |
| BYTES_RECEIVED              | 882609         | 2022-03-15 09:19:13 |
| BYTES_SENT                  | 38400980       | 2022-03-15 09:19:13 |
| COM_STMT_REPREPARE          |                | 2022-03-15 09:19:13 |
```

图 7-44　数据库报 my2.status 界面

进入数据源配置界面，点击 Add data source 按钮，如图 7-45 中 1 所示，添加新数据源。

图 7-45　数据源配置界面

在弹出的数据源列表中，选择 MySQL 数据源项，单击 Select 按钮，如图 7-46 所示。

图 7-46　数据源列表界面

在 MySQL 连接配置界面中，按照图 7-47 所示的 1、2、3、4 顺序，依次输入 MySQL 连接信息 mysql:3306、数据库名 my2、数据库用户名 grafanaReader 和密码 user。

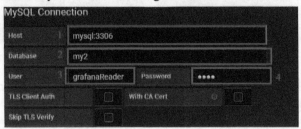

图 7-47　MySQL 连接配置界面

单击 MySQL 连接配置界面下面的 Save&Test 按钮，如果显示 Database Connect OK，则表示连接 MySQL 成功，如图 7-48 所示。

图 7-48　MySQL 连接配置界面

在 Grafana 仪表盘导入界面中，添加 7991 仪表盘（https://grafana.com/grafana/dashboards/7991），如图 7-49 所示。

图 7-49　仪表盘导入界面

在 Grafana 仪表盘配置界面的 MyMySQL 下拉列表中，选择数据源 MySQL，如图 7-50 中 1 所示，然后单击 Import 按钮，如图 7-50 中 2 所示。

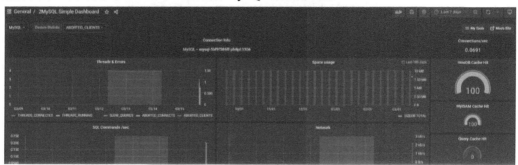

图 7-50　仪表盘配置界面

导入后的新仪表盘界面显示如图 7-51 所示，此仪表盘的数据由 Grafana 直接采集 MySQL 数据库而来，而不是通过 Prometheus 采集 MySQL 数据库而来。

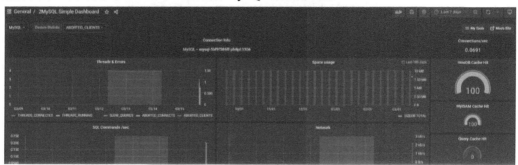

图 7-51　仪表盘配置界面

7.3.4　Grafana 配置的持久化存储

由于 kube-prometheus 启动的 Grafana 是以容器的方式进行的，因此，在 Grafana Web 页面或使用命令对 Grafana 进行配置，一旦 Grafana 容器重启则会还原成初始配置，并不会保存此前的配置。因此，要实现 Grafana 配置的持久化存储，就要先理解 kube-prometheus 下 Grafana 的配置存储机制，具体说明如下。

1．kube-prometheus 下 Grafana 的配置存储机制

首先，就纯粹的 Grafana 而言，它的配置文件有两个，具体说明如下。

（1）/etc/grafana/grafana.ini

该文件保存了 Grafana 的初始配置，Grafana 启动时会先读取该文件中的配置项，该文件是由 Grafana 容器在运行 grafana-server 程序时，传入参数--config=/etc/grafana/grafana.ini 指定的。

一般情况不需要修改 grafana.ini，如果要修改的话，可以在运行 Grafana 容器时，设置环境变量来覆盖 grafana.ini 中的配置，具体参考：https://grafana.com/docs/grafana/v7.5/administration/configuration/。

（2）/var/lib/grafana/grafana.db

该文件是一个 SQLite3 数据库文件，它保存了 Grafana 启动后所做的配置，例如用户使用 Grafana Web 页面或命令对 Grafana 做的修改和配置，都将存储在 grafana.db。Grafana 启动时会先根据 grafana.ini 中的数据库配置项找到 grafana.db，然后读取 grafana.db 中的配置，以覆盖 grafana.ini 中已有的相同配置项。例如 grafana.ini 中配置了 Grafana 的用户名和密码均为 admin，修改密码为 root，Grafana 重启加载 grafana.ini 后，密码仍然为 admin，这就是因为 grafana.db 中也有用户名和密码的配置，均为 admin，Grafana 会以 grafana.db 的配置为准，因此密码仍然为 admin。

此外，Grafana 的内置数据源和 Dashboard 存储在以下两个目录，说明如下。

（1）/usr/share/grafana/public/app/plugins/datasource/

该目录下的每个子目录对应 Grafana 的一个内置数据源，如图 7-52 和图 7-53 所示。

```
cloud-monitoring      grafana-azure-monitor-datasource   mixed        prometheus
cloudwatch            graphite                           mssql        tempo
dashboard             influxdb                           mysql        testdata
elasticsearch         jaeger                             opentsdb     zipkin
grafana               loki                               postgres
```

图 7-52　Grafana 内置数据源子目录

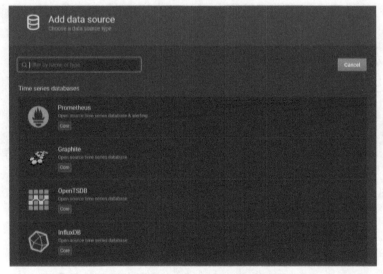

图 7-53　Grafana 内置数据源列表

注意：图 7-53 所示的 Grafana 内置数据源，只是表示 Grafana 可以支持这些数据源，不需要用户再去安装它们。除了 Promethues 数据源是自动添加外，其余的数据源需要用户手动添加（例如 MySQL 数据源），配置和测试成功后，才能够在 Dashboard 的数据源列表中可见，也就是说 Grafana 才会采集它们的数据。

（2）/usr/share/grafana/public/app/plugins/datasource/xxx/dashboards/

该目录是 Grafana 的内置数据源的子目录，它存储的是该数据源对应的仪表盘，例如 /usr/share/grafana/public/app/plugins/datasource/prometheus/dashboards/ 存储的就是 Prometheus 数据源内置的仪表盘，该目录下有 3 个 json 文件，如下所示。

```
grafana_stats.json      prometheus_2_stats.json   prometheus_stats.json
```

上述 3 个 json 文件对应 3 个仪表盘，如图 7-54 所示。

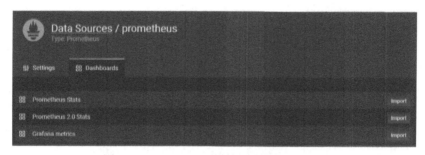

图 7-54　Prometheus 数据源内置仪表盘列表

再次，Grafana 默认添加的数据源和仪表盘存储在以下两个目录，说明如下。

（1）/etc/grafana/provisioning/datasources/

Grafana 会自动读取该目录下的 YAML 文件的内容来添加数据源，例如 dashboards.yaml 文件中数据源信息是 Prometheus，Grafana 在启动时就会自动添加一个 Prometheus 数据源，这也就是 Grafana 数据源 Web 页面（http://192.168.0.226:30002/datasources）能看到 Prometheus 的原因。如图 7-55 所示。

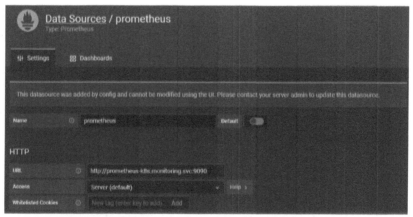

图 7-55　Grafana 默认数据源 Prometheus

注意：此处目录仅用于 Grafana 启动时添加默认数据源，而 Grafana 启动后添加的 MySQL 数据源配置信息，则存储在 grafana.db 中，而不是在/etc/grafana/provisioning/datasources/目录下创建 YAML 文件。

（2）/etc/grafana/provisioning/dashboards/

Grafana 会自动以该目录下的 YAML 文件的内容来添加仪表盘，例如/etc/grafana/provisioning/dashboards/dashboards.yaml 文件中第 8 行内容如下。

```
8                    "path": "/grafana-dashboard-definitions/0"
```

Grafana 会找到/grafana-dashboard-definitions/0 下的每个子目录，如图 7-56 所示，然后添加默认仪表盘（每个子目录对应一个仪表盘），如图 7-57 所示。

```
apiserver                  k8s-resources-pod              node-cluster-rsrc-use        prometheus-remote-write
cluster-total              k8s-resources-workload         node-rsrc-use                proxy
controller-manager         k8s-resources-workloads-namespace   nodes                   scheduler
k8s-resources-cluster      kubelet                        persistentvolumesusage       statefulset
k8s-resources-namespace    namespace-by-pod               pod-total                    workload-total
k8s-resources-node         namespace-by-workload          prometheus
```

图 7-56　Grafana 默认仪表盘子目录

图 7-57　Grafana 默认仪表盘列表

上述 Grafana 默认添加的数据源和仪表盘是由 kube-prometheus 生成的，它们的源文件分别是 /home/user/prometheus/kube-prometheus-0.8.0/manifests/grafana-dashboardDatasources.yaml 和 kube-prometheus-0.8.0/manifests/grafana-dashboardDefinitions.yaml。

此外，用户安装的 Grafana 插件（Plugins），则保存在 /var/lib/grafana/plugins/ 目录下。

综上所述，后续对 Grafana 的配置（数据源、仪表盘、账号密码等），以及导入的仪表盘，都将存储在 /var/lib/grafana/grafana.db 中，安装的插件则存储在 /var/lib/grafana/plugins/ 目录下。因此，要实现 kube-prometheus 下 Grafana 的持久化存储，关键在于实现 /var/lib/grafana/ 的持久化存储。

2. kube-prometheus 下 Grafana 配置持久化

本节创建基于 NFS 的 pv/pvc 实现 Grafana 配置持久化，具体步骤说明如下。

（1）增加 NFS 共享目录

在 master 节点新建 NFS 共享目录 /home/user/nfs/grafana，用于存储 Grafana 容器 /var/lib/grafana/ 下的内容，命令如下。

```
[user@master prometheus]$ mkdir /home/user/nfs/grafana
```

编辑 NFS 配置文件，命令如下。

```
[root@master prometheus]# vi /etc/exports
```

在打开的文件末尾，增加以下一行内容。

```
/home/user/nfs/grafana          192.168.0.226/24(rw,no_root_squash)
```

重启 NFS 服务器，加载新配置，命令如下。

```
[root@master prometheus]# systemctl restart nfs-server
```

（2）创建 pv

编辑 pv 文件，命令如下。

```
[user@master grafana]$ vi pv-nfs-grafana.yml
```

在打开的文件中，输入以下内容。

```
1 apiVersion: v1
```

```
 2 kind: PersistentVolume
 3 metadata:
 4   name: nfs-grafana
 5   labels:
 6     pvname: nfs-grafana
 7 spec:
 8   capacity:
 9     storage: 10Gi
10   accessModes:
11     - ReadWriteOnce
12   persistentVolumeReclaimPolicy: Retain
13   nfs:
14     path: /home/user/nfs/grafana
15     server: 192.168.0.226
```

第 12 行,不能写成 persistentVolumeReclaimPolicy: Recycle,否则每次 pvc 删除时,数据也会清空,达不到持久化效果;此外,使用 Retain 时,每次 pvc 删除,pv 也要删除,因为新的 pvc 无法和老的 pv 绑定。

(3)创建 pvc

打开 pvc 文件,命令如下。

```
[user@master grafana]$ vi pvc-nfs-grafana.yml
```

在打开的文件中,增加如下内容。

```
 1 apiVersion: v1
 2 kind: PersistentVolumeClaim
 3 metadata:
 4   name: nfs-grafana
 5   namespace: monitoring
 6 spec:
 7   accessModes:
 8     - ReadWriteOnce
 9   resources:
10     limits:
11       storage: 10Gi
12     requests:
13       storage: 8Gi
14   selector:
15     matchLabels:
16       pvname: nfs-grafana
```

关键代码说明:第 5 行设置 NameSpace 为 monitoring,便于 Grafana 使用该 pvc。

创建 pv 和 pvc,命令如下。

```
[user@master grafana]$ kubectl apply -f pv-nfs-grafana.yml
[user@master grafana]$ kubectl apply -f pvc-nfs-grafana.yml
```

查看 pvc,命令如下,如果能看到 nfs-grafana 的状态为 Bound,则说明 pv/pvc 创建成功。

```
[user@master grafana]$ kubectl get pvc -n monitoring
NAME         STATUS   VOLUME        CAPACITY   ACCESS MODES   STORAGECLASS   AGE
nfs-grafana  Bound    nfs-grafana   10Gi       RWO                           5s
```

（4）修改 Grafana 的 Deployment 文件

打开 grafana-deployment.yml，命令如下。

```
[user@master grafana]$ cd /home/user/prometheus/kube-prometheus-0.8.0/manifests/
[user@master manifests]$ vi grafana-deployment.yaml
```

原来的 133～134 行如下所示。

```
133        - emptyDir: {}
134          name: grafana-storage
```

将其修改为现在的 133～134 行，如下所示。

```
133        - name: grafana-storage
134          persistentVolumeClaim:
135            claimName: nfs-grafana
```

重新创建 Deployment 文件，命令如下。

```
[user@master manifests]$ kubectl apply -f grafana-deployment.yaml
```

查看 Pod，报错如下。

```
[user@master manifests]$ kubectl get pod -n monitoring
grafana-5b748455dd-99w5m                0/1        CrashLoopBackOff    5         3m36s
```

查看 Pod 启动信息，命令如下。

```
[user@master manifests]$ kubectl -n monitoring describe pod grafana-5b748455dd-99w5m
  Warning  BackOff   10s (x10 over 115s)  kubelet              Back-off restarting
failed container
```

查看 Pod 日志，命令如下。

```
[user@master manifests]$ kubectl -n monitoring logs grafana-5b748455dd-99w5m
GF_PATHS_DATA='/var/lib/grafana' is not writable.
You may have issues with file permissions, more information here: http://
docs.grafana.org/installation/docker/#migrate-to-v51-or-later
mkdir: can't create directory '/var/lib/grafana/plugins': Permission denied
```

修改 NFS 共享目录权限，命令如下。

```
[root@master manifests]# chmod 777 /home/user/nfs/grafana
```

重新创建该 Deployment 文件，命令如下。

```
[user@master manifests]$ kubectl apply -f grafana-deployment.yaml
```

再次查看 Pod，命令如下，如果看到 grafana-c697d966f-l4shz 状态为 Running，则说明 Pod 成功运行。

```
[user@master manifests]$ kubectl get pod -n monitoring | grep graf
grafana-c697d966f-l4shz                1/1        Running   5         3m47s
```

查看 NFS 共享目录，命令如下，可以看到数据已写入 NFS 共享目录。

```
[user@master manifests]$ ls /home/user/nfs/grafana/
grafana.db plugins png
[user@master manifests]$ ls /home/user/nfs/grafana/plugins/
camptocamp-prometheus-alertmanager-datasource
```

登录 Grafana 的 Web 页面，可以看到之前对 Grafana 所做的配置，包括导入的仪表盘、手动添加的 MySQL 外置数据源等，全都不见了，这是因为 Grafana 的/var/lib/grafana/使用了 NFS 共享目录，其目录下的 grafana.db 是重新创建的。

后续可以重复前面的操作，将之前对 Grafana 所做的配置重做一遍。

（5）修改配置进行验证

接下来在 Grafana 的 Web 页面中，修改登录密码，然后删除 Grafana Pod，以此验证是否已实现 Grafana 配置的持久化存储，具体步骤如下。

鼠标选中 Grafana 的 Web 页面的 Profile 按钮，如图 7-58 的 1 所示，点击 Change Password 菜单项，如图 7-58 的 2 所示。

在图 7-59 所示的密码修改界面中，依次输入旧密码（admin）、新密码（admin）和确认密码（111111），然后点击 Change Password 按钮，如图 7-59 中 1、2、3、4 所示。

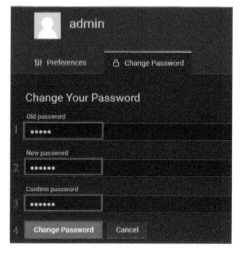

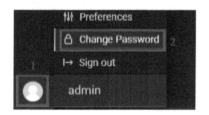

图 7-58　Grafana 默认仪表盘列表　　　　图 7-59　Grafana 密码修改界面

删除 Grafana 对应的 Pod，命令如下。

```
[user@master manifests]$ kubectl delete -f grafana-deployment.yaml
```

再次创建该 Deployment 文件，模拟其重新启动，命令如下。

```
[user@master manifests]$ kubectl apply -f grafana-deployment.yaml
```

查看 Pod 状态，命令如下，如果为 Running，则说明正常运行。

```
[user@master manifests]$ kubectl get pod -n monitoring | grep graf
grafana-c697d966f-sxwlz                1/1      Running   0        2m27s
```

重新登录 Grafana 的 Web 页面，如果使用密码 111111 能正常登录，则说明 Grafana 的配置实现了持久化存储。

重复 7.3.2～7.3.3 节中的步骤，为 Grafana 添加 Kubernetes 的外置仪表盘、MySQL 数据源等，这些配置将持久化存储，即使后续 Grafana 对应的 Pod 重新创建，这些配置也会存在。

7.4　Kubernetes 监控告警

7.2 节介绍了 Promethues 采集 Kubernetes 监控指标数据，7.3 节介绍了 Grafana 对 Prometheus 采集数据的可视化，本节介绍 Prometheus 和 Grafana 两者各自如何实现对 Kubernetes 的监控告警，包括：Prometheus 告警机制、查看 Prometheus 告警、Prometheus 告警 Rule、配置 Prometheus 告警发送邮件、Grafana 告警机制、Grafana 显示 Prometheus Alertmanager 告警、Granfana 自定义告警的显示与通知。

7.4.1　Prometheus 告警机制

Promethues 的告警主要涉及 4 个部分：用户、Prometheus server、Altermanager 和 Prometheus web UI，具体如图 7-60 中 A、B、C、D 部分所示。其中，用户主要是对告警进行设置（包括设置告警规则和设置告警通知），监控 Prometheus web UI 上的告警信息，以及接收告警通知；Prometheus server 则是定期采集监控指标数据，按照告警规则（Rule）对这些指标进行匹配，如果符合告警条件，则向 Altermanager 发送告警信息，并在 Prometheus web UI 进行显示；Altermanager 则是接收 Prometheus server 推送的告警信息，然后根据配置，选择合适的方式（如 Email、pageduty 等）进行告警通知。

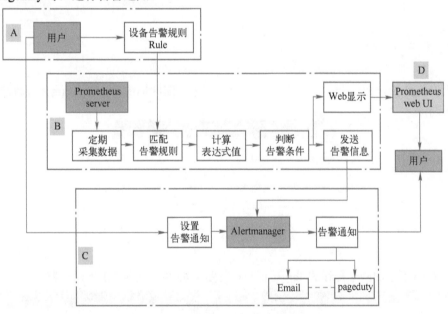

图 7-60　Promethues 告警机制及流程图

7.4.2　查看 Prometheus 告警

在 Prometheus web UI 和 Altermanager 的 Web 页面上，都可以查看告警信息，具体说明如下。

1. Prometheus web UI 查看告警

点击 Prometheus web UI 主页的 Alerts 按钮，进入告警信息页面，如图 7-61 所示，绿色区域（区域 1）表示无告警，红色区域（区域 2）表示有告警；数字 0 表示无告警，数字非 0 表示有告警。

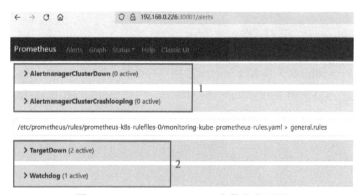

图 7-61　Promethues web UI 告警信息页面

单击图 7-61 中的 TargetDown 选项，可以看到有两条详细的告警信息（FIRING，FIRING 是告警状态的一种，后续会详细解释），如图 7-62 所示。

图 7-62　详细的告警信息页面

因为告警是 TargetDown，表示有 Target 没有起来，因此单击 Status→Targets 查看详情，如图 7-63 所示。

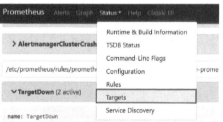

图 7-63　Status 菜单

如图 7-64 所示的两个标红的 Target 正好对应图 7-63 中的两条 FIRING 告警。

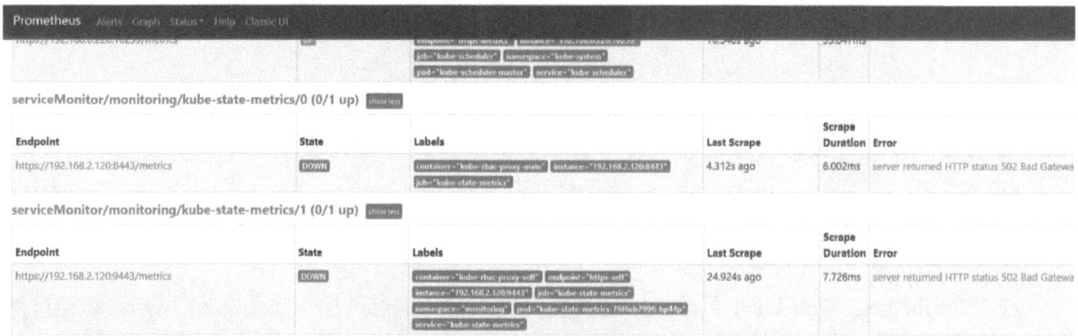

图 7-64　Targets 详细信息项

查看 Pod，运行下面的命令排查原因，可以看到是 ImagePullBackOff，导致 Pod 没起来。

```
[user@master manifests]$ kubectl get pod -n monitoring | grep metric
kube-state-metrics-76f6cb7996-hp44p    2/3      ImagePullBackOff   0          153m
```

修改 image 地址，Pod running 后，等待一段时间后 TargetDown 项由红色变成绿色，数字变成 0，原来的告警消除，如图 7-65 所示。

图 7-65　Target 告警项界面

Targets 详细信息项的颜色会由红色转换成蓝色，State 转换成 UP，如图 7-66 所示。

图 7-66　Target 详细信息页面

2．Alertmanager web UI 查看告警

和 Prometheus web UI 一样，kube-prometheus 默认支持 Kubernetes 集群的节点访问 Altermanager web UI，为了支持外部节点（例如 Host（Windows 主机）节点）访问该 Web 页面，需要创建 NodePort 类型的 Service 来暴露端口，具体步骤说明如下。

编辑 Altermanager web UI 的 Service 文件，命令如下。

```
[user@master prom]$ vi svc-alertmanager.yml
```

在打开的文件中添加如下内容。

```
 1 apiVersion: v1
 2 kind: Service
 3 metadata:
 4   namespace: monitoring
 5   name: svc-alertmanager
 6
 7 spec:
 8   type: NodePort
 9   ports:
10   - name: web
11     port: 9093
12     targetPort: web
13     protocol: TCP
14     nodePort: 30003
15   selector:
16     alertmanager: main
17     app: alertmanager
18     app.kubernetes.io/component: alert-router
```

```
19    app.kubernetes.io/name: alertmanager
20    app.kubernetes.io/part-of: kube-prometheus
```

上述 Service 文件 selector 部分内容参考自/home/user/prometheus/kube-prometheus-0.8.0/manifests/alertmanager-service.yaml。

创建 Service，命令如下。

```
[user@master prom]$ kubectl apply -f svc-alertmanager.yml
```

此时，如果发生告警，例如 TargetDown，那么在 alertmanager 的 Web 页面也可以查看，会根据 namespace 分类显示 alerts，如图 7-67 所示。

图 7-67　Alertmanager web UI 页面

单击 Status 按钮，可以查看 Alertmanager 的状态和配置，如图 7-68 所示。

图 7-68　Alertmanager 状态和配置页面

7.4.3　Prometheus 告警规则（Rule）

Prometheus 告警规则（Rule）非常重要，它决定了 Prometheus 对哪些监控指标数据进行计算，如何计算，告警的条件是什么，什么时候触发告警，以及告警的严重程度等。Prometheus 告警规则有自己特定的语法，再加上 kube-prometheus 所构建的 Prometheus 中，要清楚如何通过 kube-prometheus 来设置 Prometheus 告警规则，而不是直接对 Prometheus 进行修改，这些都增加了掌握 Prometheus 告警规则（Rule）的难度，具体说明如下。

1. Prometheus 告警规则（Rule）

点击 Prometheus web UI 的 Status 菜单中的 Rules 菜单项（如图 7-69 所示），可以查看 Prometheus 中的告警规则。

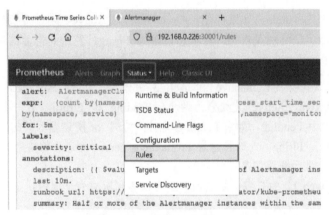

图 7-69　Prometheus 告警规则页面

在图 7-69 中查找 TargetDown，可以看到它的告警规则如下所示。

```
alert:TargetDown
expr:100 * (count by(job, namespace, service) (up == 0) / count by(job, namespace,
service) (up)) > 10
   for: 10m
   labels:
     severity: warning
   annotations:
     description: {{ printf "%.4g" $value }}% of the {{ $labels.job }}/{{ $labels.
service }} targets in {{ $labels.namespace }} namespace are down.
     runbook_url: https://github.com/prometheus-operator/kube-prometheus/wiki/targetdown
     summary: One or more targets are unreachable.
```

可以看到，一条告警规则包括：alert、expr、for、labels 和 annotations 等成员，具体说明如下。

（1）alert

告警项名称，以大写字母作为开头和分隔。

（2）expr

告警表达式，该表达式以 Prometheus 采集的监控指标数据为计算对象，采用 PromQL 语法进行编写，如果表达式为真，则说明告警（Alert）状态为 Active，否则为 Inactive。

PromQL(Prometheus Query Language) 是由 Prometheus 提供的，可以对 Prometheus 时序数据进行查询和聚合操作的功能性查询语言。表达式 expr 就是用 PromQL 写的，有关 PromQL 的详细信息，参考 https://prometheus.io/docs/prometheus/2.26/querying/basics/。

本例中的表达式 "100 * (count by(job, namespace, service) (up == 0) / count by(job, namespace, service) (up)) > 10" 表示：统计每个 Service（按照 job、namespace 和 service 对 Service 进行分类）的状态次数（up==0 表示 Service 不可用，up==1 表示 Service 可用），如果不可用（up==0）的次数占比 10% 以上，则表达式为真，否则为假。在这个表达式中 "*" "count by" "==" ">" 都是 PromQL 的操作符，其中 "count by" 用来统计次数，有关操作符的更多信息，参考：https://prometheus.io/docs/prometheus/2.26/querying/operators/。

（3）for

持续时间，本例为 10min，如果告警（Alert）状态为 Active，超过持续时间（10min），则认为此时是真的出故障了，将触发告警，将状态设置为 Firing，发送此告警信息给 Alertmanager，否则将状态设置为 Pending。

告警（Alert）状态分为：Inactive 和 Active 两大类，如果 expr 表达式为假，则状态为 Inactive，否则为 Active，Active 又细分为两类：Pending 和 Firing，第一次从 Inactive 转换到 Active 时的状态设置为 Pending，如果 Pending 的时间持续 for 所设置的时间（例如 10 分钟），则状态由 Pending 转换为 Firing，此时将触发 Prometheus server 发送告警信息到 Alertmanger，并在 Prometheus web UI 上显示告警信息（红色）。

在 Prometheus web UI 的告警信息页面，就可以看到所有告警项的状态统计信息，如图 7-70 所示。

图 7-70　告警项状态统计信息界面

（4）labels

告警信息标签，例如 "severity: warning" 表示告警严重程度为 warning，此标签信息将出现在告警信息中，如图 7-62 所示的告警信息中。

（5）annotations

设置此告警相关的一些说明。

有关告警规则更多详细信息，参考：https://prometheus.io/docs/prometheus/2.26/configuration/alerting_rules/#alerting-rules。

2．Prometheus 告警流程

Prometheus 的告警流程如图 7-71 所示，分为 3 条主线，第一条主线是用户设置，既可以对 Prometheus server 设置告警规则，又可以对 Alertmanager 设置告警通知；第二条主线是 Prometheus server 定期（按照 scrape_interval 所设定值，默认为 30s）采集监控指标数据，然后匹配告警规则，对符合条件的告警规则（Rule）计算表达式（expr）的值，如果为真，则判断当前告警状态，如果为 Inactive，则将告警状态置为 Pending（Active），进入第三条主线，如图 7-71 中 1、2、4、5 所示。

　　第三条主线为告警状态为 Active 下的处理路径，Prometheus server 会定期（按照 evaluation_interval 所设定值，默认为 30s）检查表达式的值，如果为假，则查看当前告警状态，如果为 Firing，则发送告警解除状态到 Alertmanager，然后退出第三条主线处理，如果为 Pending，则直接退出第三条主线处理，如图 7-71 中 1、2、3、4、5 所示。

　　如果表达式值为真，则判断当前状态持续的时间是否超过设定的时间（告警规则中 for 所设定的时间），如果是，则判断当前告警状态，如果为 Firing，则不作处理，进入下一轮等待（evaluation_interval），如果为 Pending，则将告警状态设置为 Firing，发送此告警状态到 Alertmanager 和 Prometheus web UI，然后进入下一轮等待（evaluation_interval），如图 7-71 中 1、6、7、8、9、10、11、12、13 所示。

　　上述 scrape_interval 和 evaluation_interval 位于 Prometheus server 的/etc/prometheus/config_out/prometheus.env.yaml 文件中。

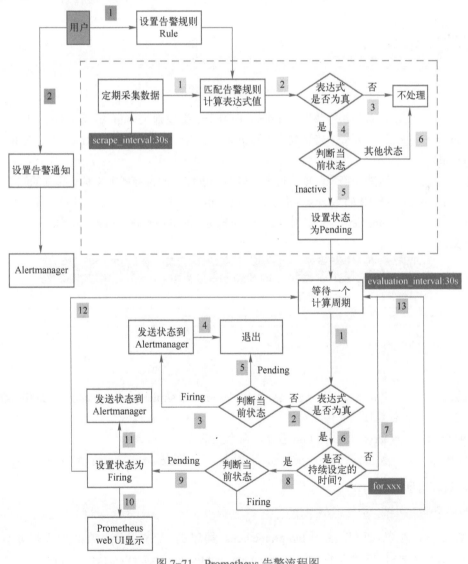

图 7-71　Prometheus 告警流程图

3. 设置 Prometheus 告警规则

在 Prometheus web UI 的 Status→Rules 界面上，可以看到 Prometheus 的告警规则，如图 7-72 所示。

图 7-72　Prometheus 告警规则界面

如图 7-72 所示，总的告警规则（Rules）由若干告警规则 Group 组成（例如 alertmanager. rules、node-network 等），而每个告警规则 Group 中又包含若干条规则项（Rule，如 Alertmanager-FailedReload）。

问题一：那么，这些告警规则项、告警规则 Group 和总的告警规则又是从哪来的呢？

在 Prometheus web UI 的 Alerts 界面上，给出了相应的来源信息，如图 7-73 所示，每个告警规则 Group 来源于 Prometheus server 中/etc/prometheus/rules/prometheus-k8s-rulefiles-0/目录下的一个 yaml 文件。

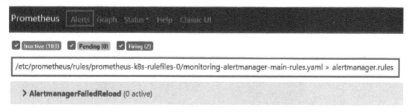

图 7-73　Prometheus 告警规则信息界面

问题二：为什么 Prometheus server 会使用/etc/prometheus/rules/prometheus-k8s-rulefiles-0/目录下的 yaml 文件作为告警规则文件呢？

登录 Prometheus server 所在的 Pod 容器，命令如下。

```
[user@master ~]$ kubectl -n monitoring exec -it prometheus-k8s-0 -- /bin/sh
```

查看进程信息，命令如下。

```
/prometheus $ ps -elf > /tmp/a
```

查看/tmp/a 内容，可以找到/bin/prometheus 程序的一个运行参数，如下所示，说明 Prometheus server 使用的配置文件为/etc/prometheus/config_out/prometheus.env.yaml。

```
--config.file=/etc/prometheus/config_out/prometheus.env.yaml
```

查看 prometheus.env.yaml，在 7～8 行，可以找到以下内容，这就说明 Prometheus server 使用/etc/prometheus/rules/prometheus-k8s-rulefiles-0/目录下所有 yaml 文件作为告警规则文件。

```
rule_files:
- /etc/prometheus/rules/prometheus-k8s-rulefiles-0/*.yaml
```

查看/etc/prometheus/rules/prometheus-k8s-rulefiles-0/目录，命令如下，可以看到，该目录下的文件全部为 yaml 文件，这些文件是和图 7-73 中的 yaml 文件一一对应的。

```
/prometheus $ ls /etc/prometheus/rules/prometheus-k8s-rulefiles-0/
monitoring-alertmanager-main-rules.yaml     monitoring-node-exporter-rules.yaml
monitoring-kube-prometheus-rules.yaml       monitoring-prometheus-k8s-prometheus-
rules.yaml
monitoring-kube-state-metrics-rules.yaml    monitoring-prometheus-operator-
rules.yaml
monitoring-kubernetes-monitoring-rules.yaml
```

打开其中的任意一个文件，例如 monitoring-kube-prometheus-rules.yaml，命令如下。

```
/prometheus $ vi /etc/prometheus/rules/prometheus-k8s-rulefiles-0/monitoring-kube-
prometheus-rules.yaml
```

打开文件的内容如下所示，一个 yaml 文件（groups）中会包含多个告警规则 Group，每个 Group 包含有 1 个 name 成员和一个 rules 成员，而 rules 成员又由多条告警规则（Rule）组成。

```
groups:
- name: general.rules
  rules:
  - alert: TargetDown
......
- name: node-network
  rules:
  - alert: NodeNetworkInterfaceFlapping
```

例如，上述内容中的第一个告警规则 Group，它的 name 是 general.rules，就对应图 7-74 中的 1 所示，其中/etc/prometheus/rules/prometheus-k8s-rulefiles-0/monitoring-kube-prometheus-rules.yaml 标明了该告警规则 Group 来源的文件；它的 rules 有两条告警规则，其中一条的名字为 TargetDown，对应图 7-74 中的 2 所示；同样的，第二个告警规则 Group 的 name 是 node-network，对应图 7-74 中的 3 所示，它的 rules 只有 1 条告警规则，名字为 NodeNetworkI-nterfaceFlapping，对应图 7-74 的 4 所示。

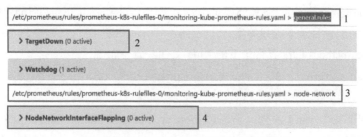

图 7-74　Prometheus 告警规则信息界面

总之，图 7-74 所示的告警规则，源于 Prometheus server 中/etc/prometheus/rules/prometheus-k8s-rulefiles-0/目录下的 yaml 文件，每个 yaml 文件包含若干告警规则 Group，而每个 Group 又由若干告警规则（Rule）组成。

问题三：/etc/prometheus/rules/prometheus-k8s-rulefiles-0/目录下的 yaml 文件是怎么来的呢？

查看 Prometheus server 对应的 Pod 信息，命令如下。

```
[user@master ~]$ kubectl describe pod prometheus-k8s-0 -n monitoring
```

其中输出的部分信息如下，可知/etc/prometheus/rules/prometheus-k8s-rulefiles-0/来源于一个名字为 prometheus-k8s-rulefiles-0 的 Configmap。

```
......
    Mounts:
      ......
/etc/prometheus/rules/prometheus-k8s-rulefiles-0 from prometheus-k8s-rulefiles-0 (rw)
......
prometheus-k8s-rulefiles-0:
    Type:       ConfigMap (a volume populated by a ConfigMap)
    Name:       prometheus-k8s-rulefiles-0
```

查看 Configmap prometheus-k8s-rulefiles-0 的信息，命令如下。

```
[user@master ~]$ kubectl -n monitoring edit cm prometheus-k8s-rulefiles-0
```

上述命令显示内容部分如下，其内容和/etc/prometheus/rules/prometheus-k8s-rulefiles-0/目录下的 yaml 文件是一一对应的。

```
apiVersion: v1
data:
monitoring-alertmanager-main-rules.yaml: |
    groups:
    - name: alertmanager.rules
      rules:
      - alert: AlertmanagerFailedReload
......
monitoring-kube-prometheus-rules.yaml: |
    groups:
    - name: general.rules
      rules:
      - alert: TargetDown
```

问题四：Configmap prometheus-k8s-rulefiles-0 的内容又是从哪来的呢？

很显然，Configmap prometheus-k8s-rulefiles-0 是由 kube-prometheus 所创建的，因此，要到 kube-prometheus 的配置目录下寻找答案。

查看 kube-prometheus 的配置目录下的 Rule 文件，命令如下。

```
[user@master manifests]$ cd /home/user/prometheus/kube-prometheus-0.8.0/manifests
[user@master manifests]$ ls *Rule*
```

上述命令输出 7 个 yaml 文件，正好对应/etc/prometheus/rules/prometheus-k8s-rulefiles-0/目录下的 7 个 yaml 文件。

```
alertmanager-prometheusRule.yaml          kubernetes-prometheusRule.yaml
```

```
node-exporter-prometheusRule.yaml          prometheus-prometheusRule.yaml
   kube-prometheus-prometheusRule.yaml     kube-state-metrics-prometheusRule.yaml
prometheus-operator-prometheusRule.yaml
```

打开其中的一个文件，例如 kube-prometheus-prometheusRule.yaml，命令如下。

```
[user@master manifests]$ vi kube-prometheus-prometheusRule.yaml
```

该文件部分内容如下，其中第 10～11 行内容组合起来，就是/etc/prometheus/rules/prometheus-k8s-rulefiles-0/目录下 monitoring-kube-prometheus-rules.yaml 的文件名。而第 13～17 行的内容，则是 monitoring-kube-prometheus-rules.yaml 文件的内容。所有文件的内容，正好对应 Configmap prometheus-k8s-rulefiles-0 的内容。

```
10    name: kube-prometheus-rules
11    namespace: monitoring
12 spec:
13    groups:
14    - name: general.rules
15      rules:
16      - alert: TargetDown
17        annotations:
```

结论：Configmap prometheus-k8s-rulefiles-0 的内容，来源于 master 节点上的/home/user/prometheus/kube-prometheus-0.8.0/manifests 下 Rule 文件。

问题五：如何通过 kube-prometheus 来设置 Prometheus 的告警规则呢？

下面以修改 TargetDown 告警规则中的 for 为例，说明具体修改过程。

在 master 节点打开 kube-prometheus-prometheusRule.yaml，命令如下。

```
[user@master manifests]$ vi kube-prometheus-prometheusRule.yaml
```

在打开的文件中，修改第 22 行 for 的值为 15m，如下所示。

```
22        for: 15m
```

保存退出后，重新配置该 yaml 文件，更新 Configmap，命令如下。

```
[user@master manifests]$ kubectl apply -f kube-prometheus-prometheusRule.yaml
```

查看 Configmap，命令如下。

```
[user@master manifests]$ kubectl -n monitoring edit cm prometheus-k8s-rulefiles-0
```

在上述命令输出中，查找 TargetDown，可以看到第 161 行，for 已经修改为 15m。

```
149    monitoring-kube-prometheus-rules.yaml: |
150      groups:
151      - name: general.rules
152        rules:
153        - alert: TargetDown
......
161          for: 15m
```

删除 Prometheus server 对应的两个 Pod，命令如下。

```
[user@master manifests]$ kubectl delete pod prometheus-k8s-0 -n monitoring
[user@master manifests]$ kubectl delete pod prometheus-k8s-1 -n monitoring
```

新建的 Pod 会重新加载 Configmap prometheus-k8s-rulefiles-0 中的配置，进入到其中的一个 Pod，查看/etc/prometheus/rules/prometheus-k8s-rulefiles-0/目录下 monitoring-kube-prometheus-rules.yaml 文件，命令如下。

```
[user@master manifests]$ kubectl -n monitoring exec -it prometheus-k8s-0 -- /bin/sh
/prometheus $ vi /etc/prometheus/rules/prometheus-k8s-rulefiles-0/monitoring-kube-
prometheus-rules.yaml
```

在打开的文件内容中，可以看到 TargetDown 的 for 已经修改为 15m。

```
- name: general.rules
  rules:
  - alert: TargetDown
    annotations:
......
    for: 15m
```

再查看 Prometheus web UI 的告警信息页面，TargetDown 的 for 已经修改为 15m，如图 7-75 中 3 所示。

图 7-75　Prometheus 告警规则信息界面

7.4.4　配置 Prometheus 告警发送邮件

当某条告警规则（如 TargetDown）的状态达由 Pending 转换为 Firing 的时候，Prometheus server 就会将此告警信息发送到 Alertmanager，Alertmanager 就会根据自身的配置，选择合适的手段，将此告警信息通知给接收对象。在这些告警通知手段中，Email 是最方便、也是最常用的，因此，本节就以 TargetDown 的告警为例，说明如何配置 Prometheus 告警发送邮件进行通知，具体说明如下。

1. 配置手动命令发送邮件

在实现 Prometheus 告警自动发送邮件之前，先配置手动命令发送邮件，这样便于查错时对照检查。要实现手动命令发送邮件，先要准备一个发送端邮箱账号（如 aaa@126.com），和一个接收端邮箱账号（如 bbb@126.com）。在发送端邮箱账号中开启 SMTP，如图 7-76 中 1 所示，点击"开启"按钮，这样将允许第三方客户端（例如，发送邮件的命令 mailx，或者是后续 Alertmanager 中发送邮件的程序模块）使用该邮箱发送邮件，同时记住发送端邮箱的"授权密码"，用于第三方客户端登录发送端邮箱账号，如图 7-77 所示。

图 7-76　发送端邮箱 SMTP 设置示例界面

图 7-77　SMTP 授权码界面

在 master 安装 mailx，以此作为第三方客户端，登录发送端邮箱，使用 SMTP 向接收端邮箱发送邮件。具体的 mailx 安装命令如下所示。

```
[root@master user]# mount /dev/sr0 /media/
[root@master user]# yum -y install mailx
```

安装好 mailx 后，编辑其配置文件 mail.rc，命令如下。

```
[root@master user]# vi /etc/mail.rc
```

从第 9 行开始，加入以下内容。

```
 9 set from=aaa@126.com
10 set smtp=smtp.126.com
11 set smtp-auth-user=aaa@126.com
12 set smtp-auth-password=XXXXX（填入图 7-77 所示的授权码）
13 set smtp-auth=login
```

项接收端邮箱 bbb@126.com 发邮件，邮件内容为 hello，邮件标题为 first，命令如下。

```
[user@master ~]$ echo "hello" | mail -s first bbb@126.com
```

也可以将邮件内容写入文件，然后发送，命令如下所示，将读取/etc/profile 文件内容，向bbb@126.com 发送邮件，邮件标题为 second。

[user@master ~]$ mail -s second bbb@126.com < /etc/profile

如果 bbb@126.com 能收到邮件，如图 7-78 所示，标题为 first，为图 7-78 中 1 所示，发件人和收件人如图 7-78 中 2、3 所示，正文内容如图 7-78 中 4 所示，则说明 SMTP 设置没有问题。

2. 配置 Alertmanager 告警发送邮件

同样的，kube-prometheus 所构建的 Prometheus，不能直接修改 Alertmanager 的配置文件，而是要通过 kube-prometheus 去修改配置，具体步骤说明如下。

进入 Alertmanager 相关的 Pod，命令如下。

图 7-78 接收端邮箱界面

```
[user@master manifests]$ kubectl -n monitoring exec -it alertmanager-main-0 --
/bin/sh
```

查看进程信息，命令如下，可以看到 Alertmanager 的配置文件为/etc/alertmanager/config/alertmanager.yaml。

```
/alertmanager $ ps -elf
PID    USER    TIME  COMMAND
1      1000    2:33 /bin/alertmanager --config.file=/etc/alertmanager/config/
alertmanager.yaml ......
```

打开配置文件，命令如下。

```
/alertmanager $ vi /etc/alertmanager/config/alertmanager.yaml
```

配置文件内容和关键配置说明如下。

```
1 #全局设置
2 "global":
3   "resolve_timeout": "5m"
4 #设置抑制规则，防止同一个原因导致的故障，发送多条告警信息
5 #例如下面规则，将设置 namespace 和 alertname 相同的告警
6 #如果已经发送过 severity 为 critical 的告警，那么对于 severity 为 warning|info 的告
警，不再处理
7 #如果已经发送过 severity 为 warning 的告警，那么对于 severity 为 info 的告警，不再处理
8 #总的来说，就是如果前面已经发送过高级别的告警，那么相同来源(namespace 和 alertname 相
同)的低级别告警就不再发送
9 "inhibit_rules":
10 - "equal":
11   - "namespace"
12   - "alertname"
13   "source_match":
14     "severity": "critical"
15   "target_match_re":
16     "severity": "warning|info"
```

```
17 - "equal":
18   - "namespace"
19   - "alertname"
20   "source_match":
21     "severity": "warning"
22   "target_match_re":
23     "severity": "info"
24 #设置告警接收者信息
25 #常用的 receiver 有：Email、钉钉、微信等
26 "receivers":
27 - "name": "Default"
28 - "name": "Watchdog"
29 - "name": "Critical"
30 #设置告警分发规则，不同的告警将依据此规则，分发到不同的告警接收者
31 "route":
32   "group_by":
33   - "namespace"
34   "group_interval": "5m"
35   "group_wait": "30s"
36   "receiver": "Default"
37   "repeat_interval": "12h"
38   "routes":
39   - "match":
40       "alertname": "Watchdog"
41     "receiver": "Watchdog"
42   - "match":
43       "severity": "critical"
44     "receiver": "Critical"
```

上述配置文件的详细说明：https://prometheus.io/docs/alerting/0.21/configuration/。

在 kube-prometheus 中，上述配置文件（/etc/alertmanager/config/alertmanager.yaml）源于 kube-prometheus 的 /home/user/prometheus/kube-prometheus-0.8.0/manifests/alertmanager-secret.yaml 文件，因此，要通过对 alertmanager-secret.yaml 的修改，实现 Alertmanager 的配置，具体步骤说明如下。

编辑 alertmanager-secret.yaml 文件，命令如下。

```
[user@master manifests]$ cp alertmanager-alertmanager.yaml alertmanager-alertmanager.
yaml.bk
[user@master manifests]$ vi alertmanager-secret.yaml
```

在打开的文件中，重新编辑，写入以下内容，注意第 14～27 行为新增内容。

```
1 apiVersion: v1
2 kind: Secret
3 metadata:
4   labels:
5     alertmanager: main
6     app.kubernetes.io/component: alert-router
7     app.kubernetes.io/name: alertmanager
8     app.kubernetes.io/part-of: kube-prometheus
9     app.kubernetes.io/version: 0.21.0
```

```
10   name: alertmanager-main
11   namespace: monitoring
12 stringData:
13   alertmanager.yaml: |-
14     global:
15       resolve_timeout: 5m
16     route:
17       receiver: 'email'
18     receivers:
19     - name: 'email'
20       email_configs:
21       - to: 'bbb@126.com'
22         from: 'aaa@126.com'
23         smarthost: 'smtp.126.com:25'
24         auth_username: 'aaa@126.com'
25         auth_password: 'xxxxxxxx'
26         require_tls: false
27         send_resolved: true
28 type: Opaque
```

关键配置说明如下。

1）第 16～17 行，设置告警通知的路由规则，此处所有的告警通知将分发给名字为 email 的告警接收者。

2）第 19 行设置告警接收者的名字为 email。

3）第 20～27 行，是 email 告警接收者的具体配置。

4）第 21 行，接收端邮箱地址，要替换为自己的邮箱地址。

5）第 22 行，发送端邮箱地址，要替换为自己的邮箱地址。

6）第 23 行，设置 SMTP 服务的域名及端口，此处端口可以是 25，也可以是 465。

7）第 24～25 行，设置发送端邮箱的用户名及授权码，用于登录发送端邮箱，要替换为自己邮箱的信息。

8）第 26 行，设置 SMTP 不使用 SSL/TLS 发送邮件。

9）第 27 行，设置发送问题已解决的通知（默认是不发送）。

上述配置文件的详细说明参考：https://prometheus.io/docs/alerting/0.21/configuration

使得配置生效，命令如下。

```
[user@master manifests]$ kubectl apply -f alertmanager-secret.yaml
```

此处不需要删除 Pod，Alertmanager 的 Pod 中的 alertmanager.yaml 会自动更新，可以使用下面的命令进行验证。

```
[user@master manifests]$
kubectl  -n  monitoring  cp  alertmanager-main-0:/etc/alertmanager/config/..data/
alertmanager.yaml /tmp/alertmanager.yaml
```

打开复制到本地目录（/tmp/）的配置文件 alertmanager.yaml，可以看到该文件的内容已经更新为发送 email 通知的配置。接下来，模拟 TargetDown，以此验证 Prometheus 是否告警发送邮件，具体步骤说明如下。

首先，参考 7.4.3 中的步骤，修改 TargetDown 的 for 为 3m，修改后的 TargetDown 告警规则如下所示。

```
name: TargetDown
expr: 100 * (count by(job, namespace, service) (up == 0) / count by(job, namespace,
service) (up)) > 10
    for: 3m
    ......
```

关闭 node02 上的 kubelet Service，模拟 kubelet TargetDown，命令如下。

```
[root@node02 user]# systemctl stop kubelet
```

记下当前时间，命令如下。

```
[root@node02 user]# date
Sun Mar 20 19:38:18 EDT 2022
```

在 Prometheus web UI 的 Alerts 界面，可以看到新增一条 TargetDown 告警（屏幕显示为黄色），状态为 Pending，如图 7-79 所示。

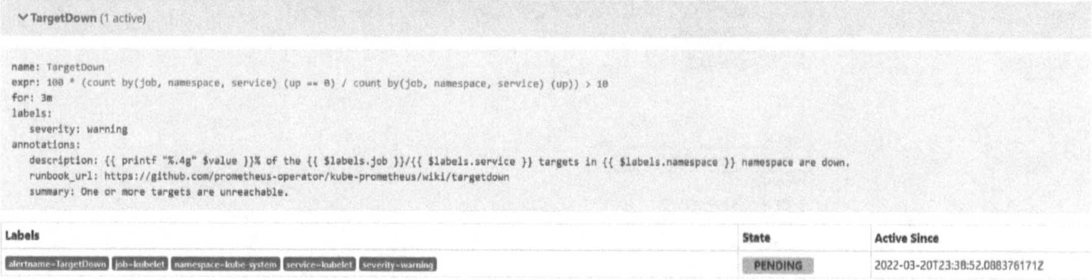

图 7-79　TargetDown 告警界面

3min（告警规则中设置的 for 为 3m）后，在 Prometheus web UI 的 Alerts 界面 TargetDown 告警状态变为 Firing（屏幕显示为红色），如图 7-80 所示。

图 7-80　TargetDown 告警界面

同时在 Alertmanager web UI 的 Alerts 界面出现一条新的告警，如图 7-81 中 2 所示，此告警正是 TargetDown，如图 7-81 中 1 所示，告警时间为 23:41:22，和 Pending 的时间相差 3min 左右，这就说明是 Pending 的时间持续 3min（告警规则中设置的 for）后，就转变成 Firing，同时向 Alertmanager 发送此告警消息。

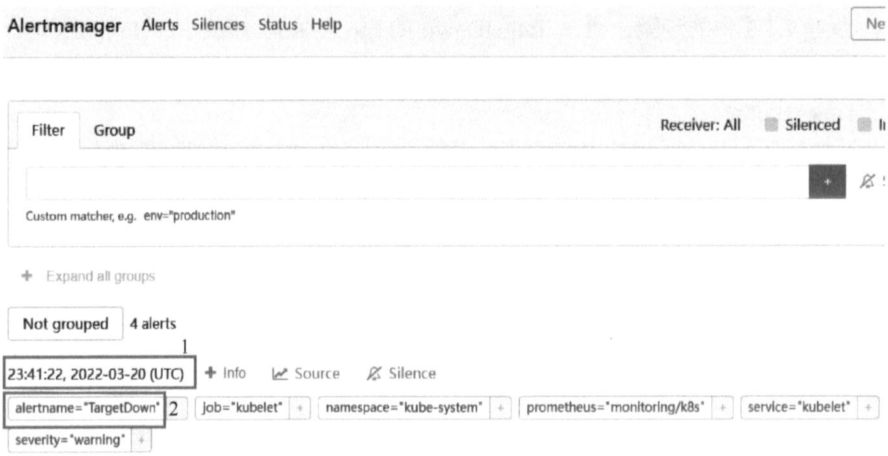

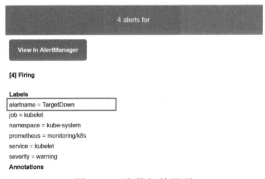

图 7-81　TargetDown 告警界面

稍微等待一小段时间，在接收端邮箱可以收到 Alertermanager 发送的告警邮件，如图 7-82 所示。

[图片]

图 7-82　告警邮件界面

启动 node02 上的 kubelet Service，模拟 kubelet 故障解决，并记录当前时间，命令如下。

```
[root@node02 user]# systemctl start kubelet
[root@node02 user]# date
Sun Mar 20 19:56:42 EDT 2022
```

稍等一小段时间，可以看到 Prometheus web UI 的 Alerts 界面原有的红色 TargetDown 告警消失，如图 7-83 所示。同时 Alertmanager web UI 的 Alerts 界面上的 TargetDown 告警也消失。

> **TargetDown** (0 active)

图 7-83　TargetDown 告警界面

等待一段时间，在接收端邮箱可以接收到 TargetDown 告警解决（Resolved）的邮件，如图 7-84 所示。

7.4.5　Grafana 告警配置与邮件通知

除了 Promtheus 告警外，也可以在 Grafana 设置条件，对其仪表盘上的数据进行告警，并进行告警通知（如邮件），这种告警设置简单、灵活，具体示例说明如下。

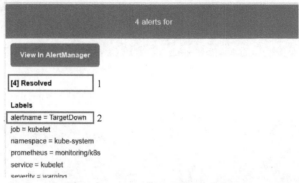

图 7-84　TargetDown 告警解决邮件

1. 确定告警对象

Grafana 的告警对象都在仪表盘上，因此，要确定告警对象，就要先打开仪表盘，例如 Grafana 内置默认添加的 Kubernetes 仪表盘——Kubernetes / Compute Resources / Cluster，如图 7-85 所示。

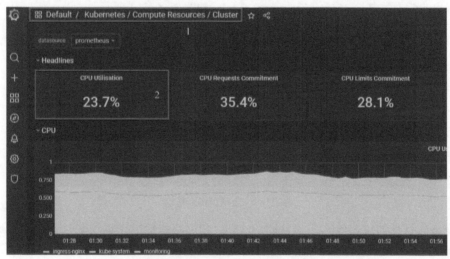

图 7-85　Kubernetes / Compute Resources / Cluster 仪表盘

以 Kubernetes 集群的 CPU 利用率为告警对象，如图 7-85 中 2 所示，单击 CPU Utilisation 下拉菜单，如图 7-86 中 1 所示，在下拉菜单中单击 Edit 菜单项，如图 7-86 中 2 所示。

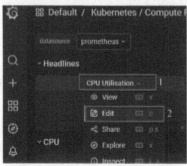

图 7-86　CPU Utilisation 下拉菜单

在打开的 Edit 编辑界面中，复制 CPU 利用率指标的查询语句，如图 7-87 中 1 所示。

图 7-87 CPU Utilisation Panel 编辑界面

返回仪表盘主界面，单击添加按钮，增加新的 Panel，如图 7-88 中 1 所示。

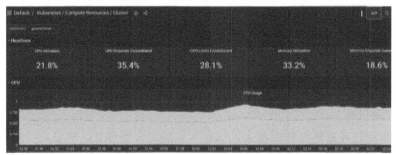

图 7-88 Kubernetes / Compute Resources / Cluster 仪表盘

在弹出的新界面中，单击 Add an empty panel，如图 7-89 中 1 所示。

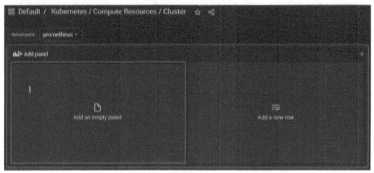

图 7-89 新增 Panel 界面

在弹出的新界面中，输入之前复制的 CPU 利用率指标的查询语句（1 - avg(rate(node_cpu_seconds_total{mode="idle", cluster="$cluster"}[$__rate_interval])))，如图 7-90 中 1 所示。同时，该语句中的变量（如$__rate_interval）将会自动替换成具体的值，替换后的查询语句出现在图 7-90 中 2 所示位置，复制替换后的查询语句（1 - avg(rate(node_cpu_seconds_total{mode="idle", cluster=""}[60s])))。

2．新建监控告警 Panel

回到 Grafana 主界面，单击新建按钮，如图 7-91 中 1 所示，单击 Dashboard 菜单项，如图 7-91 中 2 所示。

在弹出的对话框中单击 Discard（不保存）按钮，如图 7-92 所示。

因为 kube-prometheus 构建的 Grafana 中，对默认添加的内置仪表盘（如 Kubernetes / Compute Resources / Cluster）所做的修改是无法保存的，即使另存为 JSON 文件，要将其导入 Grafana 也是非常麻烦。这也就是此处为什么选择不保存，而是新建监控告警仪表盘（Panel）的原因。

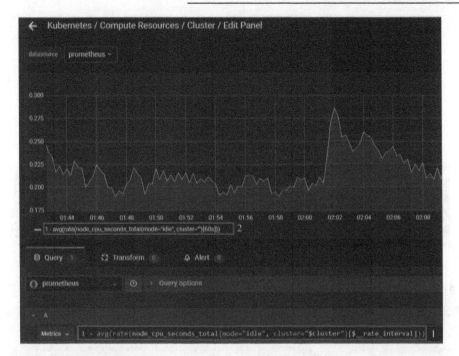

图 7-90　新增 Panel 编辑界面

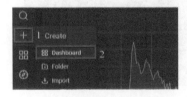

图 7-91　新建菜单界面

图 7-92　仪表盘保存对话框

在弹出的 Add panel 界面中，单击 Add an empty panel，如图 7-93 中 1 所示。

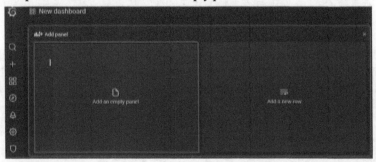

图 7-93　Add panel 界面

在弹出界面的 Query 选项卡中，单击图 7-94 中 1 所示下拉菜单，选择 prometheus 数据源，在 Metrics 文本框中输入前面复制的查询语句（1 - avg(rate(node_cpu_seconds_total{mode="idle", cluster=""}[60s]))），如图 7-94 中 2 所示。

单击 Alert 选项卡，如图 7-95 中 1 所示，单击 Create Alert 按钮，如图 7-95 中 2 所示。

图 7-94　Query 选项卡配置界面

图 7-95　Alert 选项卡界面

按照图 7-96 所示设置告警规则，该规则会每隔 15s（如图 7-96 中 2 所示），按照图 7-96 中 6 所示的公式进行计算，如果首次为真的话，将告警状态置为 Pending，如果持续 30s 都为真（如图 7-96 中 3 所示），则将告警状态置为 Firing，并按照配置发送告警通知。

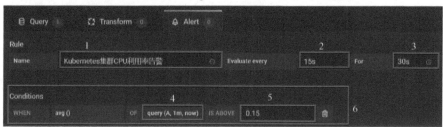

图 7-96　告警规则设置界面

计算公式如图 7-96 中 6 所示，它会对 1min 之内的集群 CPU 利用率（该 CPU 利用率是由执行图 7-94 中 2 所示的 CPU 查询语句得来的）求平均值，然后判断是否大于 0.15（15%），如果是则返回真（True），否则为假（False）。

单击 Panel 编辑界面中的 Show options 按钮，如图 7-97 中 1 所示，编辑 Panel 的名称。

图 7-97　Panel 编辑界面

在弹出的 Panel 选项卡界面的 Panel title 文本框中，输入"Kubernetes 集群 CPU 利用率"，如图 7-98 中 1 所示，然后单击 Save 按钮，保存该仪表盘配置，如图 7-98 中 2 所示。

在弹出的对话框中输入仪表盘名字：Kubernetes 集群 CPU 利用率，如图 7-99 中 1 所示。然后单击 Save 按钮保存，如图 7-99 中 2 所示。

图 7-98　Panel 选项卡界面

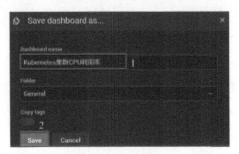

图 7-99　仪表盘对话框

保存后的仪表盘如图 7-100 所示。

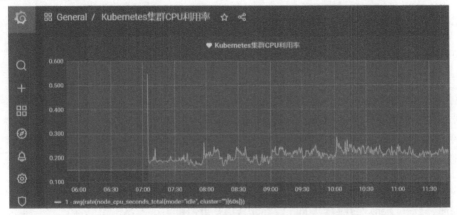

图 7-100　Kubernetes 集群 CPU 利用率仪表盘界面

等待一段时间后，在图 7-96 所示的 Alert 选项卡界面底部，单击 State history 按钮，可以看到 Grafana 的告警信息，如图 7-101 所示，其中 PENDING 和 ALERTING 的时间差正好是 30s。

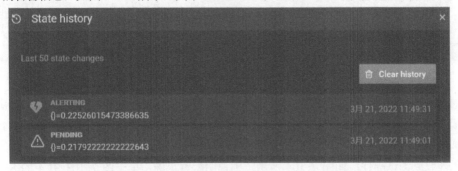

图 7-101　Kubernetes 集群 CPU 利用率仪表盘界面

3．增加邮件告警通知方式

通过 kube-prometheus 来增加 Grafana 邮件告警，具体步骤说明如下。

编辑 Grafana 的 Deployment 文件，命令如下。

```
[user@master manifests]$ pwd
/home/user/prometheus/kube-prometheus-0.8.0/manifests
[user@master manifests]$ vi grafana-deployment.yaml
```

在打开的文件中，修改第 29 行的内容，然后添加第 30～43 行内容，如下所示。

```
27    spec:
28      containers:
29      - env:
30        - name: GF_SMTP_ENABLED
31          value: "true"
32        - name: GF_SMTP_HOST
33          value: "smtp.126.com:465"
34        - name: GF_SMTP_USER
35          value: "aaa@126.com"
36        - name: GF_SMTP_PASSWORD
37          value: "XXXXXXXX"
38        - name: GF_SMTP_SKIP_VERIFY
39          value: "true"
40        - name: GF_SMTP_FROM_ADDRESS
41          value: "aaa@126.com"
42        - name: GF_SMTP_FROM_NAME
43          value: "Grafana"
```

特别注意：添加的每一行内容，要使用空格，不能使用〈Tab〉键；value 后面的内容一定要加双引号（"true"），不能直接写值（true）。

使用 GF_SMTP_SKIP_VERIFY 可以覆盖 grafana.ini，其中 SMTP 是 section 名字，SKIP_VERIFY 是 key，和 grafana.ini 中的配置一一对应。

使得配置生效，命令如下。

```
[user@master manifests]$ kubectl apply -f grafana-deployment.yaml
```

在 Grafana 主界面上点击 Alerting→Notification channels，并在弹出的界面中，单击 New channel 按钮，如图 7-102 所示。

图 7-102　Kubernetes 集群 CPU 利用率仪表盘界面

在 Notification channels 选项卡界面中，输入 Notification channel 的名字：邮件告警，如图 7-103 中 1 所示；在 Addresses 文本框中，输入接收端邮箱地址（例如 bbb@126.com），如图 7-103 中 2 所示；单击 Test 按钮，向接收端邮箱发送测试邮件，如图 7-103 中 3 所示。

如果能收到测试邮件，如图 7-104 所示，则说明配置正确，单击图 7-103 中 4 的 Save 按钮保存配置。

4. 关联邮件告警通知

前面增加了 Email 类型的 Notification channel，接下来就要将前面设置的"Kubernetes 集群 CPU 利用率"告警规则同这个 Notification channel 关联起来，使得告警的时候可以直接用邮件进行通知，具体步骤说明如下。

在自定义告警 Dashborad（Kubernetes 集群 CPU 利用率）→Panel 的 Alert 选项卡（如图 7-105 中 1 所示）中增加 Notifications。在 Send to 选择框中，选择"邮件告警"Notification channel（如图 7-105 中 2 所示），在 Message 文本框中输入"集群 CPU 利用率超过 15%"，如图 7-105 中 3 所示。这样，后续这

条告警规则有新的告警时，就会根据"邮件告警"Notification channel 的配置发送邮件。

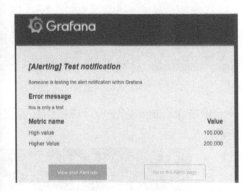

图 7-103　Notification channels 选项卡界面　　　　图 7-104　Grafana 测试邮件界面

单击 Save 按钮，保存前面所做的配置，如图 7-106 所示。

图 7-105　Alert 选项卡配置界面　　　　　　　图 7-106　仪表盘操作按钮界面

保存配置后，Grafana 会跳转到该仪表盘的显示界面，如图 7-107 所示，其中的一条红色垂直虚线（屏幕显示为红色），表示在此时刻有一次告警 Firing。

图 7-107　Kubernetes 集群 CPU 利用率仪表盘界面

如图 7-107 所示，已经有 1 次告警，为了再次触发告警，需要先暂停此告警规则的处理，然后再恢复，具体步骤说明如下。

在 Grafana web 主界面中点击 Alerting 按钮，进入 Alerting 设置界面，单击 Pause 按钮，如图 7-108 中 1 所示。

单击 Pause 按钮后，该按钮标签变为 Resume，单击 Resume 按钮，如图 7-109 中 1 所示。

图 7-108　Alerting 设置界面　　　　　　　　图 7-109　Alerting 设置界面

单击 Resume 按钮后，该按钮标签又变为 Pause，表示该告警规则恢复工作，如图 7-110 所示。

图 7-110　Alerting 设置界面

等待一段时间后，在 Kubernetes 集群 CPU 利用率的仪表盘界面，可以看到两根垂直虚线（屏幕显示为红色），表示有两次告警 Firing 事件，其中第二次告警事件，就是告警规则重新恢复（Resume）之后重新触发的告警，如图 7-111 所示。

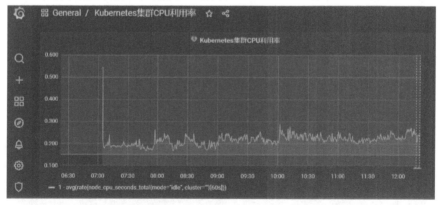

图 7-111　Kubernetes 集群 CPU 利用率仪表盘界面

在告警规则的 Alert 选项卡界面中，单击 State history 按钮，会显示此规则所触发告警的记录，如图 7-112 所示，图中 1 所示为新触发的告警，图中 2 所示则为之前触发的告警。

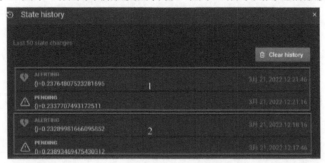

图 7-112　State history 界面

在接收端邮箱查看邮件，如果能够收到 Grafana 发送过来的告警邮件，如图 7-113 所示，则说明 Grafana 告警配置和邮件通知都正常工作。

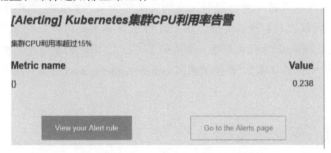

图 7-113　Grafana 告警邮件界面

第 8 章

基于 Kubernetes 的 CI/CD 项目综合实践（GitLab+Harbor+Jenkins）

CI/CD 是一种通过在应用开发阶段引入自动化来频繁向客户交付应用的方法。CI/CD 的核心概念是持续集成、持续交付和持续部署。在 CI/CD 的具体实施中，Jenkins 和 GitLab 是核心工具，而 Docker 和 Kubernetes 的引入则进一步简化了 CI/CD 实施的复杂度。本章将以一个具体的综合实战项目（太空入侵者游戏），说明使用 Docker+Kubernetes+GitLab+Harbor+Jenkins 开发的 CI/CD 全过程。

8.1 CI/CD 核心概念与基础

CI/CD 的核心思想是使得应用从编写代码到测试、交付，再到部署，全生命周期内的各个阶段尽可能地自动化。CI/CD 的核心概念包括：CI（Continuous Integration，持续集成）、CD（Continuous Delivery，持续交付）和 CD（Continuous Deployment，持续部署），具体说明如下。

1．CI（Continuous Integration，持续集成）

持续集成的目的是帮助开发者加速代码的开发。具体来说，当开发者修改已有代码，或者实现了某个新功能，或者合并代码后，持续集成会基于这些新的代码，自动构建新的应用，并且进行相应测试，实现对新增代码的评估，从而提升开发效率。

关于 CI 的更多详细信息，可参考：https://developers.redhat.com/blog/2017/09/06/continuous-integrationa-typical-process。

2．CD（Continuous Delivery，持续交付）

持续交付的目的是帮助运维人员减少应用发布之前的准备工作。具体来说，当持续集成评估新代码没有问题后，持续交付会将新合并的代码发布到代码库，或者将新代码所构建的新应用发布到容器仓库，供运维人员下一步部署到生产环境。

3．CD（Continuous Deployment，持续部署）

持续部署的目的是帮助运维人员减少应用部署的工作量。具体来说，当持续集成发布新应用后，持续部署会从代码库或容器仓库中获取新的应用，将这些新应用自动部署到生产环境，从而减少部署的工作量，并降低部署过程中出错的概率。

以上是 CI/CD 的基本解释，但在实际中，要在理解 CI/CD 的核心思想的基础上，结合实际情况，灵活运用，切忌机械地纠结于 CI/CD 的过程和各个阶段的语义。

CI/CD 具体实施过程中，Jenkins 和 GitLab 是核心工具，其中 Jenkins 提供了数百个插件来支持各种项目的自动化构建和部署，它如同一根绳索，贯穿 CI/CD 的始终，将 CI/CD 中各个关键阶段串联起来；GitLab 是一个基于 Web 的代码管理仓库，它使用 Git 作为代码管理工具，支持个人或组织在内网构建私有代码仓库；Docker 是一种容器技术，它将应用本身及其依赖、配置打包成一个镜像文件，在任意安装了 Docker 引擎的机器上就可以直接运行该应用，无须其他应用相关的配置和操作，这样既简化了应用的交付，减轻了应用部署和运维的工作量，更重要的是保证了应用在测试和生产中运行环境的一致性，大大提升了开发和运维效率，Docker 技术重新定义了软件的交付方式，因此现今的 CI/CD 中，应用大都以 Docker 镜像的方式交付，以 Docker 容器方式运行，而不是像以前直接交付应用程序本身；Harbor 是一个开源的基于 Web 的镜像管理仓库，支持个人或组织在内网构建私有镜像仓库；Kubernetes 是一个容器编排系统，它实现了容器在物理集群上的自动部署、调度、迁移、扩展和高可用等特性，从而实现物理集群资源的有效利用，大幅降低运维成本。2021 年 CNCF 的统计报告显示，Kubernetes 首次超过 Linux 成为最热门开源技术，Kubernetes 在生产实践环境中应用越来越广泛。再加上 Kubernetes 可以大幅降低应用部署和运维成本，因此，在 CI/CD 中引入 Kubernetes 是十分自然和必要的，也是未来的发展方向。

8.2　太空入侵者游戏 CI/CD 方案设计

本章引入一个开源的游戏项目"太空入侵者游戏"（SpaceInvaders）这是一个基于 Html+Javascript 的网页小游戏，这是一款飞行射击类游戏，界面如图 8-1 所示。本章将以它为对象，设计一个基于 Docker+Kubernetes+GitLab+Harbor+Jenkins 的项目 CI/CD 方案并实现。

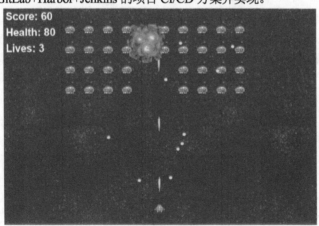

图 8-1　"太空入侵者"游戏主界面

8.2.1　系统架构与集群规划

本项目的 CI/CD 系统架构和集群规划如图 8-2 所示，从系统架构上分为两个部分。第一部分是开发和测试环境，包括 4 种角色：开发节点 spaceinv、GitLab 节点 gitlab、Harbor 节点 harbor 和 Jenkins 节点 jenkins。这 4 个节点都以容器方式运行，各自拥有独立的主机名、IP 地址和端口，为了方便起见，它们都运行在同一个虚拟机节点 devt 上，具体的集群规划配置如图 8-1 所示。第二部分是生产环境，由 3 节点 Kubernetes 集群构成，一个 master 节点，两个 node 节点，每个节点对应一个虚拟机，具体的集群规划和配置参考 8-2 所示。

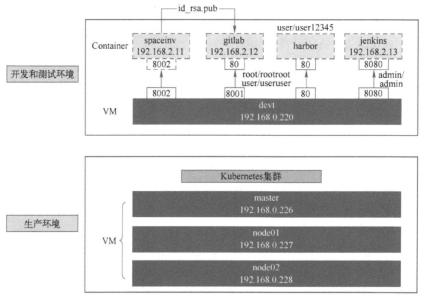

图 8-2 "太空入侵者"游戏 CI/CD 系统架构与集群规划图

8.2.2 CI/CD 开发流程

本方案设计的 CI/CD 开发流程如图 8-3 所示，其中方框表示各个实体，箭头上的标签表示各实体的动作，首先，开发者在 spaceinv 节点上修改代码（如图 8-3 中 1 所示），然后使用 git 提交代码到 GitLab（如图 8-3 中 2 所示），代码提交的 push 动作会触发 Jenkins（如图 8-3 中 3 所示），Jenkins 会从 GitLab 上 pull 最新代码（如图 8-3 中 4 所示），以此构建 Docker 镜像，运行 Docker 容器、评判测试结果（如图 8-3 中 5 所示），如果测试成功，则将此镜像上传到 Harbor 发布此镜像（如图 8-3 中 6 所示），然后将该应用部署到 Kubernetes 生成环境中运行（如图 8-3 中 7 所示），Kubernetes 则会创建 Pod，从 Harbor pull 镜像（如图 8-3 中 8 所示），运行容器中的应用。整个过程，从修改代码，到测试、发布应用，再到最终应用在生产环境中运行都是自动完成，可以极大地提升开发效率。

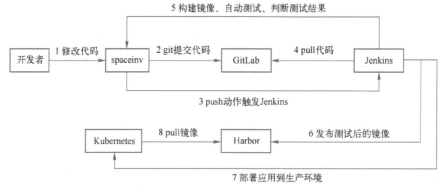

图 8-3 "太空入侵者"游戏 CI/CD 开发流程图

根据 8.1 节中 CI/CD 的解释，图 8-3 中 1、2、3、4、5 步属于 CI 阶段，第 6 步属于 CD（持续交付），第 7、8 步则属于 CD（持续部署）。但以上只是 CI/CD 的一个典型应用场景，用户在实际应用中，要根据自身的需求和情况，灵活定制，而不是机械地套用 CI/CD 步骤。

8.3　构建太空入侵者游戏开发与测试环境

本节将介绍具体的构建步骤，为简便起见，本节构建的游戏开发与测试环境，均位于一个虚拟机（devt）之上，如图 8-2 所示，CI/CD 中的各个实体以 Docker 容器的方式，在该虚拟机上独立运行。物理集中既降低了环境构建对硬件的要求，又减轻了工作量，同时逻辑分散又可以保证此方法所构建环境，可以非常方便地迁移到真实的分布式物理环境。

8.3.1　构建承载和测试节点——devt 虚拟机

本节构建 devt 虚拟机，由于游戏开发节点和测试节点均在此虚拟机上运行，因此称之为承载节点，具体构建步骤说明如下。

虚拟机 devt 源于第 2 章所构建 centos8 虚拟机节点，复制 E:\vm\02\centos8 文件夹到 E:\vm\08，并且重命名为 devt，如图 8-4 所示。

设置虚拟机名字为 devt，加大虚拟机的硬件资源，配置内存为 8GB，处理器为 4 个，如图 8-5 所示。

图 8-4　虚拟机 devt 文件夹

图 8-5　虚拟机 devt 硬件配置

修改虚拟机 IP 地址为 192.168.0.220，修改虚拟机主机名为 devt，如下所示。

```
[user@devt ~]$ ip a | grep 220
    inet 192.168.0.220/24 brd 192.168.0.255 scope global noprefixroute ens160
```

检查已经安装的 Docker 版本，命令如下。

```
[user@devt ~]$ docker -v
Docker version 20.10.12, build e91ed57
[user@devt ~]$ dockerd -v
Docker version 19.03.13, build 4484c46d9d
```

检查普通用户能否使用 Docker 命令，如下所示。

```
[user@devt ~]$ docker images
```

如果上述命令能正常执行，则说明 Docker 服务正常工作，普通用户能使用 Docker 命令，否则要检查 Docker 服务，并且切换到 root 用户，使用下面的命令将 user 用户添加到 docker group 中。

```
[root@devt user]# usermod -a -G docker user
```

关闭防火墙及自启动（否则，后续 Docker 容器无法访问外网，解析不了域名）。

```
[root@devt user]# systemctl stop firewalld
[root@devt user]# systemctl disable firewalld
```

重启 Docker 服务，命令如下。

```
[root@devt user]# systemctl restart docker
```

自定义 Bridge 网络，命令如下。

```
[user@devt ~]$ docker network create -d bridge --subnet 192.168.2.0/24 devt_bridge
```

8.3.2 构建开发节点——spaceinv 容器

本节构建太空入侵者游戏的开发节点，它是以容器的方式独立运行，容器名字为 spaceinv，IP 地址为 192.168.2.11/24，具体构建步骤说明如下。

1. 拉取基础镜像

从 Docker Hub 拉取 spaceinv 容器的基础镜像，命令如下。

```
[user@devt ~]$ docker pull centos:centos8.2.2004
```

2. 容器系统配置

挂载安装光盘，用于后续容器中安装 Package，命令如下。

```
[root@devt user]# mount /dev/sr0 /media/
```

通过拉取的镜像运行容器，命令如下。

```
[user@devt ~]$ docker run -it centos:centos8.2.2004 /bin/bash
```

创建普通用户 user，命令如下。

```
[root@838a12ce6fb1  /]# useradd -m user
```

安装 passwd，用于设置密码，命令如下。

```
[root@838a12ce6fb1  /]# yum -y install passwd
```

执行上述命令时，会报如下的错误。

```
Error: Failed to download metadata for repo 'AppStream': Cannot prepare internal
mirrorlist: No URLs in mirrorlist
```

上述错误的原因是 CentOS 8 的安装源仓库地址发生了改变，按下〈Ctrl+D〉执行下面的命令，将修改后的安装源文件从 Host 主机 devt 复制到容器（838a12ce6fb1）中。

```
[user@devt ~]$ docker cp /etc/yum.repos.d/ 838a12ce6fb1:/etc/
[user@devt ~]$ docker start 838a12ce6fb1
[user@devt ~]$ docker attach 838a12ce6fb1
```

注意，838a12ce6fb1 要修改为读者自己的容器 ID。

删除 CentOS-Media.repo 配置文件，因为容器中并没有用到本地安装源。

```
[root@838a12ce6fb1 /]# rm /etc/yum.repos.d/CentOS-Media.repo
```

重新安装 passwd，命令如下。

```
[root@838a12ce6fb1 /]# yum -y install passwd
```

简单起见，设置 root 用户密码为 root，命令如下。

```
[root@838a12ce6fb1 /]# passwd
Changing password for user root.
```

设置普通用户 user 的密码为 user，命令如下。

```
[root@838a12ce6fb1 /]# useradd -m user
[root@838a12ce6fb1 /]# passwd user
```

安装 wget，命令如下。

```
[root@838a12ce6fb1 /]# yum -y install wget
```

设置 ls 的结果显示颜色，命令如下。

```
[root@838a12ce6fb1 /]# vi /etc/bashrc
```

在打开的文件末尾加上如下内容。

```
alias ls="ls --color"
```

使得配置生效，命令如下。

```
[root@838a12ce6fb1 /]# source /etc/bashrc
```

此时，ls 显示的目录和文件就有颜色了，如图 8-6 所示。

图 8-6　显示颜色的 ls 结果图

3．准备游戏源码

创建太空入侵者游戏的源码目录，命令如下。

```
[root@838a12ce6fb1 /]# su - user
[user@838a12ce6fb1 ~]$ mkdir spaceinv
```

下载太空入侵者游戏代码，命令如下。

```
[user@838a12ce6fb1 ~]$ cd spaceinv/
[user@838a12ce6fb1 spaceinv]$
wget -c https://github.com/StrykerKKD/SpaceInvaders/archive/refs/heads/master.zip
```

安装 unzip，命令如下。

```
[root@838a12ce6fb1 spaceinv]# yum -y install unzip
```

解压代码文件 master.zip，命令如下。

```
[user@838a12ce6fb1 spaceinv]$ unzip master.zip
```

解压后的内容如下所示。

```
[user@838a12ce6fb1 spaceinv]$ ls
SpaceInvaders-master  master.zip
```

安装 nginx，命令如下。

```
[root@838a12ce6fb1 spaceinv]# yum -y install nginx-1:1.14.1
```

部署游戏到 nginx，命令如下。

```
[root@838a12ce6fb1 spaceinv]# rm -rf /usr/share/nginx/html/*
[root@838a12ce6fb1 spaceinv]# cp /home/user/spaceinv/SpaceInvaders-master/* -r /
usr/share/nginx/html/
```

安装 openssh，命令如下。

```
[root@838a12ce6fb1 spaceinv]# yum -y install openssh-8.0p1 openssh-clients-8.0p1
openssh-server-8.0p1
```

保存镜像，名字为 spaceinv，命令如下。

```
[user@devt ~]$ docker commit 838a12ce6fb1 spaceinv
```

删除容器，命令如下。

```
[user@devt ~]$ docker rm $(docker ps -a -q)
```

4．编写启动脚本

打开启动脚本 run.sh，命令如下。

```
[user@devt ~]$ mkdir spaceinv
[user@devt ~]$ cd spaceinv/
[user@devt spaceinv]$ vi run.sh
```

在打开的文件中添加如下内容。

```
1 #!/bin/bash
2 docker stop spaceinv
3 docker rm spaceinv
4 cmd="docker run -d --name spaceinv -h spaceinv -p 8002:80 --network devt_bridge
--ip 192.168.2.11 --privileged=true spaceinv /usr/sbin/init"
5 $cmd
6 sleep 2
7 spaceinv_cid=$(docker ps -aq --filter name=spaceinv)
8 echo $spaceinv_cid > /tmp/a
```

运行脚本，命令如下。

```
[user@devt spaceinv]$ chmod +x run.sh
[user@devt spaceinv]$ ./run.sh
```

进入容器，命令如下。

```
[user@devt ~]$ docker exec -it spaceinv /bin/bash
[root@spaceinv /]#
```

设置 nginx 自启动，命令如下。

```
[root@spaceinv /]# systemctl enable nginx
```

设置 sshd 自启动，命令如下。

```
[root@spaceinv /]# systemctl enable sshd
```

运行 nginx，命令如下。

```
[root@spaceinv /]# nginx
```

nginx -s quit:　　正常退出。

nginx -s stop:　　直接杀进程。

在浏览器中输入 192.168.0.226:8002，其中 8002 是虚拟机 devt→容器 spaceinv 的端口映射，可以看到游戏的主界面如图 8-7 所示。

图 8-7　"太空入侵者"游戏开始界面

再次保存镜像，命令如下。

```
[user@devt ~]$ docker commit spaceinv spaceinv
```

8.3.3　构建代码管理仓库——GitLab

GitLab 是一个基于 Web 的代码管理仓库，它使用 Git 作为代码管理工具，支持个人或组织构建私有代码仓库。构建 GitLab 有多种方式，其中基于 Docker 容器的构建方式简单、方便，因此，本节采用 Docker 容器的方式来构建 GitLab，具体步骤说明如下。

1．准备镜像

下载指定版本号的 Gitlab 的社区版镜像，命令如下。

```
[user@devt ~]$ mkdir gitlab
[user@devt ~]$ cd gitlab/
[user@devt gitlab]$ docker pull gitlab/gitlab-ce:14.5.0-ce.0
```

GitLab 除了社区版外，还有企业版 Enterprise Edition，企业版功能更为强大，但需要付费。

2．运行容器

打开运行脚本 run.sh，命令如下。

```
[user@devt gitlab]$ vi run.sh
```

在打开的文件中，加入以下内容。

```
 1 #!/bin/bash
 2 #删除之前启动的容器
 3 docker stop gitlab
 4 docker rm gitlab
 5 #设置环境变量GITLAB_HOME
 6 export GITLAB_HOME=$HOME/gitlab
 7 #创建3个本地目录，实现容器中对应目录的持久化存储
 8 mkdir -p config logs data
 9 #运行容器
10 docker run -d \
11   -h gitlab.example.com \
12   --network devt_bridge --ip 192.168.2.12 \
13   -p 443:443 -p 8001:80 -p 222:22 \
14   --name gitlab \
15   --restart always \
16   -v $GITLAB_HOME/config:/etc/gitlab \
17   -v $GITLAB_HOME/logs:/var/log/gitlab \
18   -v $GITLAB_HOME/data:/var/opt/gitlab \
19   gitlab/gitlab-ce:14.5.0-ce.0
```

注意：

第 11 行指定主机名为 gitlab.example.com，容器启动后的实际主机名为 gitlab，同时在 /etc/hosts 文件中也会添加 gitlab.example.com 到主机 IP 的映射，因此，外部节点使用 gitlab 或 gitlab.example.com 都可以访问到该主机。

容器中 /etc/gitlab 存储 GitLab 的配置数据，/var/log/gitlab 存储 GitLab 的日志文件，/var/opt/gitlab 则存储 GitLab 的应用数据，它们都将映射到 Host 的一个本地目录，从而实现这些数据的持久化存储。

为脚本添加可执行属性，命令如下。

```
[user@devt gitlab]$ chmod +x run.sh
```

运行容器，命令如下。

```
[user@devt gitlab]$ ./run.sh
```

获取 GitLab 的密码（注意，这是 Gitlab 系统中 root 用户的密码，不是容器的 root 用户密码），命令如下。

```
[user@devt gitlab]$ docker exec -it gitlab grep 'Password:' /etc/gitlab/initial_
root_password
Password: UvsIiJOYq82o+Xst8sl3G5OYiWmNWFlfpIBlpGE/Vpg=
```

注意：/etc/gitlab/initial_root_password 密码文件将在 24h 后首次重新配置中删除。

查看容器 IP，命令如下。

```
[user@devt gitlab]$ docker exec -it gitlab /usr/sbin/ip a
```

命令输出如下，可知容器的网卡名为 eth0，IP 为 192.168.2.12，和图 8-2 中的设置一致。

```
27: eth0@if28: <BROADCAST,MULTICAST,UP,LOWER_UP,M-DOWN> mtu 1500 qdisc noqueue
inet 192.168.2.12/24 brd 192.168.2.255 scope global eth0
```

等待 5min，在浏览器地址栏输入 http://192.168.0.220:8001，以及用户名 root 和前面获取的密码，单击 Sign in 登录，如图 8-8 中 1、2、3 和 4 所示。

图 8-8　GitLab 登录界面

立即访问的话，GitLab 会报 502 错误，Whoops, GitLab is taking too much time to respond。

2.　修改密码和新建用户

在登录后的页面中，单击 Administrator→Preferences，如图 8-9 中 1、2 所示。

在显示的页面中，单击 Password，如图 8-10 中 1 所示。

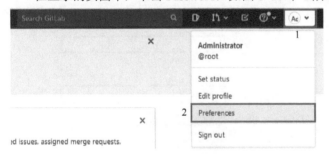

图 8-9　GitLab 主界面

图 8-10　Password 设置菜单项

在单击 Password 后出现的设置页面中，输入之前获取的密码，新密码（rootroot）和确认密码（rootroot），如图 8-11 所示。

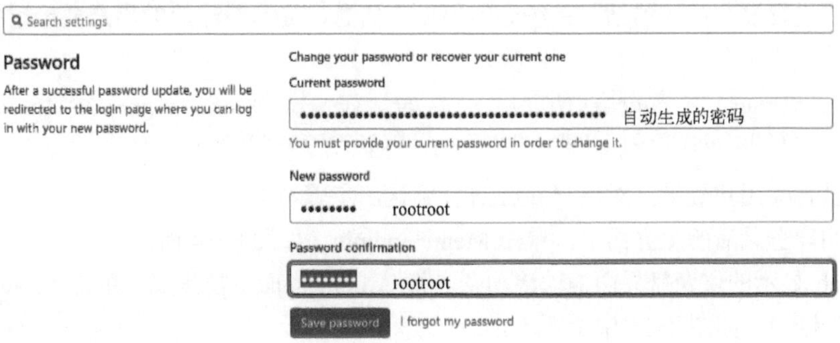

图 8-11　Password 设置页面

设置成功后，会跳转到图 8-8 所示的登录页面，输入 root 用户和新密码，如果能正常登录，则说明设置成功。

接下来，注册普通用户 user，步骤如下。

在 GitLab 的登录页面中，单击 Register now 按钮，如图 8-12 所示。

GitLab

A complete DevOps platform

GitLab is a single application for the entire software development lifecycle. From project planning and source code management to CI/CD, monitoring, and security.

This is a self-managed instance of GitLab.

Username or email

Password

☐ Remember me   Forgot your password?

Sign in

Don't have an account yet? Register now

图 8-12 GitLab 用户登录和注册页面

在 GitLab 用户注册设置页面中，输入 First name 为 user、Last name 为 my，Username 为 user，Email 为 user@xxx.com，Password 为 useruser，单击 Register 按钮完成注册，如图 8-13 中 1、2、3、4、5、6 所示。

GitLab

A complete DevOps platform

GitLab is a single application for the entire software development lifecycle. From project planning and source code management to CI/CD, monitoring, and security.

This is a self-managed instance of GitLab.

First name   Last name   2
1 user   my

Username
3 user
Username is available.

Email
4 user@xxx.com

Password
5 ••••••••
Minimum length is 8 characters.

6   Register

图 8-13 GitLab 用户注册设置页面

如果上述设置没有问题的话，系统会给出以下信息，提示新注册的用户要经过管理员（root 用户）确认后才能登录。

```
You have signed up successfully. However, we could not sign you in because your
account is awaiting approval from your GitLab administrator.
```

接下来以 root 用户登录，对用户 user 进行确认，步骤如下。

在 root 用户登录后的主界面中，单击 Menu→admin，如图 8-14 所示。

在 GitLab 显示的仪表盘界面拖动滚动条，将 Admin 界面下拉到底，单击 "Latest users" 下的 "user my" 链接，如图 8-15 中 1 所示。

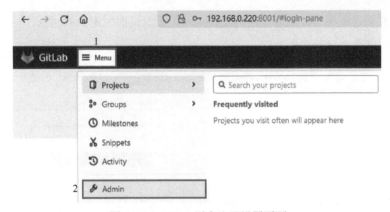

图 8-14　GitLab 用户注册设置页面

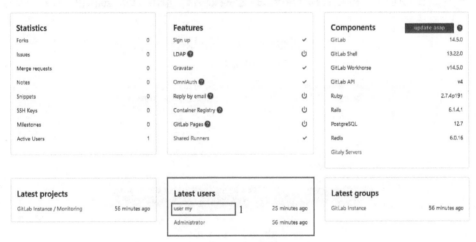

图 8-15　GitLab 仪表盘页面

在用户确认页面中，单击 User administration 下拉菜单（如图 8-16 中 1 所示），单击 Approve 菜单项（如图 8-16 中 2 所示）。

图 8-16　用户确认页面

在弹出的对话框中单击 Approve 按钮，如图 8-17 所示。

图 8-17　用户确认对话框

退出 root 登录，使用 user 登录（密码 useruser），登录页面如图 8-18 所示。

图 8-18　用户登录页面

在弹出的欢迎页面中，Role 选择"Software Developer"，单击"Get started!"按钮，如图 8-19 所示。

图 8-19　用户欢迎页面

3. 新建项目

在弹出的用户定制页面中，单击"Create a project"，如图 8-20 中 1 所示。

图 8-20　用户定制页面

在弹出的新建项目页面中，单击"Create blank project"，创建一个空项目，如图 8-21 中 1 所示。

Create new project

图 8-21　新建项目页面

在项目设置页面中，按照图 8-22 中 1、2、3、4、5 所示，依次写入以下信息，然后单击 Create project 按钮，如图 8-22 中 6 所示。

New project › **Create blank project**

Project name

| Spaceinv | 1 |

Project URL　2

http://192.168.0.220:8001/user/

Project slug　3

spaceinv

Want to house several dependent projects under the same namespace? Create a group.

Project description (optional)

Description format

Visibility Level ⑦　4

○ 🔒 Private
　Project access must be granted explicitly to each user. If this project is part of a group, access will be granted to the members of the group.

○ 🛡 Internal
　The project can be accessed by any logged in user except external users.

○ 🌐 Public
　The project can be accessed without any authentication.

Project Configuration

☑ Initialize repository with a README　5
　Allows you to immediately clone this project's repository. Skip this if you plan to push up an existing repository.

[Create project]　[Cancel]
　6

图 8-22　项目设置页面

GitLab 默认会创建一个 main 分支（Branch），如图 8-23 所示。

图 8-23　项目设置页面

4. 设置 spaceinv 容器

接下来对 spaceinv 容器进行设置，使得它能够使用 git 远程连接 GitLab，具体操作步骤说明如下。运行 spaceinv 容器，命令如下。

```
[user@devt spaceinv]$ ./run.sh
```

登录容器，安装 git，命令如下。

```
[user@devt gitlab]$ docker exec -it spaceinv /bin/bash
[root@spaceinv /]# yum -y install git
```

创建 SSH 密钥，用于 spaceinv 通过 SSH 远程无密码登录 GitLab，命令如下。

```
[root@spaceinv /]# su - user
[user@spaceinv ~]$ mkdir .ssh
```

运行下面的命令，连按 3 个〈Enter〉键，创建密钥。

```
[user@spaceinv ~]$ ssh-keygen -t rsa -C "space@126.com"
```

邮箱地址可以是自己随便命名，不一定是要已经在 Gitlab 上注册的邮箱。

查看密钥，命令如下。

```
[user@spaceinv ~]$ ls .ssh/
id_rsa  id_rsa.pub
```

打印公钥内容，命令如下。

```
[user@spaceinv ~]$ cat .ssh/id_rsa.pub
```

上述命令输出公钥内容如下。

```
ssh-rsa
    AAAAB3NzaC1yc2EAAAADAQABAAABgQDFiqWkJmUXcak99kqX78WKHQ6DnWfPTGdCrrGAPHQzK3mL
    cs7Yl/0mTFWtRagB9YDHdAz0+XB8XEoShVRREQan5BE+M0d1Cu9nAMQnz7nd6n0myb23bQxWsFxh
    dgGD0Xk9U0Nan6KOM10AdLloKHC63f0zwi61A0duRx/7NGvyMgl3KQIh3bLbTTx92ixdHMGWs6Vp
    Sto1hlpAzAm+JU7EqDYDDDdOFkY4jgCU5LUWZTLnMABsKyA9v5R6MuxwXWskXIfNrwK6t8/jMVni
    +PwPZ4BnJ7OyLgfgsFsBqUFZUC3rJQyzZo6p8yhpLgVygg3jtBSII/hL8ftznEBculCfZ6jmK0ob
    FfQpEq7afJQpGgO0dSTadIg0800sHehWf+/kxXy5wxvZ+4Kr3sktWGRS0RKE5OJIGScUoA5s9JOD
    EMXa9nuMcpQXwClgzE+9Op9l0+YFMQqejcX02704eMpCtatEauhro3cjwoFyBYFGlGLlwtBLUadK
    c9ZeCO0o5BE= space@126.com
```

GitLab 上添加密钥（公钥），单击 SpaceInv 主界面的 user 下拉菜单中的 Edit profile 菜单项，如图 8-24 中 1、2 所示。

在 Profile 设置页面中，单击 SSH Keys 菜单项，如图 8-25 中 1 所示。

图 8-24 项目 spaceinv 主页面

图 8-25 Profile 设置页面

在"SSH Keys"设置页面中，输入 spaceinv 的公钥内容，如图 8-26 中 1 所示，然后单击 Add key 按钮，如图 8-26 中 2 所示。

图 8-26　SSH Keys 设置页面

公钥就好比是 spaceinv 的指纹，在 GitLab 中录入了该指纹，后续 spaceinv 就可以直接登录 GitLab 了。

SSH Keys 添加成功后，会显示图 8-27 所示信息。

图 8-27　SSH Keys 信息页面

在 spaceinv 中，使用 git 连接 gitlab 远程仓库，命令如下。

```
[user@spaceinv ~]$ ssh -T git@gitlab
```

注意：

1）-T 表示禁止分配伪终端，即并不登录到 gitlab，spaceinv 可以直接识别主机名 gitlab，因此不需要输入 IP。

2）输入的用户必须是 git@gitlab，不能是 user@gitlab。

3）如果在 GitLab 上不添加密钥，或者密钥错误，则 git 登录会报"Permission denied (publickey)."。

如果能看到下面的输出，则说明 git 登录成功。

```
Welcome to GitLab, @user!
```

5．初始化 SpaceInv 代码仓库

在 spaceinv 上初始化本地仓库，命令如下。

```
[user@spaceinv ~]$ cd spaceinv/SpaceInvaders-master/
[user@spaceinv SpaceInvaders-master]$ git init
[user@spaceinv SpaceInvaders-master]$ git add .
```

```
[user@spaceinv SpaceInvaders-master]$ git config --global user.email "space@126.com"
[user@spaceinv SpaceInvaders-master]$ git config --global user.name "aishu"
[user@spaceinv SpaceInvaders-master]$ git commit -m "origin master version"
[user@spaceinv SpaceInvaders-master]$ git status
On branch master
nothing to commit, working tree clean
```

将本地仓库的代码上传到 GitLab 仓库，并创建 master 分支。

```
[user@spaceinv SpaceInvaders-master]$ git remote add origin git@gitlab:user/
spaceinv.git
[user@spaceinv SpaceInvaders-master]$ git push origin master
```

上述命令中 master 指分支名字，origin 指 Repository 信息，它来源于："git remote add origin git@gitlab:user/spaceinv.git"，它相当于 "git@gitlab:user/spaceinv.git" 的别名。

在 GitLab 中查看 SpaceInv 项目信息，选择 master 分支，如图 8-28 中 1 所示，可以看到由 spaceinv 上传到该分支的源码文件，如图 8-28 中 2 所示。

图 8-28　SpaceInv 项目 master 分支信息页面

查看 git 日志，命令如下。

```
[user@spaceinv SpaceInvaders-master]$ git log
commit e64de67f4b8580863d054bde216737b8e685d1c1 (HEAD -> master, origin/master)
Author: aishu <space@126.com>
Date:   Wed Mar 23 13:53:20 2022 +0000
    origin master version
```

在 SpaceInve 项目设置页面中，单击 Settings→Repository 菜单项，如图 8-29 中 1、2 所示。

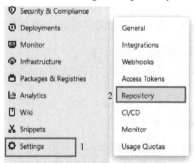

图 8-29　SpaceInv 项目设置页面

单击“Default branch”的 Expand 按钮，在下面的界面中设置“Default branch”为 master，然后单击 Save changes 按钮，如图 8-30 中 1、2 所示。

Default branch
Collapse
Set the default branch for this project. All merge requests and commits are made against this branch unless you specify a different one.
Default branch
master
1
Auto-close referenced issues on default branch
When merge requests and commits in the default branch close, any issues they reference also close.
Save changes
2

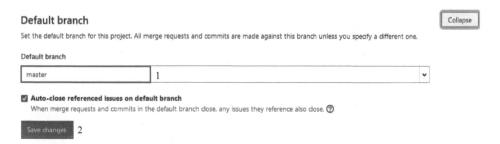

图 8-30　Default branch 设置页面

单击“Protected branch”的 Expand 按钮，在下面的界面中单击 Unprotect 按钮，去除 main 分支 Protected 属性。

Branch
Allowed to merge
Allowed to push
Allowed to force push
main
default
Maintainers
Maintainers
Unprotect

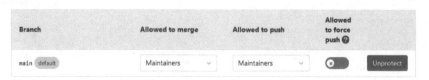

图 8-31　Protected branch 设置页面

设置 master 分支为 Protected 分支，按照图 8-32 中 1、2、3 所示进行设置，然后单击 Protect 按钮，如图 8-32 中 4 所示。

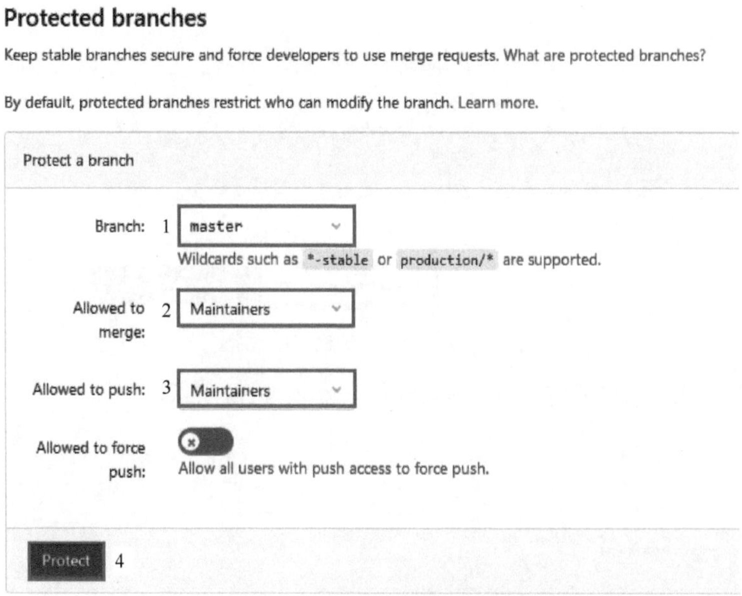

Protected branches
Keep stable branches secure and force developers to use merge requests. What are protected branches?
By default, protected branches restrict who can modify the branch. Learn more.
Protect a branch
Branch: 1
master
Wildcards such as *-stable or production/* are supported.
Allowed to merge: 2
Maintainers
Allowed to push: 3
Maintainers
Allowed to force push:
Allow all users with push access to force push.
Protect
4

图 8-32　Protected branch 设置页面

在 SpaceInv 项目设置页面中，单击 Repository→Branches 菜单项，如图 8-33 所示。

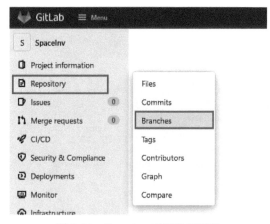

图 8-33   SpaceInv 项目设置页面

在 Branches 设置页面中，单击图 8-34 中 1 所示删除按钮，删除 main 分支。

图 8-34   SpaceInv 项目 Branches 设置页面

在弹出的对话框中单击 Yes,delete branch 按钮，如图 8-35 所示。

Delete branch. Are you ABSOLUTELY SURE?   ✕

ⓘ   You're about to permanently delete the branch **main**.

This branch hasn't been merged into master. To avoid data loss,
consider merging this branch before deleting it.

Deleting the **main** branch cannot be undone. Are you sure?

1

| Cancel, keep branch | | Yes, delete branch |

图 8-35   Branches 删除对话框

删除后的 SpaceInv 项目只有 1 个 master 分支，如图 8-36 所示。

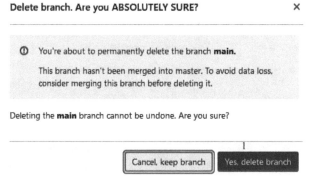

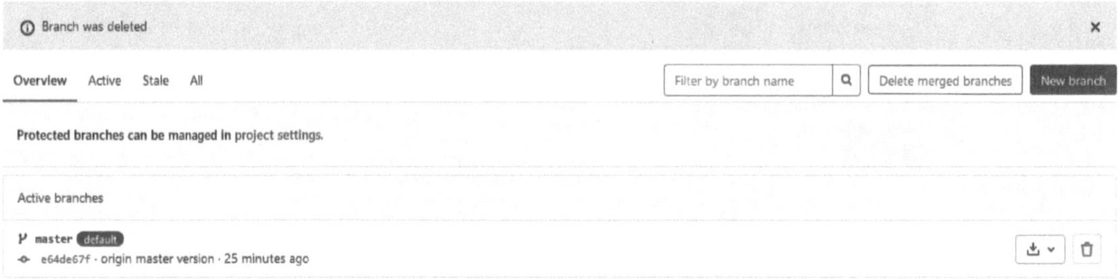

图 8-36   SpaceInv 项目 Branches 设置页面

保存 spaceinv 镜像，命令如下。

```
[user@devt ~]$ docker commit spaceinv spaceinv
```

8.3.4　构建容器镜像仓库——Harbor

Harbor 是一个开源的基于 Web 的镜像管理仓库，支持个人或组织在内网构建私有镜像仓库。本节采用 docker-compose 的方式来安装 Harbor，具体步骤说明如下。

注意：docker-compose 是一个 Docker 容器编排工具，用户可以将容器运行时的参数，例如端口映射、文件目录映射等信息写入一个 yaml/yml 文件，docker-compose 则会读取该文件依次执行其中的动作，完成容器的部署。

1．安装 docker-compose

由于 docker-compose 并未内置在 Docker 的安装包中，因此需要单独下载安装，下载命令和 URL 地址如下所示。

```
[root@devt bin]# cd /usr/local/bin
[root@devt bin]#
wget -c https://github.com/docker/compose/releases/download/v2.1.1/docker-compose-
linux-x86_64
```

将下载的 docker-compose-linux-x86_64 赋予可执行权限，并创建符号链接。

```
[root@devt bin]# chmod +x docker-compose-linux-x86_64
[root@devt bin]# ln -s /usr/local/bin/docker-compose-linux-x86_64 /usr/bin/docker-
compose
```

注意要检查：https://github.com/docker/compose/releases 中是否有 v2.1.1，因为版本更新后，不一定会保存前面的老版本。

查看 docker-compose 版本，命令如下。

```
[user@devt ~]$ docker-compose --version
Docker Compose version v2.1.1
```

添加主机名映射，打开 hosts 文件，命令如下。

```
[root@devt user]# vi /etc/hosts
```

在打开的文件中，增加以下内容。

```
192.168.0.220   devt
```

2．安装 Harbor

下载 Harbor 离线安装包，命令如下。

```
[user@devt ~]$ mkdir harbor
[user@devt ~]$ cd harbor
[user@devt harbor]$
wget -c https://github.com/goharbor/harbor/releases/download/v2.3.4/harbor-offline-
installer-v2.3.4.tgz
[user@devtharbor]$ tar xf harbor-offline-installer-v2.3.4.tgz
```

解压 Harbor 离线安装包，复制配置文件，命令如下。

```
[user@devt harbor]$ tar xf harbor-offline-installer-v2.3.4.tgz
[user@devt harbor]$ cd harbor
[user@devt harbor]$ cp harbor.yml.tmpl harbor.yml
```

编辑 harbor.yml，按照下面注释中的提示进行修改。

```
#修改主机名为 devt
    5 hostname: devt
#注释掉 Https 的相关配置
   13 #https:
   14   # https port for harbor, default is 443
   15   #port: 443
   16   # The path of cert and key files for nginx
   17   #certificate: /your/certificate/path
   18   #private_key: /your/private/key/path
#设置数据存储目录
   47 data_volume: /home/user/harbor/data
#设置日志存储目录
  121      location: /home/user/harbor/log
```

为简单起见，此处使用 HTTP 连接，生产环境中，要使用 HTTPS 连接，这需要在安装 Harbor 时创建一系列的证书，并进行配置，具体见：https://goharbor.io/docs/2.3.4/install-config/configure-https/。

创建日志目录。

```
[user@devt harbor]$ cd /home/user/harbor
[user@devt harbor]$ mkdir -p log/harbor
```

如果不创建的话，安装时会报下面的错误：invalid mount config for type "bind": bind source path does not exist: /var/log/harbor/。

为普通用户添加 sudo 权限，打开 sudoers 文件，命令如下。

```
[root@devt harbor]# chmod +w /etc/sudoers
[root@devt harbor]# vi /etc/sudoers
```

在打开的文件中，添加以下 1 行内容。

```
user    ALL=(ALL)        NOPASSWD: ALL
```

去除 sudoers 文件的可写属性，命令如下。

```
[root@devt harbor]# chmod -w /etc/sudoers
```

使用 sudo 安装 Harbor，命令如下。

```
[user@devt harbor]$ sudo ./install.sh
```

安装成功后，会输出如下信息。

```
✔ ----Harbor has been installed and started successfully.----
```

在 Host 主机的浏览器地址栏输入 http://192.168.0.220 访问 Harbor，如图 8-37 所示。

Windows 中编辑：C:\Windows\System32\drivers\etc，增加：devt->192.168.0.220 的映射，此时就可以通过主机名 devt 来访问 Harbor 了。

图 8-37　Harbor 登录页面

关闭 Harbor，命令如下。

```
[user@devt harbor]$ sudo docker-compose down -v
```

使用 sudo，在普通用户下启动 Harbor。

```
[user@devt harbor]$ sudo docker-compose up -d
```

3．新建用户

在 Harbor 登录页面中，输入用户名（admin）和密码（Harbor12345，这是默认密码），并勾选"记住我"，如图 8-38 中 1、2、3 所示，单击"登录"按钮，如图 8-38 中 4 所示。

图 8-38　Harbor 登录页面

登录成功后，显示 Harbor 的操作界面如图 8-39 所示。

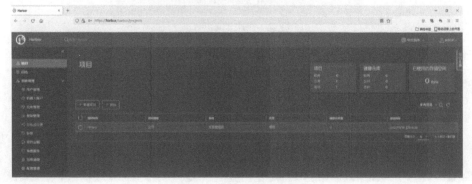

图 8-39　Harbor 操作页面

在 Harbor 操作页面中单击"系统管理→用户管理",如图 8-40 所示。

图 8-40 Harbor 系统管理菜单

在用户管理界面中单击"创建用户"按钮,如图 8-41 中 1 所示。

图 8-41 用户管理界面

在弹出的"创建用户"界面中,输入新用户信息(用户名 user、密码 User12345,密码要求大写、小写和数字),然后单击"确定"按钮,具体如图 8-42 所示。

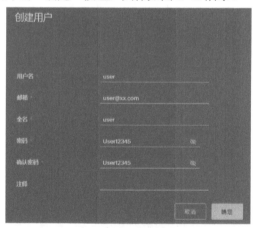

图 8-42 创建用户界面

新创建的用户 user 如图 8-43 所示,注意:该用户不是管理员。

图 8-43 新创建用户 user 的信息界面

以上创建的用户 user，既可以在 Harbor 的 Web 页面登录，又可以用于 docker 命令登录。

在 devt 中增加 Docker 私有 Registry 配置，打开 daemon.json，命令如下。

```
[root@devt harbor]# vi /etc/docker/daemon.json
```

在打开的文件中，增加以下内容。

```
{
"insecure-registries":["192.168.0.220"]
}
```

如果不配置，则后续 docker login 会报错：Error response from daemon: Get https://devt/v2/: dial tcp 192.168.0.220:443: connect: connection refused。

重启 Docker 服务和 Harbor。

```
[root@devt harbor]# systemctl restart docker
[user@devt harbor]$ sudo docker-compose down  -v
[user@devt harbor]$ sudo docker-compose up -d
```

使用 docker 登录 Harbor（user User12345），命令如下。

```
[user@devt harbor]$ docker login 192.168.0.220
Username: user
Password: 输入密码（User12345）
Login Succeeded
```

注意：

1）一定要用 IP 登录，不能是主机名（harbor）。

2）使用以下命令可以直接登录，docker login -u user -p User12345 192.168.0.220，如果密码不对，会报错：Error response from daemon: Get https://harbor/v2/: unauthorized: authentication required。此外 192.168.0.220 不能替换成 harbor，否则会报错。

3）用户 admin/Harbor12345 也可以登录，但此处要用普通用户 user 登录。

登录成功后，密码会保存在/home/user/.docker/config.json 中，再次登录，则会自动登录，不需要输入用户名和密码。

如果/home/user/.docker/config.json 存在的话，后续 docker push，就可以自动登录了，否则运行下面的命令。

docker push 192.168.0.226/test/busybox，会报下面的错误。

unauthorized: unauthorized to access repository: test/busybox, action: push: unauthorized to access repository: test/busybox

退出当前登录，命令如下。

```
[user@devt harbor]$ docker logout 192.168.0.220
```

4．新建项目

以普通用户 user 登录，在项目主界面单击"新建项目"按钮，如图 8-44 中 2 所示。

图 8-44　普通用户的 Harbor 主界面

在新建项目对话框中输入项目名称 test，如图 8-45 中 1 所示，单击"确定"按钮。

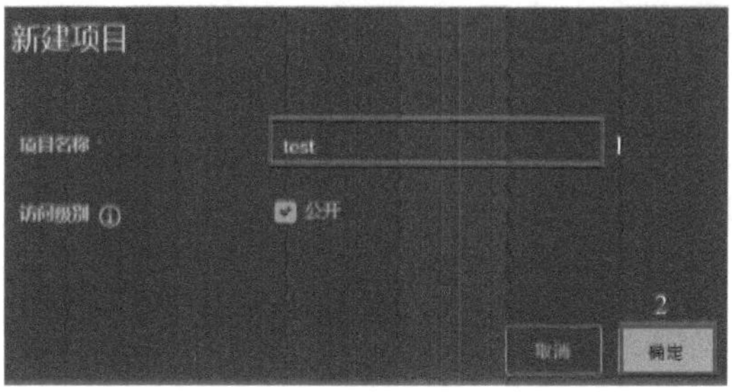

图 8-45　新建项目对话框

5．发布镜像到 Harbor

使用 user 用户登录 Harbor，命令如下。

```
[user@devt harbor]$ docker login 192.168.0.220
Login Succeeded
```

拉取镜像，命令如下。

```
[user@devt harbor]$ docker pull busybox
```

修改镜像名，命令如下。

```
[user@devt harbor]$ docker tag busybox 192.168.0.220/test/busybox
```

将本地镜像 push 到 Harbor，命令如下。

```
[user@devt harbor]$ docker push 192.168.0.220/test/busybox
```

注意：Docker push 私有仓库，私有仓库名字不能为 harbor，即不能写为"docker push harbor/test/busybox"，否则 Docker 就认为是一个目录，会在前面加上 docker.io。

镜像 push 成功后，在项目主界面的"项目→test→镜像仓库"中，可以看到 test/busybox 镜像，如图 8-46 中 1 所示。

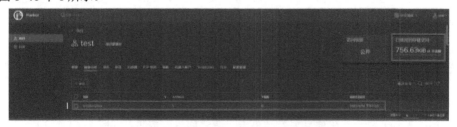

图 8-46　busybox 镜像信息界面

8.3.5　构建持续集成工具——Jenkins

Jenkins 是一款开源 CI/CD 软件，它用于实现 CI/CD 过程中各种任务的自动化，包括构建、测试和部署软件。它就如同一根绳索，贯穿 CI/CD 的始终，将 CI/CD 中各个关键阶段串联起来。Jenkins 软件有多种构建方式，例如二进制安装、运行 Docker 容器等。由于 Docker 容器构建方式简单、方便，且和 Host 主机之间耦合小，因此本书采用 Docker 容器方式来构建。

1. 部署 Jenkins

下载 Jenkins 镜像，命令如下。

```
[user@devt ~]$ docker pull jenkinsci/blueocean:1.25.2
```

查看已下载的 Jenkins 镜像，命令如下。

```
[user@devt ~]$ docker images
REPOSITORY          TAG       IMAGE ID       CREATED        SIZE
jenkinsci/blueocean 1.25.2    17560cf16234   21 hours ago   603MB
```

创建映射目录，命令如下。

```
[user@devt ~]$ mkdir -p jenkins/data
```

打开运行脚本文件 run.sh，命令如下。

```
[user@devt ~]$ cd jenkins/
[user@devt jenkins]$ vi run.sh
```

在打开的文件中，添加如下内容。

```
1 #!/bin/bash
2 docker stop jenkins
3 docker rm jenkins
4 docker run -u root --rm -d \
5       -p 8080:8080 -p 50000:50000 \
6       --add-host devt:192.168.2.1 \
7       --name jenkins -h jenkins \
8       --network devt_bridge --ip 192.168.2.13 \
9       -v /home/user/jenkins/data/:/var/jenkins_home \
10       -v /var/run/docker.sock:/var/run/docker.sock \
11       jenkinsci/blueocean:1.25.2
```

更多安装信息查看：https://www.jenkins.io/zh/doc/book/installing/。

运行脚本，命令如下。

```
[user@devt jenkins]$ chmod +x run.sh
[user@devt jenkins]$ ./run.sh
```

2. 访问 Jenkins

在 Host（Windows）浏览器地址栏输入 192.168.0.220:8080，访问 Jenkins 的 Web 页面，如图 8-47 中 1 所示。

在 devt 主机上切换到 root 用户，打开密码文件。

```
[user@devt jenkins]$ sudo cat data/secrets/initialAdminPassword
```

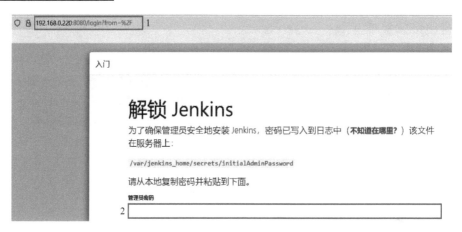

图 8-47　Jenkins Web 界面

内容如下，每位读者的输出都会不一样，以自己的为准。

```
54567f4705e24cacb63c1aa13a221cff
```

复制密码到图 8-47 中 2 所示的文本框中，单击"继续"按钮，会弹出"新手入门"对话框，单击图 8-48 中的 1 关闭此对话框，暂时不安装插件。

图 8-48　新手入门对话框

在"新手入门"对话框中，单击"开始使用 Jenkins"按钮，如图 8-49 所示。

图 8-49　单击"开始使用 Jenkins"按钮

新弹出的 Jenkins Web 主页面部分如图 8-50 所示。

图 8-50　Jenkins Web 主页面

单击 Jenkins Web 主页面上的 admin 按钮，如图 8-51 所示。

图 8-51　Jenkins Web 主页面菜单栏

在 Dashboard→admin 页面中单击 Configure 菜单项，如图 8-52 所示。

在 Configure 页面中，修改 admin 用户密码为 admin，单击 Save 按钮，如图 8-53 中 1、2、3 所示。

如果设置成功，会弹出重新登录的界面，输入用户名 admin 和新密码 admin，单击 Sign in 按钮登录，如图 8-54 所示。

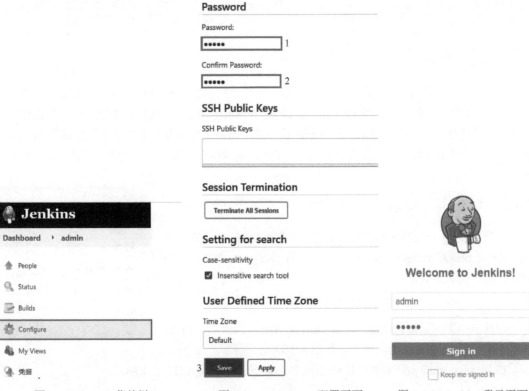

图 8-52　admin 菜单栏　　　　图 8-53　Configure 配置页面　　　　图 8-54　Jenkins 登录页面

8.4 构建基于 Kubernetes 的太空入侵者游戏生产环境

本节准备基于 Kubernetes 的生产环境，这样在 spaceinv 容器中修改代码后，经过测试没有问题，将由 Jenkins 构建一个 Docker 镜像，发布到 Harbor 上，然后自动部署到该 Kubernetes 集群中，模拟在生产环境中的部署。此生产环境直接采用第 2 章所构建的 Kubernetes 集群，包括一个 master 节点和两个 node 节点，直接复制这 3 个节点的虚拟机目录到第 8 章目录（E:\vm\08）下，复制后的目录如图 8-55 所示。

图 8-55　Kubernetes 集群虚拟机节点目录界面

复制后，Kubernetes 集群虚拟机节点上电，查看 Kubernetes 集群信息，命令如下，如果能够看到 master、node01 和 node02 这 3 个节点，则说明 Kubernetes 正常工作。

```
[user@master ~]$ kubectl get node
NAME        STATUS       ROLES                   AGE     VERSION
master      Ready        control-plane,master    44d     v1.20.1
node01      Ready        <none>                  44d     v1.20.1
node02      Ready        <none>                  42d     v1.20.1
```

8.5 实现太空入侵者游戏 CI/CD

本节按照 8.2.2 节所述 CI/CD 开发流程，实现太空入侵者游戏的 CI/CD，其中关键的步骤（技术）有 3 个：首先是要实现 git 提交代码触发 Jenkins；其次是 Jenkins 被触发后，要使用最新代码来自动构建镜像和自动测试，并判断测试结果，如果没有问题，则将此镜像发布到 Harbor；最后是自动部署该容器化应用到生产环境（Kubernetes 集群）。因此，本节也将按照这 3 个步骤进行实施。

8.5.1 Webhook 实现 git 提交触发

本节实现 git 提交代码来触发 Jenkins，其中 Jenkins 上的插件 Generic Webhook Trigger 可以实现这个功能，因此，本节先安装该插件，具体说明如下。

1. 安装 Generic Webhook Trigger 插件

登录 Jenkins（admin/admin），在 Jenkins Web 主页面 Dashboard 菜单中单击 Manage Jenkins 菜单项，如图 8-56 中 1 所示。

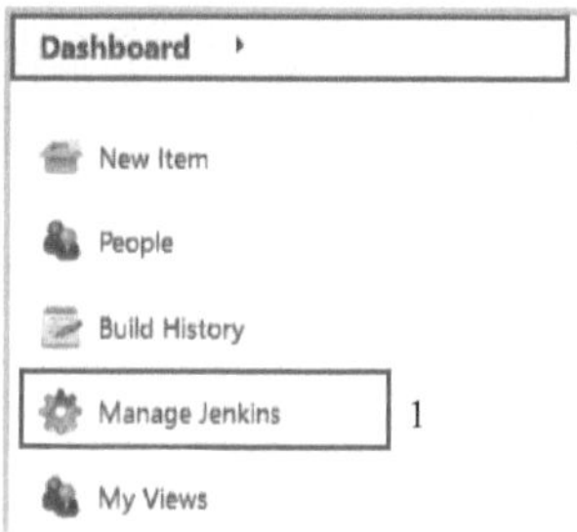

在 Manage Jenkins 页面中单击 Manage Plugins 按钮，如图 8-57 中 1 所示。

图 8-56　Dashboard 菜单

图 8-57　Manage Jenkins 页面

在 Plugin Manager 页面中，单击 Available 选项卡（如图 8-58 中 1 所示），在搜索栏中输入 Generic We（如图 8-58 中 2 所示），此时 Jenkins 会列出符合条件的可以安装的插件，其中第一项就是 "Generic Webhook Trigger"（如图 8-58 中 3 所示）。勾选此插件，如图 8-58 中 4 所示，然后单击 Install without restart 按钮（如图 8-58 中 5 所示）。

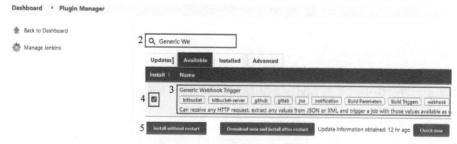

图 8-58　Plugin Manager 页面

安装成功后，会显示 Success 信息，如图 8-59 所示。

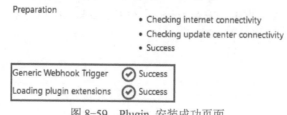

图 8-59　Plugin 安装成功页面

2. 生成 Token

该 Token 用于 GitLab 向 Jenkins 发送器请求（触发 Jenkins）时的凭证，需要先在 Jenkins 中生成 Token，然后将其添加到 GitLab 中，具体步骤说明如下。

在 Manage Jenkins 页面中单击 "Manage Users"，如图 8-60 中 1 所示。

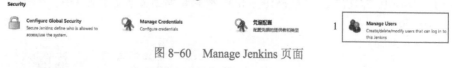

图 8-60　Manage Jenkins 页面

在 Users 页面中，单击 admin 链接，如图 8-61 中 1 所示。

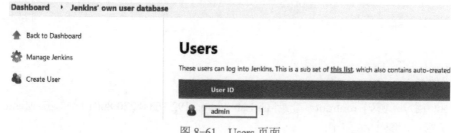

图 8-61　Users 页面

在 admin 菜单中单击 Configure 菜单项，如图 8-62 中 1 所示。

图 8-62　Users 页面

在 Token 配置页面中，单击 Add new Token 按钮，如图 8-63 中 1 所示。

图 8-63　Token 配置页面

在图 8-64 中 1 所示文本框中，输入 Token 名称 GitLabWebHook，然后单击 Generate 按钮，如图 8-64 中 2 所示。

图 8-64　Token 配置页面

Jenkins 生成的 Token 如图 8-65 中 1 所示，单击"复制"图标（如图 8-65 中 2 所示），复制该 Token（114d7ba619f7276f73ca6fdbbe51ce6ef8），然后粘贴到某个文本文件中。

图 8-65　Token 配置页面

3．添加 Token

以 root 用户（密码 rootroot）登录 GitLab（http://192.168.0.220:8001），单击 Menu 菜单中 Admin 菜单项，如图 8-66 所示。

在 Admin Area 菜单中选中 Settings 菜单项（如图 8-67 中 1）单击 Network 菜单项（如图 8-67 中 2 所示）。

图 8-66　Menu 菜单

图 8-67　Admin Area 菜单

在 Network 页面中，单击 Expand 按钮，如图 8-68 中 1 所示。

图 8-68　Network 页面

在展开的 Outbound request 页面中勾选 "Allow requests to the local network from web hooks and services"，如图 8-69 中 1 所示，然后单击 Save changes 按钮。

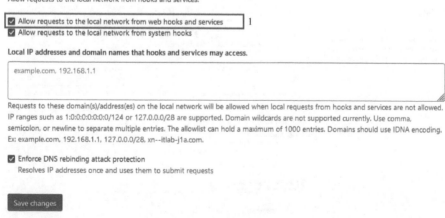

图 8-69　Outbound requests 页面

如果不做以上配置的话，GitLab 触发 Jenkins 操作时，会报错"Hook execution failed: URL 'http://jenkins:8080/generic-webhook-trigger/invoke' is blocked: Requests to the local network are not allowed"。

退出 root 登录，以普通用户（user/useruser）登录 GitLab，在 SpaceInv 项目设置页面中，选中 Settings 菜单项，单击 Webhooks 菜单项，如图 8-70 中 1、2 所示。

图 8-70　SpaceInv 项目页面

在 Webhook 设置页面中输入触发 Jenkins 的 URL（http://admin:114d7ba619f7276f73c-a6fdbbe51ce6ef8@jenkins:8080/generic-webhook-trigger/invoke，其中 114d7ba619f7276f73ca6fdb-be51ce6ef8 是在 Jenkins 中生成的 Token）；在 Trigger 中勾选"Push events"复选框，实现 git push 操作触发 Jenkins；勾选"Tag push events"复选框，实现 git 给代码仓库打上新标签（tag）时触发 Jenkins，还可以勾选其他的选项，用于选择触发 Jenkins 的事件。如图 8-71 所示。

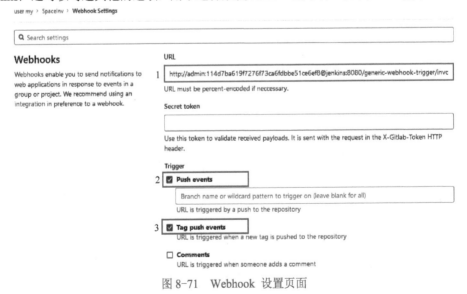

图 8-71　Webhook 设置页面

注意：端口是 8080，web 端口，不是 50000，如果设置为 50000，则会报错。

4．触发 Jenkins

在 Webbhook 设置页面的底部，单击 Add webhook 按钮（如图 8-72 中 1 所示），会显示添加的 URL 信息，如图 8-72 中 2 所示。

图 8-72　Webhook 设置页面

单击 Test 下拉菜单，如图 8-72 中 3 所示，单击 Push events 菜单项，此时 GitLab 会根据 Push events 对应的 URL，向 Jenkins 发送请求，如图 8-73 所示。

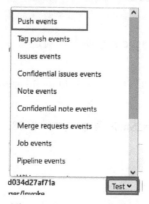

图 8-73　Test 下拉菜单项

Jenkins 返回信息如下所示，提示触发成功，但 Jenkins 端没有配置触发后的任务。

```
Hook executed successfully but returned HTTP 404 {"jobs":null,"message":"Did not
find any jobs with GenericTrigger configured! If you are using a token, you need to
pass it like ...trigger/invoke?token=TOKENHERE. If you are not using a token, you
need to authenticate like http://user:passsword@jenkins/generic-webhook... "}
```

5．设置 Jenkins 端触发任务

以 admin/admin 登录 Jenkins，在 Jenkins Web 主页面中，单击 Create a job 命令，如图 8-74 所示。

图 8-74　Jenkins Web 主页面

鼠标单击选中 Freestyle project，如图 8-75 中 2 所示，然后在图 8-75 中 1 所示文本框中输入该选项名称 SpaceInv，然后单击下方的 OK 按钮，如图 8-75 中 3 所示。

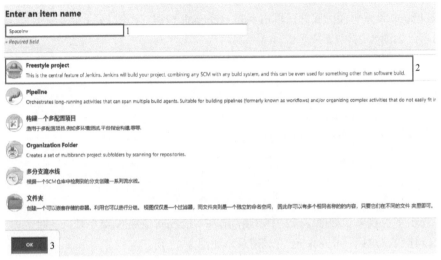

图 8-75 Job 选择页面

在 SpaceInv 设置页面 Build Triggers 选项中，勾选"Generic Webhook Trigger"复选框，如图 8-76 中 1 所示。

在 SpaceInv 设置页面 Build 选项中，单击 Add build step 下拉菜单，然后单击 Execute shell 菜单项，如图 8-77 中 1、2 所示。

在 Command 文本框中输入一条 Shell 命令，如图 8-78 中 1 所示，单击 Save 按钮保存，如图 8-78 中 2 所示。

图 8-76 SpaceInv 设置页面

图 8-77 Add build step 菜单

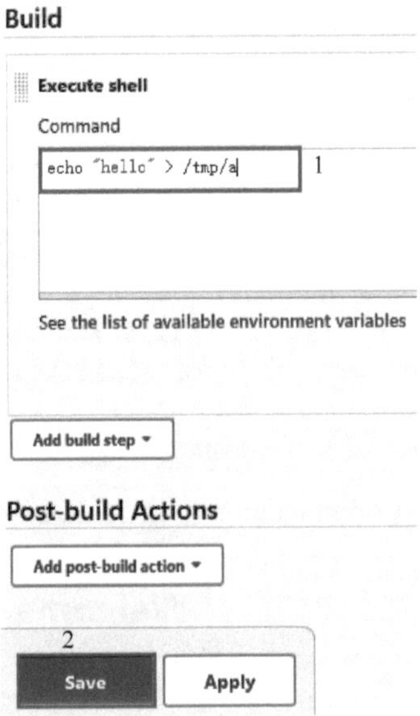

图 8-78 Build 设置页面

6. 触发 Jenkins 端执行任务

在 GitLab 中再次执行 Push events，向 Jenkins 发送请求，以此触发 Jenkins 端执行任务，可以看到此处 Jenkins 返回信息如下，说明 Jenkins 端已触发设置好的任务。

```
Hook executed successfully: HTTP 200
```

查看执行情况，如果看到 hello，则说明触发执行成功。

```
[user@devt jenkins]$ docker exec -it jenkins /bin/cat /tmp/a
Hello
```

删除/tmp/a，命令如下。

```
[user@devt ~]$ docker exec -it jenkins /bin/rm /tmp/a
```

在 spaceinv 中使用 git 触发，命令如下。

```
[user@spaceinv SpaceInvaders-master]$ touch a
[user@spaceinv SpaceInvaders-master]$ git add .
[user@spaceinv SpaceInvaders-master]$ git commit -m "add a"
[user@spaceinv SpaceInvaders-master]$ git push origin master
```

在 GitLab 中可以看到新建的文件 a，如图 8-79 中 1 所示。

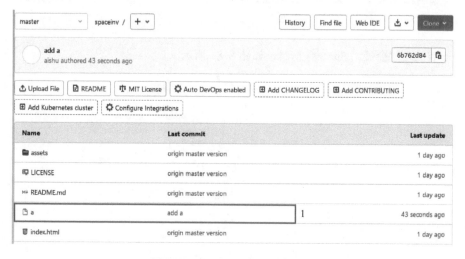

图 8-79　SpaceInv 项目信息页面

在 Jenkins 中，查看执行结果，如果能看到 hello，则说明 git push 触发 Jenkins 操作成功。

```
[user@devt ~]$ docker exec -it jenkins-blueocean /bin/bash
bash-5.1# cat /tmp/a
hello
```

8.5.2　自动构建镜像和测试（Jenkins+GitLab+Harbor）

上一节实现了 git 提交触发 Jenkins 执行 Shell 命令，按照 8.2.2 节中 CI/CD 的开发流程，Jenkins 触发后，要基于 GitLab 上的最新代码构建 Docker 镜像，然后运行 Docker 容器中的应用完成自动测试。在具体实施时，所有的这些动作都由 Jenkins 中的 Shell 命令（脚本）发起，最终由虚拟机 devt 具体完成。因此，需要先打通 Jenkins 到 devt 的路径（实现 Jenkins 通过 SSH 登录 devt），然后运行 devt 上的构建脚本来达成目标，具体步骤说明如下。

1. 打通 Jenkins 到 devt（Jenkins SSH 登录 devt）

在 Jenkins 的 Manage Plugins→Available 选项卡页面中搜索"Publish Over SSH"，如图 8-80 中 1 所示，Jenkins 会显示"Publish Over SSH"插件信息，勾选该插件前面的复选框，如图 8-80 中 2 所示，然后单击 Install without restart 按钮，安装此插件。

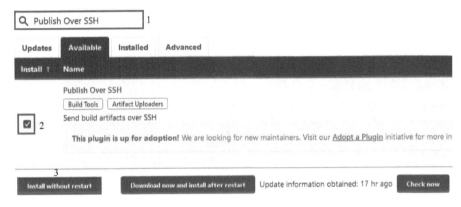

图 8-80　Manage Plugins 页面

如果安装成功，会显示 Success 信息，如图 8-81 所示。

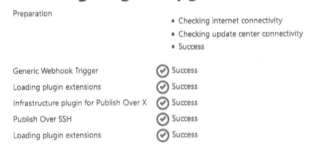

图 8-81　Plugins 安装成功页面

在 Jenkins 的 Manage Jenkins 页面中，单击"Configure System"，如图 8-82 中 1 所示。

图 8-82　Manage Jenkins 页面

在 Configure System 页面底部找到"Publish over SSH"，单击 Add 按钮，如图 8-83 所示。

在单击 Add 按钮后下拉的界面中，填入 SSH Server 的相关配置，如图 8-84 中 1、2、3 所示，然后单击 Save 按钮，如图 8-84 中 4 所示。

编辑 Jenkins 中 run.sh 脚本，命令如下。

```
[user@devt ~]$ vi jenkins/run.sh
```

Publish over SSH

Jenkins SSH Key

Passphrase

Path to key

Key

☐ Disable exec

SSH Servers

　Add

图 8-83　Configure System 页面

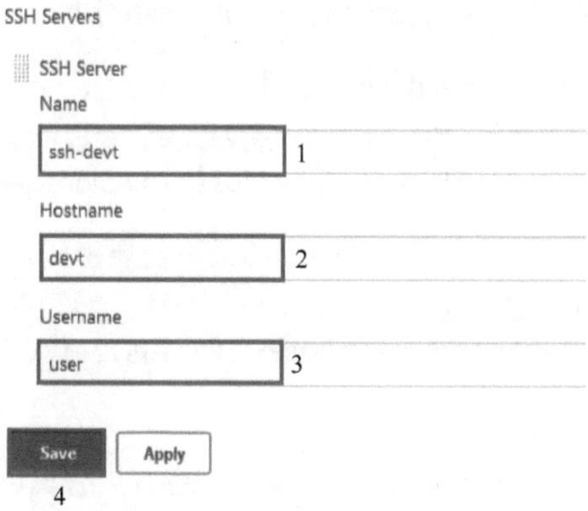

SSH Servers

　　SSH Server

　　Name

　　ssh-devt　　　　　　　　1

　　Hostname

　　devt　　　　　　　　　2

　　Username

　　user　　　　　　　　　3

　　Save　　Apply

4

图 8-84　Configure System 页面

在第 4 行增加 devt→192.168.2.1 映射，内容如下。

```
--add-host devt:192.168.2.1 \
```

进入 Jenkins 容器，命令如下。

```
[user@devt ~]$ docker exec -it jenkins /bin/bash
```

生成密钥（设置密码为 123456，不能设置），实现 Jenkins 能无密码登录虚拟机 devt。

```
bash-5.1# ssh-keygen -m PEM -t rsa -b 1024
```

关键参数说明如下。

1）-m 密钥格式，PEM 是 rsa 之前使用的旧格式。

2）-b 密钥长度，对于 RSA 密钥，最小要求 768 位，默认是 2048 位。

此处不能用 "ssh-keygen -t rsa -C "jenkins@126.com"" 生成密钥，会报下面的错误。

jenkins.plugins.publish_over.BapPublisherException: Failed to add SSH key. Message [invalid privatekey:

查看密钥,命令如下。

```
bash-5.1# ls /root/.ssh/
id_rsa  id_rsa.pub
```

将私钥(id_rsa)路径(/root/.ssh/id_rsa)加入到 Jenkins 的 ssh-devt 中,如图 8-85 所示,单击 Save 按钮保存。

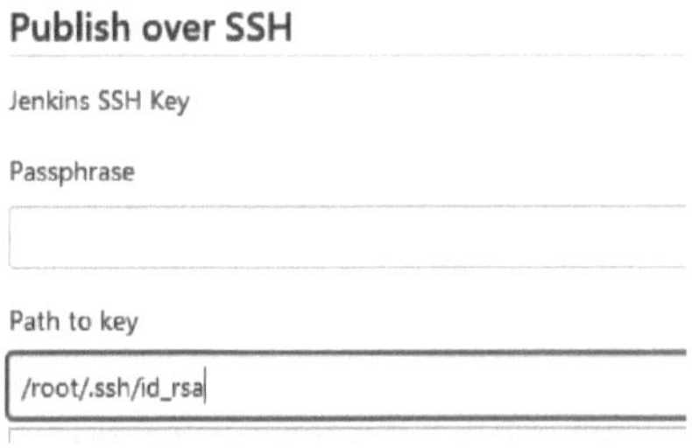

Publish over SSH

Jenkins SSH Key

Passphrase

Path to key

/root/.ssh/id_rsa

图 8-85　Configure System 页面

复制公钥到 devt。

```
[user@devt jenkins]$ docker cp jenkins:/root/.ssh/id_rsa.pub .
```

在 devt 中,将公钥加入到 authorized_keys 文件中。

```
[user@devt jenkins]$ cat id_rsa.pub >> /home/user/.ssh/authorized_keys
[user@devt jenkins]$ chmod 600 /home/user/.ssh/authorized_keys
```

在 Jenkins 中使用 user 用户登录虚拟机 devt,如果不需要密码,则设置成功。

```
bash-5.1# ssh user@192.168.2.1
Last login: Fri Mar 25 02:46:35 2022 from 192.168.2.13
```

保存 Jenkins 容器(此步很重要)。

```
[user@devt jenkins]$ docker commit jenkins jenkinsci/blueocean:1.25.2
```

重启 Jenkins,命令如下。

```
[user@devt ~]$ ./run.sh
```

在 Jenkins 中单击 Dashboard→Manage Jenkins→Configure System,找到"Publish over SSH"中的"SSH Servers"配置项,单击 Test Configuration 按钮,如图 8-86 中 1 所示,如果返回 Success,则说明 Jenkins 通过 SSH 无密码登录 devt 配置成功。

SSH Servers

SSH Server

Name

ssh-devt

Hostname

devt

Username

user

Remote Directory

Advanced...

1　Test Configuration

图 8-86　SSH Server 配置项页面

2. 打通 Jenkins 到 devt（Jenkins SSH 登录 devt）

在 SpaceInv 配置页面中（Dashboard→SpaceInv→Configure），找到 Build 配置项中"Add build step"下拉菜单（如图 8-87 中 1 所示），单击 Send files or execute commands over SSH 菜单项（如图 8-87 中 2 所示）。

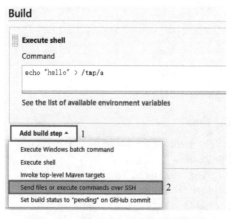

图 8-87　SSH Server 配置项页面

在下拉的 SSH Server 配置页面中，选择 SSH Server 名字为 ssh-devt（即连接 devt 的 SSH 配置），然后在 Exec command 文本框中输入"cd /home/user/jenkins/build && ./build.sh"，用于 Jenkins 通过 SSH 远程登录 devt 后执行的命令。

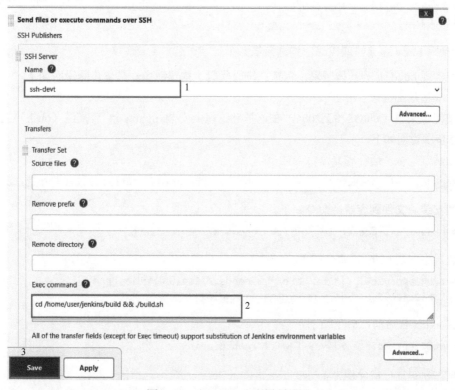

图 8-88　SSH Server 配置项页面

在 devt 中创建 build 目录，并编辑 build.sh 脚本，如下所示。

```
[user@devt jenkins]$ mkdir build
[user@devt jenkins]$ cd build
[user@devt build]$ vi build.sh
```

在打开的文件中输入以下内容。

```
#!/bin/bash
echo "hello build"> /tmp/a
```

为 build.sh 加上可执行权限，命令如下。

```
[user@devt build]$ chmod +x build.sh
```

在 spaceinv 使用 git 提交，命令如下。

```
[user@devt build]$ docker exec -it spaceinv /bin/bash
[root@spaceinv /]# su - user
[user@spaceinv ~]$ cd spaceinv/SpaceInvaders-master/
[user@spaceinv SpaceInvaders-master]$ echo "hello"> a
[user@spaceinv SpaceInvaders-master]$ git add .
[user@spaceinv SpaceInvaders-master]$ git commit -m "add hello to a"
[user@spaceinv SpaceInvaders-master]$ git push origin master
```

提交后，等待一段时间，如果 devt 虚拟机下/tmp/a 文件存在，且内容如下所示，则说明：①git 提交触发 Jenkins；②Jenkins 使用 SSH 登录到 devt 执行 build.sh 都是成功的。

```
[user@devt build]$ cat /tmp/a
hello build
```

3．编写 build.sh（拉取代码，构建镜像）

本节实现 build.sh 的具体逻辑，包括：拉取代码、构建镜像，具体步骤说明如下。

（1）准备基础镜像

基础镜像来自 CentOS 8.2.2004，在该基础镜像上安装 nginx，然后推送（push）到 Harbor 中，具体步骤说明如下。

通过基础镜像，运行容器，命令如下。

```
[user@devt ~]$ docker run --name centos  -it centos:centos8.2.2004 /bin/bash
```

复制安装源文件到容器，命令如下。

```
[user@devt ~]$ docker cp /etc/yum.repos.d/ centos:/etc/
```

在容器中安装 nginx，命令如下。

```
[root@b41e4dc91c04 /]# rm /etc/yum.repos.d/CentOS-Media.repo
[root@b41e4dc91c04 /]# yum -y install nginx
```

设置 nginx 自启动，命令如下。

```
[[root@41eb428d7aca /]# systemctl enable nginx
```

保存为新镜像，命令如下。

```
[user@devt ~]$ docker commit centos spaceinv-test:centos8.2.2004
```

镜像重命名，为 push Harbor 做准备，命令如下。

```
[user@devt ~]$
docker tag spaceinv-test:centos8.2.2004 192.168.0.220/test/spaceinv-test:centos8.2.2004
```

登录 Harbor，命令如下。

```
[user@devt ~]$ docker login 192.168.0.220
```

运行命令，然后推送（push）新镜像到 Harbor，命令如下。

```
[user@devt ~]$ docker push 192.168.0.220/test/spaceinv-test:centos8.2.2004
```

在 Harbor 中，可以看到新镜像 test/spaceinv-test，如图 8-89 所示。

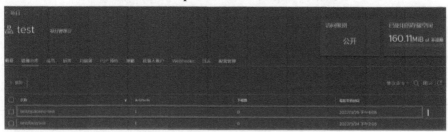

图 8-89　Harbor test 项目镜像页面

（2）从 Gitlab 拉取（pull）代码

在 devt 安装 git，命令如下。

```
[user@devt ~]# mount /dev/sr0 /media/
[user@devt ~]# yum -y install git
```

添加 devt 的公钥到 GitLab，首先打开公钥文件，命令如下。

```
[user@devt ~]$ vi ~/.ssh/id_rsa.pub
```

打开的公钥文件信息如下所示。

```
ssh-rsa
    AAAAB3NzaC1yc2EAAAADAQABAAABgQDdI1CkOg5DSY79jx1M2EQK5m1W+4cU+dvFN1IwiCZK8OPh
    19xhPL1Ej8gRXcuAWy4YDuoG1R1sEUpFkbKVhwnCJyUoG77ycgGrr2yHAXEF8hxgy17inFBukWSm
    bwxZeZfjQfmmotyZoicd7JWdRS2pfOfYxMWttIMFMdA1FO1EGuZ2EWbXPHpgdzN08NKEkx/jAva4
    lJRwr7dGNnOYeiEF2Pp5Xm0a00MLjfP5+HZkWN10B9PhOdwSvhX/swZo79xtgDy/S5c0Q1ZWnnkt
    XNz+bywZ+823gYmZeex2fVmMwjEXEMMGL0eAIsMOPZjrXEcQYdb+UqhFYB3pzValex5w2bPo5Emi
    T0cph8esNsSR1NeAD3Ji6Gg2J/gdOL04qcoTXjAGpd4Mo0LN8drfc2SxRd1LY23mBf8OGTDp9qix
    F6yG+XzVXf31eg2ui1T3ERJRiopGpcWeEYa9/MEdWrw3IB4jIOF9Q1i7YoIUY1nAcenhLsNhsZvR
    st0qwvx9KWM= user@localhost.localdomain
```

将上述公钥内容，复制到 GitLab（user my→Preferences→SSH Keys），如图 8-90 中 1 所示，修改 Title 为 devt，然后单击 Add key 按钮，如图 8-90 中 2、3 所示。

在 devt 登录 GitLab，如果能看到以下信息，说明配置成功。

```
[user@devt build]$ ssh -T git@192.168.2.12
Welcome to GitLab, @user!
```

打开 hosts 文件，增加 Hosts 映射，命令如下。

```
[root@devt src]# vi /etc/hosts
```

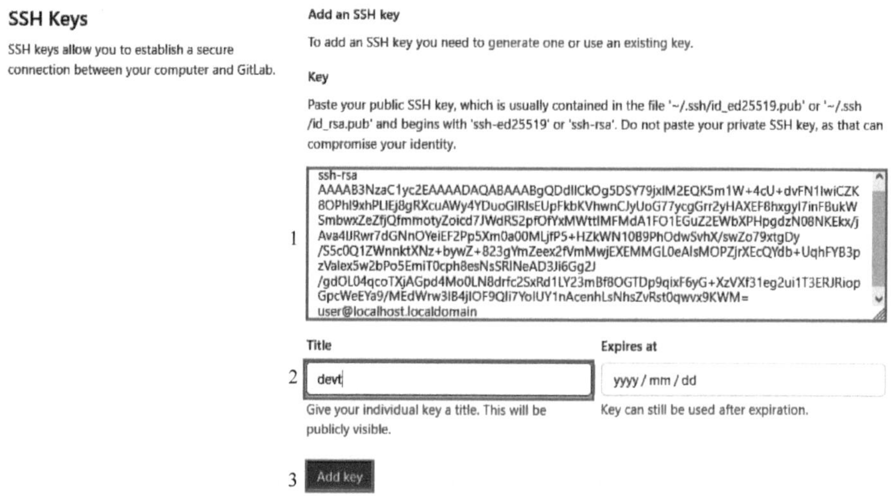

SSH Keys

SSH keys allow you to establish a secure connection between your computer and GitLab.

Add an SSH key

To add an SSH key you need to generate one or use an existing key.

Key

Paste your public SSH key, which is usually contained in the file '~/.ssh/id_ed25519.pub' or '~/.ssh/id_rsa.pub' and begins with 'ssh-ed25519' or 'ssh-rsa'. Do not paste your private SSH key, as that can compromise your identity.

1
```
ssh-rsa
AAAAB3NzaC1yc2EAAAADAQABAAABgQDdIICkOg5DSY79jxlM2EQK5m1W+4cU+dvFN1IwiCZK
8OPhl9xhPLIEj8gRXcuAWy4YDuoGIRIsEUpFkbKVhwnClyUoG77ycgGrr2yHAXEF8hxgyl7inFBukW
SmbwxZeZfjQfmmotyZoicd7JWdRS2pfOfYxMWttlMFMdA1FO1EGuZ2EWbXPHpgdzN08NKEkx/j
Ava4URwr7dGNnOYeiEF2Pp5Xm0a00MLjfP5+HZkWN10B9PhOdwSvhX/swZo79xtgDy
/S5c0Q1ZWnnktXNz+bywZ+823gYmZeex2fVmMwjEXEMMGL0eAlsMOPZjrXEcQYdb+UqhFYB3p
zValex5w2bPo5EmiT0cph8esNsSRINeAD3Ji6Gg2J
/gdOL04qcoTXjAGpd4Mo0LN8drfc2SxRd1LY23mBf8OGTDp9qixF6yG+XzVXf31eg2ui1T3ERJRiop
GpcWeEYa9/MEdWrw3lB4jlOF9Qli7YolUY1nAcenhLsNhsZvRst0qwvx9KWM=
user@localhost.localdomain
```

Title

2 `devt`

Give your individual key a title. This will be publicly visible.

Expires at

`yyyy / mm / dd`

Key can still be used after expiration.

3 [Add key]

图 8-90　SSH Keys 设置页面

在打开的文件中增加如下内容。

```
192.168.0.220    devt
192.168.2.11     spaceinv
192.168.2.12     gitlab
192.168.2.13     jenkins
```

编写 Dockerfile，用于构建容器化应用（基于新代码构建太空入侵者游戏的 Docker 惊喜），命令如下。

```
[user@devt ~]$ cd jenkins/build/
[user@devt build]$ vi Dockerfile
```

内容如下。

```
FROM 192.168.0.220/test/spaceinv-test:centos8.2.2004
LABEL author=aishu
LABEL description="image used for run space invander"
RUN rm -rf /usr/share/nginx/html/*
COPY src/ /usr/share/nginx/html/
ENTRYPOINT exec nginx -g "daemon off;"
```

注意，如果直接写：CMD ["nginx"]，运行 nginx 容器时，会直接退出，显示 Exited (0)，这是因为，容器的运行，必须要有 1 个前台进程，因此，nginx 要加入参数，-g "daemon off;"，开启前台进程。同时，使用 ENTRYPOINT，防止修改容器运行时的命令和参数。

编写 build.sh，添加如下内容。

```
1 #!/bin/bash
2
3 rm log
4 echo "01 pull code"> log
5 #01 从 GitLab 拉取代码
6 rm -rf src
7 mkdir src
8 cd src
```

```
 9 git init
10 git config pull.rebase false
11 git remote add origin git@gitlab:user/spaceinv.git
12 git pull origin master
13 cd -
14
15
16 #02 结合新拉取的代码，构建 Docker 镜像文件
17 echo "02 build Docker image">> log
18 docker stop spaceinv-test-new
19 docker rm spaceinv-test-new
20
21 docker rmi 192.168.0.220/test/spaceinv-test-new
22 docker rmi spaceinv-test-new
23 docker build -f Dockerfile -t spaceinv-test-new .
24
25 #03 启动新的 Docker 镜像文件，运行 Docker 容器
26 echo "03 run Docker Container">> log
27 cmd="docker run -d --name spaceinv-test-new -h spaceinv-test-new -p 8003:80 --
network  devt_bridge  --ip  192.168.2.14  --privileged=true  spaceinv-test-new  /usr/
sbin/ini        t"
28 echo $cmd
29 $cmd
30
31 sleep 20
32
33 #04 运行测试
34 echo "04 test">> log
35 rm /tmp/data
36 curl devt:8003 > /tmp/data
37 rs=$(grep -ri "Space Invaders" /tmp/data)
38 echo "rs: $rs"
39 if [ -n "$rs" ]; then
40        echo "test success">> log
41        docker tag spaceinv-test-new 192.168.0.220/test/spaceinv-test-new
42        docker login 192.168.0.220
43        docker push 192.168.0.220/test/spaceinv-test-new
44 else
45        echo "test failed">> log
46        exit
47 fi
```

在 spaceinv 中修改代码，然后使用 git 提交，命令如下。

```
[user@spaceinv SpaceInvaders-master]$ echo "aaa"> a
[user@spaceinv SpaceInvaders-master]$ git add .
[user@spaceinv SpaceInvaders-master]$ git commit -m "add a"
[user@spaceinv SpaceInvaders-master]$ git push origin master
```

等待一段时间，输出日志内容，日志会按编号输出各个阶段的信息，如果最后显示 test success，则表示测试成功。

```
[user@devt build]$ tail -f log
01 pull code
```

```
02 build Docker image
03 run Docker Container
04 test
test success
```

在 Harbor 中可以看到新发布的镜像 test/spaceinv-test-new，如图 8-91 中 1 所示。

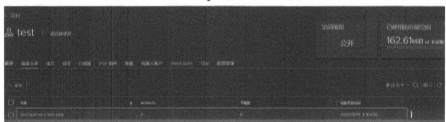

图 8-91 Harbor test 项目镜像页面

8.5.3 Jenkins 自动部署容器化应用到 Kubernetes

本节利用 Jenkins 实现自动部署 8.5.2 节所构建好的镜像 test/spaceinv-test-new 到 Kubernetes（生产环境），具体步骤说明如下。

1. 实现 devt 连接 Kubernetes

由于 build.sh 脚本是在虚拟机 devt 上执行的，因此，要在 build.sh 中部署应用到 Kubernetes 中，就要先实现 devt 连接 Kubernetes，也就是要在 devt 上安装 Kubernetes 的客户端 kubectl，并配置 kubectl 访问 Kubernetes，具体步骤说明如下。

启动虚拟机 devt、master、node01 和 node02，然后复制 master 上的 Kubernetes 安装源文件到 devt，命令如下。

```
[root@devt  user]#  scp  192.168.0.226:/etc/yum.repos.d/CentOS-Kuber*  /etc/yum.
repos.d/
```

重建 yum cache，命令如下。

```
[root@devt user]# mount /dev/sr0 /media/
[root@devt user]# yum clean all
[root@devt user]# yum makecache
```

安装指定版本的 kubectl，命令如下。

```
[root@devt user]# yum -y install kubectl-1.20.1-0
```

可以使用以下命令，查看可安装版本: [root@devt user]# yum list --showduplicates | grep kubectl。

在 devt 的 hosts 文件中增加 master 映射，内容如下。

```
192.168.0.126   master
```

在 node01、node02 的/etc/docker/daemon.json 中添加 Harbor 仓库，用于这些节点从 Harbor 拉取镜像，内容如下。

```
11   "registry-mirrors": ["https://b9pcda2g.mirror.aliyuncs.com"],
12   "insecure-registries":["192.168.0.220"]
```

在 node01、node02，重启 Docker 服务，加载前面的配置，命令如下。

```
[root@node01 user]# systemctl restart docker
[root@node02 user]# systemctl restart docker
```

在 node01、node02 的/etc/hosts 中添加映射。

```
192.168.0.220   devt
```

如果不添加映射，node01/node02 从 Harbor 拉取镜像时会报错。

Error response from daemon: Get http://192.168.0.220/v2/test/spaceinv-test-new/manifests/latest:......:
dial tcp: lookup devt on 192.168.0.1:53: no such host

复制 Kubernetes 客户端配置文件到 devt，命令如下。

```
[user@devt ~]$ scp -r master:/home/user/.kube /home/user/
```

查询 Kubernetes 信息，如果查询成功，则说明 devt 可以正常访问 Kubernetes。

```
[user@devt ~]$ kubectl get node
NAME       STATUS     ROLES                   AGE     VERSION
master     Ready      control-plane,master    46d     v1.20.1
node01     Ready      <none>                  46d     v1.20.1
node02     Ready      <none>                  44d     v1.20.1
```

2．编写容器化应用在 Kubernetes 的相关配置文件

（1）编写 dep-spaceinv.yml

文件 dep-spaceinv.yml 用于创建 test/spaceinv-test-new 镜像在 Kubernetes 的 Deployment，打开 dep-spaceinv.yml，命令如下。

```
[user@devt build]$ vi dep-spaceinv.yml
```

在打开的文件中，添加以下内容。

```
 1 apiVersion: apps/v1
 2 kind: Deployment
 3 metadata:
 4   name: spaceinv
 5   labels:
 6     app: spaceinv
 7
 8 spec:
 9   replicas: 1
10   selector:
11     matchLabels:
12       app: spaceinv
13   template:
14     metadata:
15       labels:
16         app: spaceinv
17     spec:
18       nodeSelector:
19         kubernetes.io/hostname: node01
20       containers:
```

```
21        - name: spaceinv-test-new
22          image: 192.168.0.220/test/spaceinv-test-new
23 #        imagePullPolicy: IfNotPresent   注释该选项，确保每次从 Harbor 拉取镜像
```

（2）编写 svc-spaceinv.yml

文件 svc-spaceinv.yml 实现外部节点访问 spaceinv 所提供的服务，打开 svc-spaceinv.yml，命令如下。

```
[user@devt build]$ vi svc-spaceinv.yml
```

在打开的文件中，添加以下内容。

```
 1 apiVersion: v1
 2 kind: Service
 3 metadata:
 4   name: svc-spaceinv
 5
 6 spec:
 7   type: NodePort
 8   ports:
 9   - name: http
10     port: 80
11     targetPort: 80
12     protocol: TCP
13     nodePort: 30001
14   selector:
15     app: spaceinv
```

3．编写 Jenkins 脚本文件

在 build.sh 中增加 Kubernetes 创建 spaceinv Deployment 和 spaceinv Service 的功能，打开 build.sh，命令如下。

```
[user@devt build]$ vi build.sh
```

在 build.sh 的文件末尾，加入自动部署的代码，如下所示。

```
49 #05 自动部署容器化应用到 Kubernetes
50 echo "05 deploy to kubernetes">> log
51 kubectl delete -f svc-spaceinv.yml
52 kubectl delete -f dep-spaceinv.yml
53 sleep 5
54 kubectl apply -f dep-spaceinv.yml
55 sleep 5
56 kubectl apply -f svc-spaceinv.yml
57
58 sleep 20
59 rm /tmp/data
60 curl master:30001 > /tmp/data
61 rs=$(grep -ri "Space Invaders" /tmp/data)
62 echo "rs: $rs"
63 if [ -n "$rs" ]; then
64       echo "deploy success">> log
65 else
66       echo "deploy failed">> log
```

```
67 fi
```

8.5.4 CI/CD 综合测试

本节重新启动 CI/CD 中的各个组件，然后在 spaceinv 开发节点上修改代码，触发 git 提交，最后检测新代码应用是否自动部署到生产环境（Kubernetes）中，具体步骤说明如下。

1．准备 CI/CD 环境

重新运行 spaceinv，命令如下。

```
[user@devt spaceinv]$ ./run.sh
```

重新运行 GitLab，命令如下。

```
[user@devt gitlab]$ ./run.sh
```

重新运行 Harbor，命令如下。

```
[user@devt harbor]$ cd /home/user/harbor/harbor
[user@devt harbor]$ sudo docker-compose down -v
[user@devt harbor]$ sudo docker-compose up -d
```

重新运行 Jenkins，命令如下。

```
[user@devt jenkins]$ ./run.sh
```

检查并清除 Kubernetes 中相关的 Deployment 和 Service，命令如下。

```
[user@devt build]$ kubectl delete deploy multicontainer mydep
[user@devt build]$ kubectl delete svc svc-book svc-nginx svc-shop
```

2．修改&提交代码

进入容器 spaceinv，命令如下。

```
[user@devt ~]$ docker exec -it spaceinv /bin/bash
[root@spaceinv /]# su - user
[user@spaceinv ~]$ cd spaceinv
```

远程拉取 GitLab 上的代码，命令如下。

```
[user@spaceinv spaceinv]$ mkdir src
[user@spaceinv src]$ git init
[user@spaceinv src]$ git remote add origin git@gitlab:user/spaceinv.git
[user@spaceinv src]$ git pull origin master
```

远程拉取过来的代码如下所示。

```
[user@spaceinv src]$ ls
LICENSE  README.md  a  assets  index.html  indexOpt.html
```

修改文件 a 中内容，命令如下。

```
[user@spaceinv src]$echo "ddd"> a
```

提交修改，命令如下。

```
[user@spaceinv src]$ git add .
[user@spaceinv src]$ git commit -m "add ddd to a"
```

```
[user@spaceinv src]$ git push origin master
```

3. 检查 CI/CD 进度

在 devt 中等待一段时间，直到日志文件 log 被删除后又重新创建，查看 log 的输出，命令如下。

```
[user@devt build]$ tail -f log
```

文件 log 会显示 CI/CD 各个阶段的执行信息，如下所示。

```
01 pull code
02 build Docker image
03 run Docker Container
04 test
test success
05 deploy to kubernetes
```

如果能够看到最后显示"deploy success"，如下所示，则说明将应用自动部署到 Kubernetes 是成功的。

```
deploy success
```

此时，在 Host（Windows）节点可以访问生产环境（Kubernetes）中的太空入侵者游戏，如图 8-92 所示。

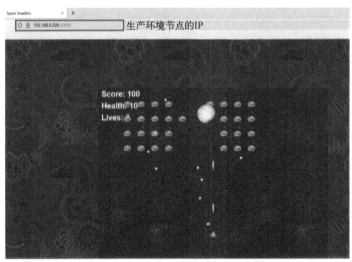

图 8-92　生产环境中太空入侵者游戏主页面